U0283751

全国砖瓦行业最大的专业窑炉企业之一

四川省地财窑炉科技有限公司

精彩35年
拥有多项国家专利

承建节能环保高产隧道窑

国家二级窑炉
专业承包资质

地财企业介绍

我是地财，我们时刻谨记自己的使命，用心建好窑，为客户创造最大的价值！

四川省地财窑炉科技有限公司成立于1980年，是集研发、设计、施工、调试于一体的专业窑炉企业，具有国家二级窑炉专业承包资质，荣获多项国家窑炉发明专利，先后承建和改造窑炉1136家，客户遍布全国各地，大江南北。

“打造核心专利技术，建好节能高产隧道窑”是我们追求的目标。“以客户为中心，为客户创造最大的价值”是地财公司的经营理念，心系客户，对客户负责，为客户着想，做有担当、有责任心的企业。

请扫二维码

窑炉及烧结产品展示

放眼世界建好窑

1. 承接3.6米、4.1米、4.8米、7.1米、9.2米等全自动节能高产隧道窑总承包交钥匙工程或单包工程。
2. 承接隧道窑改造：窑拱塌陷、窑墙松动跨塌、虎口砖断裂、烧窑车等翻新修复。
3. 承接轮窑改造：扩宽、加长、翻新修复（窑内大拱、直墙、门拱、总烟道、支烟道、哈风、火眼、风闸、护坡等）。
4. 窑炉工程研发设计、技术咨询服务与推广，窑炉工程配套产品的销售。

全国服务热线：400-028-3312　Http: //www.地财窑炉.com

业务联系人：刘总：13541359999、侯总：15928008259

DECHAING
—地财窑炉—

地财，地财，大地之财！要发财，找地财！

参观预约热线：400 850 1966

XIAORUI

武汉潇瑞机械设备有限公司

Wuhan Xiaorui Machinery Co., Ltd.

诚邀各界朋友莅临潇瑞新工厂

武汉潇瑞机械设备有限公司成立于2012年，是重庆潇瑞窑炉机械设备有限公司的全资子公司。公司位于武汉黄陂区罗汉工业园，占地80多亩，总投资9637万元，建有标准生产性厂房，研发综合楼等建筑物45000 m²，生产线3条。

在重庆潇瑞公司主打产品的基础上，武汉潇瑞公司专注于各种新型建筑节能墙体材料机械设备的研发与制造，不但生产窑车及窑炉运转设备，还适时研发新产品，如上下架编组系统、自动化打包机、机械手码坯机等。

公司凭借精锐的研发团队，在注重产品市场开发的同时，严把质量关，努力将武汉潇瑞公司打造成国内砖瓦行业的领先企业。

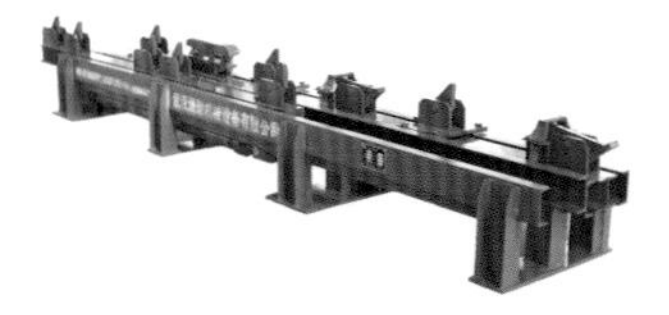

液压定位步进机（YDS-8-1400）

液压定位调速摆渡车（BDC-7.3）

回车牵引机（QL3-16/8）

6.9m窑车

上下架编组系统

打包机

选择潇瑞机械的
十大理由

①中国窑炉机械领先知名品牌

②30年专注窑炉机械研发与制造

③创始人张绍奇先生是行业知名技术专家

④掌握20多项窑炉机械核心技术

⑤国内外2000多家砖瓦企业的一致选择

⑥满足6000万块~2.4亿块规模砖瓦企业需求

⑦提供生产线整体规划设计与产品解决方案

⑧建厂一对一优质顾问服务，不花冤枉钱

⑨全国服务网络，快速维修响应，无后顾之忧

⑩武汉生产基地正式启用，软硬件标准高

地　址：武汉市黄陂区罗汉工业园铁塔路8号
邮　箱：whxiaorui1220@163.com
网　址：www.whxiaorui.com
联系人：张绍奇13908322722　张静13886009693

重庆天瑞窑炉研发有限公司承建

5.5m内宽隧道窑

生产产品：煤矸石、粉煤灰、页岩、淤泥、矿渣烧结砖

规　　格：烧成窑138m×5.5m×1.46m（窑车面至窑顶内高）

干燥窑81m×5.5m×1.5m

年 产 量：7500万块/条（折标砖）

工艺结构：一次码烧、轻质保温材料平吊顶或耐火砖平吊顶、砖混加钢柱、钢筋混凝土结构

烧成温度：950～1050℃

烧成周期：30～40h

单条烧成窑及干燥窑内容车数：55辆

窑车尺寸：3.9m×5.5m×0.84m

烧成方式：内燃＋辅燃或天然气

干燥热源来自烧成窑余热，干燥后残余水分小于6%

地　址：重庆市垫江县工业园区B-113

联系人：易燎原

电　话：023-74685959

13983632999

邮　箱：2434512490@qq.com

TAIXING JIXIE

泰兴机械

自动切条、切坯机

LP笼式破碎机

CP锤式破碎机

YBS液压步进机(卸垛定位机)

DB圆盘喂料机

MVS系列／电磁振动高频网筛

GTS滚筒筛

GBQ板式给料机

XGD箱式给料机

WFS往复式给料机

系列搅拌机

桥式挖掘机、多斗挖土机

除铁器

码坯定位机、码坯步进定位机

YDS液压顶车机

BDC液压摆渡车

LYS出车牵引机

TL回车牵引机

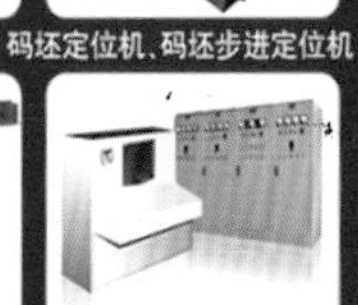
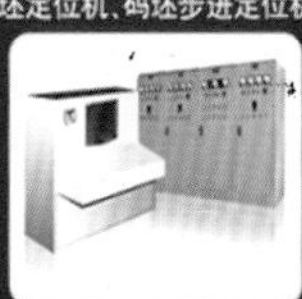
窑炉温度、压力监控系统

窑车

全国服务热线：400-689-3699

新泰市泰兴机械有限责任公司
地　址：山东省新泰市新汶工业园时代路1号
电　话：0538-7310778　13805481680
电　话：0538-7310777　13905381506
传　真：0538-7835470　7310776
网　址：www.taixingjixie.com
邮　箱：sd-txjx@163.com
网络推广：yahoo、百度、阿里巴巴

烧结砖生产装备与技术实用丛书

新型烧结砖隧道窑建设指南

主编　毕由增　王宏伟　徐厚林

中国建材工业出版社

图书在版编目（CIP）数据

新型烧结砖隧道窑建设指南/毕由增，王宏伟，徐厚林主编．—北京：中国建材工业出版社，2015.9

（烧结砖生产装备与技术实用丛书）

ISBN 978-7-5160-1240-6

Ⅰ.①新…　Ⅱ.①毕…②王…③除…　Ⅲ.①砖-生产-隧道窑-设计-指南②砖-生产-隧道窑-工程施工-指南　Ⅳ.①TU522.064-62

中国版本图书馆 CIP 数据核字（2015）第 135208 号

新型烧结砖隧道窑建设指南

毕由增　王宏伟　徐厚林　主编

出版发行：中国建材工业出版社
地　　址：北京市海淀区三里河路1号
邮　　编：100044
经　　销：全国各地新华书店
印　　刷：北京雁林吉兆印刷有限公司
开　　本：880mm×1230mm　1/32
印　　张：9.375　插页1
字　　数：260千字
版　　次：2015年9月第1版
印　　次：2015年9月第1次
定　　价：54.80元

本社网址：www.jccbs.com.cn　　微信公众号：zgjcgycbs

广告经营许可证号：京海工商广字第8293号

本书如出现印装质量问题，由我社网络直销部负责调换。联系电话：(010) 88386906

本书编委会

主　　任：许彦明

委　　员：徐厚林　黄冈市华窑中扬窑业有限公司

宋益柱　珲春市东方窑炉有限公司

易燎原　重庆天瑞窑炉研发有限公司

张绍奇　武汉潇瑞窑炉机械设备有限公司

刘竞宇　四川省地财窑炉科技有限公司

肖奉国　新泰市泰兴机械有限责任公司

本书推荐隧道窑建设咨询专家：

毕由增　王宏伟　徐厚林　赵镇魁

梁嘉琪　湛轩业　洪礼良　范小林

姚国金　曹世璞

前　言

近年来，随着国家墙改政策的不断贯彻落实，砖瓦行业进入了前所未有的高速发展期，以隧道窑为代表的新型热工设备得到了长足的发展。但我国隧道窑研究起步晚，技术落后，生产厂家重产量轻质量，产品档次低、售价低，致使隧道窑发展失衡。一些投资大、装备先进的隧道窑生产线反而长期亏损，而一些投资少、产品质量差、装备简陋的隧道窑生产线却得以大量推广，这不能不引起我们的反思。

本书针对隧道窑建设前期工作、隧道窑的选型、结构及有关工序做了详细的介绍，尤其对生产线工艺平面布置进行了探讨，对隧道窑的建设具有很好的指导意义。投资者阅读此书，可以少走弯路，减小投资风险；本书同时对隧道窑的设计提出了一些先进理念，供设计人员参阅。

本书还辑录了非常珍贵的施工资料——大断面隧道窑耐火吊顶板的配方及施工工艺，窑炉公司或使用耐火吊顶板的厂家可以参照此配方施工或维修窑顶。

本书结合了砖瓦行业老专家毕由增先生的很多实践经验和建窑观点，对指导筹建隧道窑生产线是不可多得的珍贵资料。

本书可作为窑炉公司、设计单位、施工单位、维修单位有关人员的工具书；也可作为烧结砖厂投资方、生产企业的参考书。

主编

2015.7

目　录

第一章　隧道窑概述 ………………………………………… 1
第一节　隧道窑的历史 ………………………………………… 1
第二节　隧道窑与轮窑的区别 ………………………………… 2
第三节　隧道窑的分类 ………………………………………… 4
第四节　发展新型隧道窑的意义 ……………………………… 9
第二章　隧道窑建设前期工作 ……………………………… 14
第一节　前期调研和可行性研究报告 ………………………… 14
第二节　隧道窑建设选址 ……………………………………… 18
第三节　隧道窑的选型 ………………………………………… 21
第四节　隧道窑厂房 …………………………………………… 29
第三章　隧道窑的结构及附属设备 ………………………… 33
第一节　隧道窑基础 …………………………………………… 33
第二节　隧道窑窑墙 …………………………………………… 36
第三节　隧道窑窑顶 …………………………………………… 42
第四节　隧道窑砂封 …………………………………………… 48
第五节　隧道窑附属设备 ……………………………………… 50
第六节　隧道窑窑车 …………………………………………… 63
第四章　隧道窑常用耐火材料 ……………………………… 68
第一节　耐火砖、保温砖和不定形耐火材料 ………………… 68
第二节　隧道窑窑顶用耐火吊顶板 …………………………… 78
第三节　隧道窑常用保温材料 ………………………………… 86
第五章　隧道窑生产线工艺平面布置 ……………………… 92
第一节　隧道窑生产线工艺平面布置的重要性 ……………… 92
第二节　传统大断面隧道窑生产线工艺平面
布置图解析 ……………………………………………… 94
第三节　典型小断面隧道窑生产线平面布置

图解析 …………………………………………………… 97
第六章　隧道窑关联工序—原料 ………………………………… 103
第一节　制砖原料概述 …………………………………………… 103
第二节　制砖工艺对原料的要求 ………………………………… 106
第三节　原料破碎设备的选型 …………………………………… 118
第四节　泥料的陈化 ……………………………………………… 121
第七章　隧道窑关联工序—成型 ………………………………… 126
第一节　成型工序概述 …………………………………………… 126
第二节　成型设备的选型 ………………………………………… 129
第八章　隧道窑的施工管理 ……………………………………… 132
第一节　隧道窑施工前准备工作及施工程序 …………………… 132
第二节　隧道窑各部位施工要点 ………………………………… 134
第三节　隧道窑施工验收 ………………………………………… 141
第九章　隧道窑烘窑点火及烟气治理 …………………………… 144
第一节　隧道窑的烘窑 …………………………………………… 144
第二节　隧道窑的点火 …………………………………………… 151
第三节　隧道窑烟气污染治理 …………………………………… 159
第十章　新建隧道窑砖厂管理与技术经验 ……………………… 162
第一节　新建砖厂投产前职工培训和投产后技术
服务的重要性 …………………………………………… 162
第二节　现代化制砖企业生产管理制度导论 …………………… 167
第三节　大中型砖瓦企业生产设备的维修组织管理 …………… 173
第四节　隧道焙烧窑低热值稀码快烧工艺实用操作技术 … 178
第五节　成品砖裂纹成因及其防治 ……………………………… 189
第六节　隧道窑常见故障及处理方法 …………………………… 199
第七节　大断面隧道窑如何提高产量 …………………………… 210
第八节　隧道窑如何用闸 ………………………………………… 217
第十一章　隧道窑的节能降耗与废弃物综合利用 ……………… 223
第一节　隧道窑的节能降耗 ……………………………………… 223
第二节　烧结砖废弃物的综合利用 ……………………………… 234
第十二章　砖厂常用生产证件与资源综合利用政策 …………… 260

第一节　砖厂需要办理的生产证件………………………… 260
第二节　资源综合利用政策法规文件摘要………………… 264
参考文献……………………………………………………………… 290

我们提供

图书出版、图书广告宣传、企业/个人定向出版、设计业务、企业内刊等外包、代选代购图书、团体用书、会议、培训，其他深度合作等优质高效服务。

编辑部 010-88386119 宣传推广 010-68361706 出版咨询 010-68343948 图书销售 010-88386906 设计业务 010-68361706

邮箱：jccbs-zbs@163.com 网址：www.jccbs.com.cn

发展出版传媒 服务经济建设

传播科技进步 满足社会需求

（版权专有，盗版必究。未经出版者预先书面许可，不得以任何方式复制或抄袭本书的任何部分。举报电话：010-68343948）

第一章　隧道窑概述

第一节　隧道窑的历史

法国人贾林发明了世界上第一条隧道窑，当时准备用来烧制陶瓷，但最终没有建成。其准确时间已很难考证，文献记载大约是 1751 年。

用于烧结砖瓦的第一条隧道窑实际设计者是 O. 布克，时为 1877 年，并于当年申请了德国专利。

1958 年，我国砖瓦行业开始筹建第一条隧道窑，由当时中国西北工业建筑设计院设计，上海振苏砖瓦厂负责施工。该隧道窑长 90m，内高 2.2m，内宽 2.25m，于 1958 年 9 月 1 日动工兴建，1959 年建成投产，这是我国第一条拥有自主知识产权的隧道窑。这一隧道窑的建成投产，为我国砖瓦行业利用隧道窑烧结开了先河。同年，上海月浦砖瓦厂也利用这项技术筹建隧道窑。通过一段时间的摸索改进后，这种隧道窑在当时的砖瓦行业被大量推广。

1961 年，天津市长征砖厂提出了一次码烧隧道窑的设想，并建成投产。后在天津市建材局科研所和原国家建委西北建筑设计院等单位的协助下，经过多年的反复试验、改建，1967 年投产。1973 年在山东潍坊召开了“全国砖瓦工业隧道窑一次码烧专题座谈会”。1974 年，北京市窦店砖瓦厂建成一组小断面一次码烧隧道窑，投产后证明是成功的，此后，在全国进行了大面积推广。到 1978 年，全国已建成和正在建设的一次码烧隧道窑生产线共有 136 个砖瓦厂，489 条隧道窑。[①]

当时建成的隧道窑都是拱顶的，后来又向微拱顶发展。有人

---

① 湛轩业，傅善忠，梁嘉琪. 中华砖瓦史话［M］. 北京：中国建材工业出版社. 2006

曾试验过平顶隧道窑，使用耐火混凝土现浇，但其稳定性无法保证。因为缺乏相应的轻质耐火材料及其技术，所以一直到20世纪80年代后期引进国外技术才解决了平吊顶的问题。

随着农村联产承包制的推广，一些国有砖厂也以各种形式或承包或转卖给个人，但这种还不是很成熟的隧道窑技术，对个体老板来说并没有多少诱惑力，加之建筑市场的不断扩大的需求，使技术相对简单、施工方便、投资较少的轮窑得以大面积推广，隧道窑反而很少有人问津。

20世纪80年代后期，原国家建材局针对当时的砖瓦生产情况，决定从国外引进生产线来推动国内砖瓦行业的发展。1986年，成立了黑龙江双鸭山引进空心砖生产线筹建处，准备从法国西方工业公司引进全套现代化制砖生产线，包括砖机和大断面隧道窑。1989年建成投产国内第一条9.2m大断面隧道窑。后来经过多年的摸索基本掌握了操作要领，而且由原来的外燃改为全煤矸石内燃。最重要的是中国人真正掌握了隧道窑的平吊顶技术。

但9.2m隧道窑在当时砖瓦行业推广难度很大，一是当时建材价格偏低，二是投资过大，一般企业难以接受。于是决定搞浓缩版，即把9.2m对开便是两条4.6m，4.6m的1.5倍就是6.9m。这样通过引进9.2m大断面隧道窑我国又自主开发出来两种适合国情的新窑型——4.6m和6.9m。1996年我国建成了第一条4.6m中断面隧道窑，1998年建成了第一条6.9m大断面隧道窑。此后不到十年，大中断面隧道窑便在我国得以大量推广。

第二节 隧道窑与轮窑的区别

隧道窑和轮窑对于烧结产品而言其作用是一样的，但隧道窑作为一种现代化的烧结设备与轮窑有着本质的区别，其代替轮窑已成为必然趋势。隧道窑与轮窑主要区别在于：

1. 轮窑烧砖是火动砖不动，火在风机的拉动下顺着窑道向前走，在此过程中完成预热、高温、冷却的全部烧结过程；而隧道窑是砖动火不动，砖坯随着窑车间歇性地向前推进，在此过程中完成烧结的过程。

2. 隧道窑窑顶有拱顶和平顶之分，而所有的轮窑全部是拱顶。其实平顶并不是隧道窑的专利，轮窑也是可以实现平顶的，只是没有人愿意浪费资金这样做，实际生产中也没有必要。

3. 隧道窑可以实现机械化装卸车，即装卸车都可以在窑外完成，而轮窑只能在窑内完成，所以轮窑很难实现机械化，这也是轮窑的最大缺点，隧道窑之所以取代轮窑，这也是一个最重要的原因。

4. 隧道窑可以实现智能化的热工监控，而轮窑由于火一直不停地向前走，各温度区段不能固定，所以很难实现热工监控，只能靠人工观察火情。

5. 隧道窑各段相对稳定，同一区段温度变化小，所以内墙和窑顶耐火材料使用寿命长；而轮窑由于各温度段不停地在变化，所以同一区段内墙和窑顶温度变化极大，造成其砌筑材料损坏就快；隧道窑可以三年甚至五年小修一次，而轮窑一般每年就要小修一次，三年就要大修一次。

6. 隧道窑由于各温度段相对固定，所以操作简单，在砖坯热值稳定的情况下，各排烟和余热闸阀基本不用调整，而轮窑由于各温度段不停地变化，所以必须随时调整各段的闸阀，操作相对复杂，而且隧道窑也没有揭纸挡、砌窑门、打窑门等复杂的工作，所以隧道窑操作更为简便。

7. 隧道窑的烧结过程比轮窑要长，所以产品质量明显优于轮窑。隧道窑长度一般在100m以上，而轮窑一部火只有10～12个窑门，每个窑门间距一般为5m，所以其烧结过程要在50～60m内完成，相对隧道窑烧结时间要短得多。

随着环保和节能意识的逐步加强，我国政府有关部门多年来一直要求取缔轮窑，目前东部地区如山东、江苏等省和中部河南等省已基本取缔了轮窑，但一些边远地区还有轮窑在生产。随着国家政策的不断推广，估计十年之内轮窑就能够退出烧结砖的舞台。

第三节 隧道窑的分类

隧道窑在发展过程中，出现了各种各样的窑型，不仅断面尺寸各种各样，而且其结构形式也呈现出多样化的趋势，隧道窑的分类如下：

1. 按照砖坯和窑体的相对运动方式可分为：固定式，移动式

我们常见的隧道窑就是固定式，窑体施工在固定的地基上，整个窑都是固定不动的，窑车在向前运动过程中把成品砖推出窑外。近年来，有人发明了移动式隧道窑，窑体是运动的，砖坯码放在固定地基上，窑体向前移动的同时带动火随之向前移动，这样砖坯经过预热、高温、冷却的全过程被隧道窑从窑尾“吐出来”。实际上就是一个移动的轮窑。其长度一般在 100～130m，干燥窑和焙烧窑联成一体，在圆形轨道上不停地移动。这种窑目前在国内建成了几十条，但行业内争议很大，所以本书所介绍的都是指固定式隧道窑。

2. 按照窑顶结构可分为拱顶、微拱顶和吊平顶

我国最早建成的隧道窑都是拱顶的，参照轮窑的模式，按半圆拱建造，如果窑体宽度是 2m，那么半圆拱的直径一定是 2m，这样窑顶的质量对两侧窑墙的压力最小，结构最稳定，也最容易施工。后来随着隧道窑的发展，为了减小砖坯的高差（高差大温差就大，温差越大产品质量差别也就越大），人们又发明了微拱顶隧道窑，就是从起拱线到最高点的距离小于窑体宽度的二分之一，这个数据越小，窑内的温差越小，产品质量也就越稳定。但微拱顶隧道窑窑顶质量对两侧窑墙的压力太大，容易造成塌顶事故。

吊平顶是在微拱顶的基础上发展起来的，吊平顶应该是最安全的隧道窑形式。其结构：将一块一块的吊顶板（耐火混凝土吊板或耐火砖吊板）通过钢钩或耐火砖吊挂在窑顶的钢梁上，再在吊板上面铺设保温层。

现在又出现了一种吊平顶新技术，就是将保温棉（硅酸铝纤

维毯）事先做成一定尺寸的模块，然后通过钢钩悬吊在窑顶的钢板上，施工速度快，投资少。但这种技术在行业内争议也很大，一是没有解决钢钩耐腐蚀的问题，二是按照要求这种吊顶必须1～2年喷涂一次保护层，三是耐久性的问题，因为纤维棉经过高温之后，纤维会逐渐失去弹性，一旦保护层失效，被压缩的纤维很可能被风吹散，从而影响保温性能，四是这种技术目前只用在小断面隧道窑上，大断面隧道窑随着断面跨度的增大，其窑顶金属件强度也要求大幅度提高，其经济性就没有优势了。

3. 按照码坯方式可分为一次码烧和二次码烧隧道窑

一次码烧隧道窑就是从干燥到焙烧只码坯一次，这种隧道窑工序简单，设备少，用工省，目前行业内绝大多数都是这种窑炉；二次码烧就是砖坯经过干燥或半干燥后再进行码坯，增加码坯高度。一次码烧码坯高度最高可达到 1.8m，而二次码烧最高可达到 2.5m，所以产量要比一次码烧高得多。有一些塑性差的原料如高掺量粉煤灰砖、煤矸石砖、黄河淤泥砖等，一次不能码得太高，在工艺上一般也选择二次码烧。对一些孔洞率高、壁薄的空心砖二次码烧能提高合格率、减少废品，因为经过第二次码坯可以把不合格的砖坯挑出来，而一次码烧就没有这个优势。

4. 按照干燥窑和焙烧窑的位置关系又可分为直烘式和并列式

传统的干燥窑和焙烧窑都是分开并列布置的，但有人为了节省场地和投资，把干燥窑和焙烧窑搞成直线式，这样中间节省了顶车设备，而且窑的总长度缩短了，例如传统并列式干燥窑长度一般为 60～80m，焙烧窑长度一般为 100～130m，二者总长度为 160～200m，而直烘式隧道窑有的只有 110m，比较多见的长度在 120～150m 之间，现在也有做到 180m 的。

比较客观地说，直烘式隧道窑节省了设备和场地，有的也能实现较高的产量，但存在的问题也比较多，最突出的是冬季砖坯干燥问题，往往由于坯垛中下部干燥不好，造成裂纹甚至塌坯。

5. 按照窑体断面宽度可分为小断面、中断面、大断面

目前，砖瓦行业常见隧道窑断面有 2.5m、3m、3.3m、3.6m、4.6m、6.9m、9.2m、10.3m（图 1-1～图 1-6）等，但

因为隧道窑没有实现工厂化生产，也不需要经常性的搬迁，所以其通用性不强，有的窑炉公司又独创了不少其他类别的断面，如：3.45（6.9m 的二分之一）、3.7m、3.76m、3.9m、4.0m、4.2m、4.8m、5.5m、6.8m 等，目前使用比较多的断面类别有：3.7m、3.76m、3.9m、4.2m 等。这种随意改变窑炉断面宽度实际上是很不严谨的，第一，造成行业管理困难；第二，使配套设备厂家配套困难，不方便设备的批量生产，实际上也是一种技术和科研经费的浪费。

按照目前行业的共识，小于 4.6m 断面为小断面隧道窑，4.6～6.9m 为中断面隧道窑，大于 6.9m 的称为大断面隧道窑。

就目前砖瓦行业技术水平而言，4.6m 以下的小断面隧道窑产量还是很高的，按照断面宽度衡量其设计年产量，中小断面的隧道窑大部分能达到每米断面设计年产量 1000 万块（折标）以上，有的甚至高达 1500 万块，而大断面隧道窑每米断面设计年产量一般都在 600～900 万块，所以近年来中小断面隧道窑的发展迅猛，而大断面的隧道窑却有点停滞不前。诚然，大断面隧道

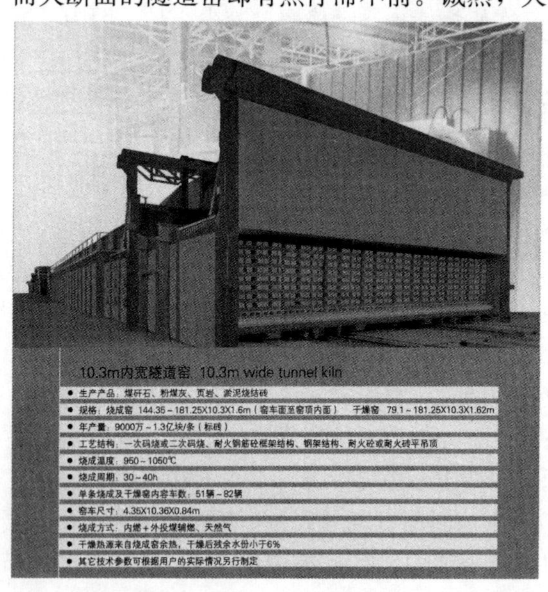

图 1-1　10.3m 内宽隧道窑

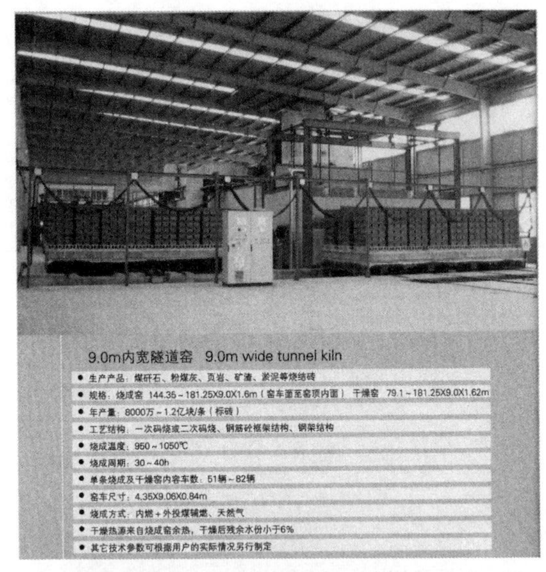

图 1-2　9.0m 内宽隧道窑

图 1-3　6.9m 内宽隧道窑

图 1-4 5.5m 内宽隧道窑

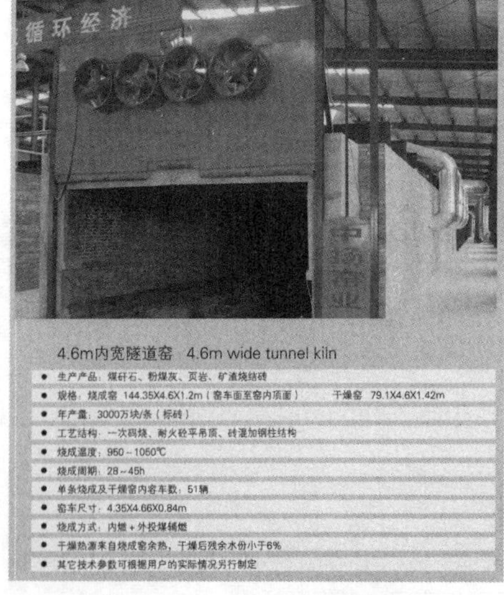

图 1-5 4.6m 内宽隧道窑

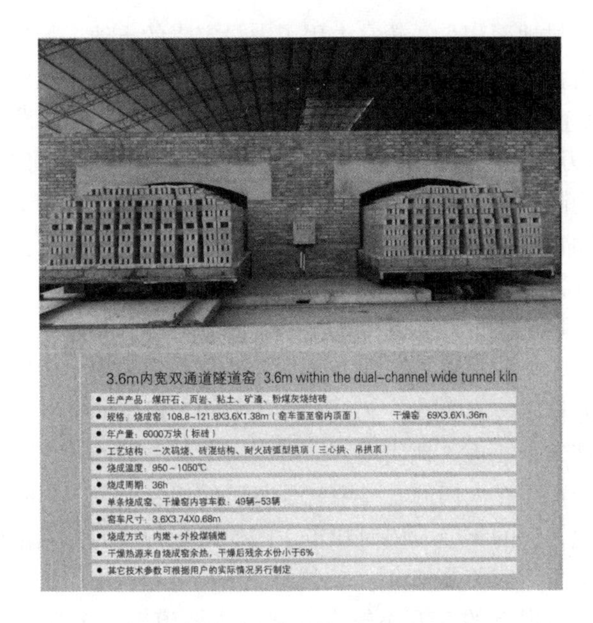

图 1-6 3.6m 内宽双通道隧道窑

窑在产品质量方面比小断面隧道窑确实有所提高，但对于投资者最关心的产量和节能方面一直没有大的突破，这需要设计单位和行业仁人志士共同努力。

第四节 发展新型隧道窑的意义

《砖瓦工业“十二五”发展规划》明确指出，淘汰落后产能和工艺。到 2015 年，淘汰黏土实心砖 1000 亿块；坚决取缔高能耗小立窑、小围窑、地沟窑、马蹄窑和 24 门以下轮窑及简易小轮窑。“十二五”的发展重点，其中一个方面就是新型墙材烧结制品平均单线生产能力达到 6000 万块，黏土实心砖下降到 3000 亿块。

这个发展规划无疑给隧道窑的发展提供了良好的机遇，利用隧道窑代替轮窑是实现规划提出目标的最佳途径。

隧道窑相对轮窑生产可以节省大量的凉坯场地，我国人口众多，人均耕地面积少，轮窑占用了大量宝贵的土地，如果把轮窑改成隧道窑，可以节省大量土地，按常规每座轮窑占地约 100 亩(包括凉坯场)，年产量却只有 1000～3000 万块，而建设一座年产 6000 万块的隧道窑占地不会超过 50 亩，如果每年将 3000 座轮窑改为隧道窑，不仅产能提高一倍，而且可以节省 15 万亩土地。我国目前仍有各类轮窑 5 万座，如果全部改为隧道窑，可以回收 250 万亩土地。

新型隧道窑可以实现机械化、智能化生产。不用人工进窑装车，相对轮窑的高温、高强度更具人性化和亲和力，所以招工容易，更能稳定技术人才。尤其机械化装卸车设备的推广，更为隧道窑烧结砖企业迈入现代化工厂行列跨出了关键的一大步。一直以来，砖瓦厂在人们的心目中就是落后的代名词，苦累脏险也让有点文化知识的年轻人望而却步。国外砖瓦行业的机械化程度相当高，美国一家年产 2.4 亿块烧结砖的工厂只用了 10 个工人。如果把我国现有的 5 万座轮窑全部改为隧道窑，至少可以节省 250 万劳动力，这对劳动力越来越短缺的现代企业具有非常重要的意义。

我国是世界上建筑节能比较落后的国家之一，1986 年国家提出了第一步建筑节能标准，1996 年提出了第二步建筑节能标准，2004 年北京市率先提出了第三步建筑节能标准，但绝大部分城市仅能做到第二步建筑节能标准，在广大的乡村根本谈不到建筑节能。

我国目前的建筑能耗是欧美国家的 3～4 倍，是日本的 7 倍，每年在建筑方面浪费大量的能耗，同时产生了大量的二氧化碳，使我们本来就脆弱的生态环境治理更加困难。仅从供热耗能计算：我国南北平均每平方米年耗 50kW·h。430 亿 m^2 既有建筑，年供热耗能则需 21500 亿 kW·h。每年新增的 2 亿 m^2 建筑，则年增供热能耗 100 亿 kW·h。供热产生的 CO_2 量：即使是使用比较清洁的天然气计算，每平方米年度排放为 $0.263\times50=13.15$kg，全部建筑排放 5.6 亿吨以上。每年新增建筑面积则新增排放 260 万吨以上。这两类数字都是十分惊人的。

在建筑物的热量散失中，墙体占59.4%。因此，建筑节能主要是通过改善墙体围护结构的热工性能来实现的，即由实心变空心，由传统的多孔砖变为孔洞率高、孔型结构相对复杂的保温砌块，而这种高强度、高保温性能的新型墙材必须依靠隧道窑才能烧成。所以说发展隧道窑是我国实现建筑节能的唯一途径。

各种砖的导热系数：

黏土实心砖：0.8W/（m·K）；

圆形孔多孔砖：0.49W/（m·K）；

方形孔多孔砖：0.47W/（m·K）；

菱形孔多孔砖：0.42W/（m·K）；

矩形孔多孔砖：0.24W/（m·K）。

《烧结砖瓦工厂设计规范》（GB 50701—2011）8.5.2条规定：对干燥设计的要求是：应根据设计规模、场地、投资等因素综合确定人工干燥装置，宜优先选用隧道干燥室。

8.6.3条对焙烧窑的设计要求是：砖瓦焙烧窑炉宜选用内宽不小于4.6m且符合模数的平顶隧道窑。这就从设计层面对窑炉的建设做出了硬性的规定，必须设计隧道窑而且应优先选择平吊顶的。

发展新型墙材是我国墙体材料走向低碳的必由之路，也是当今节能减排的生产大户。砖瓦行业企业规模小，但数量较多。虽然在近20多年来，国家出台了多项调控政策，行业内的人士经过不断地努力，在节能减排、节约土地、推广节能建筑、治理环境污染等方面取得了长足进步，但是与今天低碳经济发展目标还相差很远。

（一）烧结砖新墙材的发展

对于烧结砖来说，加快产品结构调整，既要考虑产品生产节能，又要考虑产品使用节能。对投资者生产者来说，国家已三令五申，禁止黏土烧结实心砖的生产规模。现推行，空心烧结砌块，提高孔洞率，改变孔型和孔洞的结构排列，对于保温性能要求高的空心砖和空心砌块，要改变现有的圆形孔和大孔为交错排列的长条孔或菱形孔，并多排错位排列，使孔洞率大于35%以上。对于承重的多孔砖，孔型可改为丁字形或人字形，以提高抗剪应力，增加抗震强度。应利用好烧结资源原料；对产品要求回归自然美感。如现在城市道路用砖，强调的美质与强度。外墙装饰砖，花样多种化，品种人性化，还给人类一种自然美感，减少装饰材料重复使用量，为投资者节省资金，为用户者提供舒适条件。这些都是今后墙材的发展趋势。

（二）调整技术产能结构

1. 随着国家淘汰高耗、高排产品的力度不断地加大，规定对年产 3000 万块标砖以下的砖瓦窑炉，已制定规划分期分批逐步淘汰。这些落后的产品技术，单位产品能耗高，能源利用效率低，污染环境严重，必须下决心淘汰。腾出能源和资源，腾出市场空间。发展先进装备技术和优质节能产品。如中扬窑业公司新开发的窑炉系列产品，每公斤产品比原生产热能耗降低 25%。如果年产 6000 万块产量标砖生产厂，年节约热能源约 5000t 标煤。如果将产品孔洞率，调为大于 35%时，那么又可以节约一笔可观的支出。其技术主要是：改造过去设计制造过于保守、设计系数技术指数过大、结构复杂、热利用率较低的一些新技术措施。

2. 对现有生产用户进行技术节能减排升级改造。扩大利用废渣物体范围，除了利用煤矸石、粉煤灰等工业废渣外，而且大量提倡使用建筑垃圾渣土、河道淤泥、城市排放淤泥、水库淤泥、矿山废渣、农作物废料等为原料，广泛开发新墙材行业的资源综合利用，调整生产产品用料结构。

3. 采用先进的生产工艺，促进新产品的节能降耗。如烧结砖厂，大力提高资源利用效率，对用电量较大的设备，进行系统地节能改造，对电机，采用新的变频技术，搅拌、破碎，采用更为先进的节能设备。例如在原料水分可控制的条件下，可采用立式磨等。搅拌可采用多轴搅拌，起到事半功倍的作用，以提高坯件干燥，烧成窑炉热利用率。例如在窑炉设计和改造过程中，提高保温材料、耐火材料的品质和档次，或适当增加保温材料的墙体厚度，以提高窑炉保温隔热效果，并延长耐火材料使用寿命，加大窑炉密封装置，使功能发挥最佳化。由自然干燥改变为人工干燥。改变生产厂家的干燥方式，变简单送热风方式，改为窑内不同区域的主体循环间隙通风干燥，既能提高热源利用率，又能确保砖坯干燥的质量。根据很多生产厂家经验总结，对于生产高保温性能、高孔洞率多排密孔空心制品，尤为体现它的功效作用。积极开展窑炉余热利用，利用余热发电可一举多用，既节约能源，又给生产厂家提供了很好方便条件。

4. 对产品的烧结方式将有所改变。根据原料的性质，改变低温慢烧方式，调整产品的高温快烧，提高产品质量延长使用寿命上进行技术革新。现国外即有成功范例，将产品烧成温度950～980℃提升到1100～1150℃，特别有利于道路砖和外墙装饰砖的生产，以提高它的抗风化性能。

第二章　隧道窑建设前期工作

第一节　前期调研和可行性研究报告

隧道窑筹建的前期工作是指建厂开工之前的一系列准备工作，它包括对建厂项目的考察、初步酝酿、可行性研究、砖厂建设的报批、设计任务书的编制、厂址选择、初步设计的编制、施工图设计等工作。做好隧道窑砖厂筹建的前期工作，是确保砖厂建成之后，能否顺利投产，完全达到设计要求，并最终取得预期的投资经济效益的关键环节。

隧道窑砖厂建厂的可行性研究是指在确定砖厂建设项目时，运用技术经济学原理，研究建厂项目不同方案实现的可能性与经济性问题。其主要任务是研究该砖厂建设项目技术上是否先进可靠，经济上是否合理和有效，通过对影响该砖厂建设项目的各种因素的综合性调查、分析、对比，判断该砖厂建设项目是否具备建设条件和建设的必要性，预测其经济效果，为砖厂投资决策提供依据。

隧道窑砖厂建厂的可行性研究主要内容：对投资效果的评价要从两个方面考虑，即首先从该砖厂本身的利益着眼进行技术经济论证，其次还要就它对社会经济的影响进行分析论证，做出科学的分析和评价，从而权衡利弊，以便进行隧道窑砖厂投资决策。

多孔砖和空心砌块（煤矸石、页岩、粉煤灰、河道淤泥及其他废渣）是国家推广的新型节能墙材产品，它与传统的烧结黏土砖（红砖）相比，具有力学性能好、抗压强度等级高，导热系数低、热工性能优良、隔热保温效果好，密度低、容重小，砌筑施工操作方便、提高工效等优点。另外，利用废弃物生产多孔砖可以综合利用资源，节约大量耕地，对增加社会财富、提高经济效益、保护自然环境，都有重要意义。因此，自1985年以来，国家有关部委及地方政府多次制定墙改政策法规，严格限制毁田烧制黏土砖，推广以煤矸石、粉煤灰为主要原料生产的新型节能墙材产品，并且按国家有关规定免征增值税，所得税将按当年收入90%计税，这些优惠政策推动了新型建材业现代化砖厂的发展。由于有国家政策的大力支持和社会的需要，十多年来，以煤矸石、粉煤灰为主要原料生产的多孔砖和空心砌块的现代化隧道窑砖厂在全国各地蓬勃兴起。

针对部分欲生产多孔砖和空心砌块的新建现代化隧道窑砖厂在进行可行性研究和项目考察时易出现的问题，提出以下注意事项：

1. 重视可行性研究工作

一个新建现代化隧道窑砖厂的工作程序分为两大阶段：即一个是砖厂筹建的决策阶段；一个是砖厂建设的实施阶段。在决策阶段最关键的一个环节就是可行性研究，可行性研究为现代化隧道窑砖厂筹建的决策提供可靠的依据。

有人认为，利用煤矸石或粉煤灰等废弃物生产多孔砖和空心砌块享受国家的优惠政策，原料也不用花钱、制砖不用土、烧砖不用煤（自燃），筹建这样的隧道窑砖厂肯定可行。应该说这只是一个大的方面，还应该从诸多方面进行综合分析，最后才能得出一个正确的结论。也有人认为，搞建设项目就要快建快投产早见效益，没有必要浪费时间搞详细的可行性研究报告。应该认识到，如果在没有对原料燃料等资源环境以及运输等充分调查的情况下就对一个现代化隧道窑砖厂进行建厂决策，一旦出现失误，则会造成严重的经济损失。

2. 做好现代化隧道窑砖厂建厂的实地考察工作

只要有现代化隧道窑砖厂建厂的意向，就要做可行性研究。首先就要组织实地考察，这是进行建厂可行性研究的一个重要手段。但是参加考察的人员对隧道窑制砖工艺技术不一定了解，尤其一些非建材行业的人员，俗话说“隔行如隔山”，因而考察期间难免走马观花，看不出问题，自然不会进行深入研究。然而，随着隧道窑筹建工作的进展，当有关人员对制砖工艺有了进一步了解时，提出的问题就会越来越多。为此，建议在组织人员实地考察时，最好聘请一些有较高制砖理论水平，同时也具有实践经验的专家陪同考察。在考察过程中边看边学，要听专家在考察现场的讲解，特别要重视专家对所考察隧道窑生产线中的优点和缺点，这样才能收到好的考察效果。就像我们外出旅游一样，如果没有导游讲解，就不会知道旅游胜地的历史典故，有了专家的“导考”，就会使考察工作事半功倍。聘请专家担任建厂顾问是非常必要。有的单位或个人不愿请专家，一是自以为是，认为隧道窑砖厂科技含量低，一看就懂，没必要请别人指手画脚；殊不知隧道窑虽然比不上航天飞机复杂，但要真正弄通弄明白却不是一件轻而易举的事情。二是担心专家工资高，怕花冤枉钱。实际上专家的经验和教训都是一点点积累起来的，每一条经验或教训都是几万、几十万甚至上百万换来的。一个水平高、负责任的专家，为建一个隧道窑砖厂可节约几十、上百万元。

在实地考察时，要注意发现所考察隧道窑砖厂的特点和优秀技术人员、管理人员，以便将来遇到问题可向他们请教，也可聘请他们担任建厂和生产技术顾问，这是少花钱而很快能解决各种问题的最好方法。

3. 可行性研究报告应具备的主要内容

可行性研究报告应按照国家计委办公厅关于出版《投资项目可行性研究指南（试用版）》的通知（计办投资〔2002〕15 号）要求组织编制，并应包括以下主要内容：

（1）项目概况，包括项目名称、建设单位、建设内容与规模、建设地点、总投资及资金来源、可行性研究报告编制单位的全称及工程咨询资格证书编号等情况；

（2）可行性研究报告的编制依据及编制原则、可行性研究工作范围及编制过程简述；

（3）项目建设的必要性、预期达到的目标及可行性；

（4）建设条件与选址；

（5）建设方案、建设内容与建设规模分析；

（6）公用工程方案（水、电、气、通信、道路等）；
（7）节能分析；
（8）环境影响分析；
（9）消防、劳动安全与卫生；
（10）项目建设管理方式、机构设置、劳动定员与培训；
（11）建设进度计划；
（12）项目招标内容，包括招标组织方式、招标方式、招标范围；
（13）投资估算与资金筹措；
（14）经济社会效益评价；
（15）结论与建议。

4. 筹建隧道窑砖厂基本程序（仅供参考）

（1）用地规划及审批（根据生产能力确定用地面积）；
（2）企业设立审批；
（3）项目立项审批；
（4）可行性研究报告；
（5）环评报告（根据初设工艺作）；
（6）地质勘探报告（签订设计合同后）；
（7）正式设计；
（8）开工建设。

内资企业设立审批流程图如图 2-1 所示。企业投资项目核准流程图如图 2-2 所示。

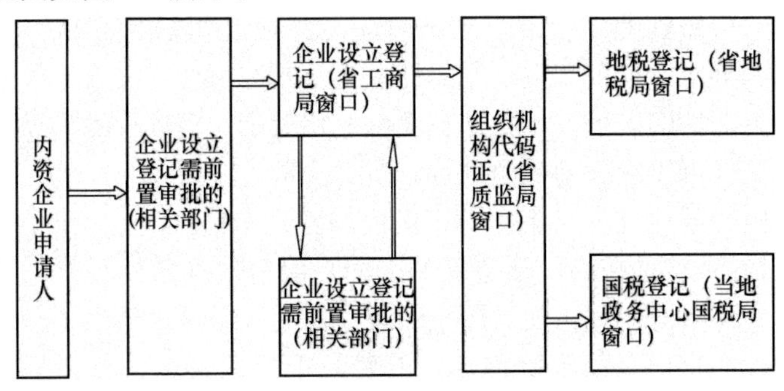

图 2-1　内资企业设立审批流程图

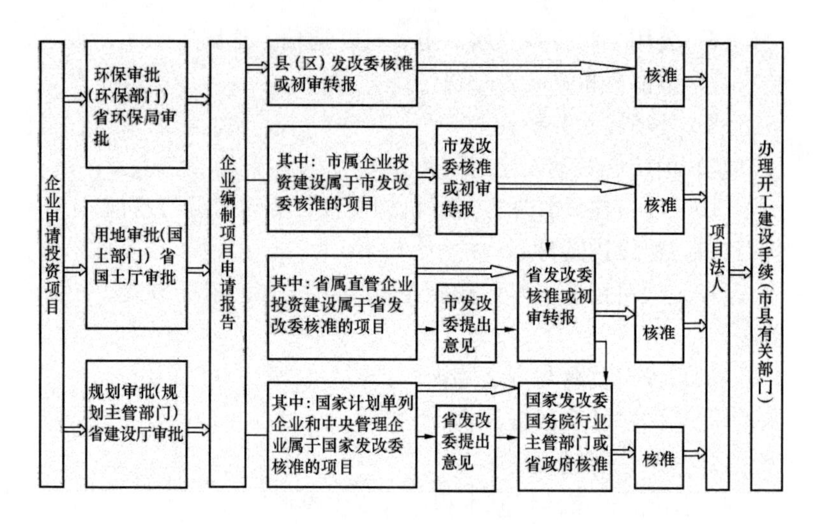

图 2-2　企业投资项目核准流程图

第二节　隧道窑建设选址

隧道窑砖厂建设选址非常重要，因为直接涉及到窑炉的安全性、原材料供应、生产成本、环保治理投入、供电供水的安全可靠程度、产品运输成本等一系列问题，必须综合考虑，总体权衡。

窑炉的安全性是建设选址首先考虑的因素，窑炉是热工设备，其本身质量达上千吨，加上几十吨的窑车不停的运转，所以地基的可靠性非常重要。选址时应尽量避开煤矿采空区、旧河道、塌陷区、软泥湿地、湿陷性土质及具有滑坡、泥石流等地质灾害可能性的区域，尽量选在地基处理量小、基础稳固可靠的地方，这样可以减少基础处理量，节省投资。

山西某地有一家年产 1.2 亿块的隧道窑砖厂（2 条 6.9m 隧道窑），厂址选在煤矿采空区的上面，因为地基未处理好，窑炉刚建完还没投产就出现了严重的裂纹而无法使用，最后不得不重新选址，窑炉只能推倒重建，浪费几千万的资金，教训是很惨痛的。

隧道窑砖厂在生产过程中不可避免地要产生废气，无论采取什么样的环保措施都不可避免要排放二氧化碳、二氧化硫等有害气体，所以环保对选址也是非常重要的一个方面。隧道窑建设应尽量避开城市和乡村人口密集区，政府部门对水源地、名胜古迹、风景区也控制得很严。距离城市越近其环保治理力度越大，环保成本就要增加，这将直接影响投产后的生产成本。所以隧道窑建设选址应尽量在人口密度小、环保要求相对低的地区。

隧道窑砖厂装机容量较大，一般年产 5000 万块的生产线装机容量 800～1500kW，有的全煤矸石砖厂甚至高达 2000kW，用电量较大，所以选址时还应该考虑供电的可靠性和供电距离。较偏远的山区供电没有保障，供电距离太远需要增加前期投资。最好选在大型厂矿企业附近，这样供电距离近，而且供电安全性高，便于投产后的生产管理。

隧道窑砖厂生产需要大量的原料和产品外运，运输量很大，年产 6000 万块的砖厂每年生产的砖重达 10 万吨（按多孔砖计算），需要原料 11～13 万吨，运输成本也是不容忽视的一个方面。靠近销售市场可以节省成品运输费用，但必须同时兼顾原料的运输费用。二者比较应该优先考虑原料的运输距离，因为原料与成品的质量比为 100∶（80～90），也就是说原料的运输费用要比成品的运输费用高 10％～20％。

《烧结砖瓦工厂设计规范》（GB 50701—2011）对厂址选择和总体规划做出了具体规定。

1. 厂址选择

（1）烧结砖瓦工厂厂址应靠近原料矿山或主要原料储藏、堆存或排放地，宜靠近交通线路、水源和电源。厂址选择应对建设规模、原料和燃料来源、产品流向、交通运输、供电、供水、企业协作条件、场地现有设施、环境保护、文物古迹保护、人文、社会、施工条件等因素进行综合技术经济比较后确定。

（2）厂址选择应满足工业布局和土地利用总体规划的要求。

（3）厂址选择应合理利用土地和切实保护耕地。

（4）厂址应满足工程建设需要的工程地质和水文地质条件，

并应避开有用矿藏。

(5) 厂址应位于城镇和居住区全年最小频率风向的上风侧，不应选在窝风地段。

(6) 烧结砖瓦工厂防洪标准应符合现行国家标准《防洪标准》(GB 50201) 的有关规定。场地标高不宜低于防洪标准的洪水位加0.5m。若低于上述标高时，厂区应有可靠的防洪设施，并在初期工程中一次建成。当厂址位于山区时，应设计防洪、排洪的设施。烧结砖瓦工厂设计防洪标准应符合表2-1的规定。

表2-1　烧结砖瓦工厂设计防洪标准

规模类别	防洪标准重现期（年）
大型	50～100
中型	20～50
小型	10～20

(7) 厂址选择应按现行国家标准《工业企业总平面设计规范》(GB 50187) 的有关规定执行。

2. 总体规划

(1) 烧结砖瓦工厂的总体规划应按现行国家标准《工业企业总平面设计规范》(GB 50187) 的有关规定执行。

(2) 烧结砖瓦工厂的总体规划应满足所在地区的区域规划、城镇规划的要求。

(3) 烧结砖瓦工厂的总体规划应结合当地的技术经济、自然条件等进行。

(4) 烧结砖瓦工厂的总体规划应贯穿节约用地的原则，优先利用荒地、劣地及非耕地。

(5) 烧结砖瓦工厂总体规划应符合现行国家标准《工业企业厂界环境噪声排放标准》(GB 12348) 及国家现行有关工业企业设计卫生标准的规定。

(6) 厂外道路应满足城乡规划或当地交通运输规划的要求，并应合理利用现有的国家公路及城镇道路。外部运输方式的选择应符合下列规定：

① 厂外运输方式宜根据当地运输条件确定。

② 厂外道路与城镇及居住区公路的连接应平顺、短捷。

（7）厂内动力设置宜靠近负荷中心或主要用户。

第三节　隧道窑的选型

隧道窑的选型是现代化砖厂建设是否成功的关键环节，选型合适，投资少，达产快，产品质量稳定，资金回收快；反之，投资大，长时间无法达产，产品不达标，资金回收困难，甚至出现严重亏损。在隧道窑近二十年的发展过程中，这种成功的典型很多，但反面例子也比比皆是。

选择什么样的隧道窑对投资者来说是仁者见仁智者见智，什么样的隧道窑最好？砖瓦行业内的专家众说纷纭，也没有定论，有人说大断面的好，有人说小断面的好，导致投资者无所适从。有人为了推荐自己的窑炉或者为了自己的利益推荐有关的窑炉，在报刊和网络上写文章，对自己有利的就极力鼓吹，如“投资少见效快、三个月达产、日产多少多少万”等等，并刻意贬损其他窑炉。这些在一定程度上起了混淆视听的作用。

下面结合作者的经验讨论一下各种隧道窑的优缺点，为投资者提供一个公平合理的选择渠道。

一、拱顶窑将逐步被平顶窑取代

拱顶窑将逐步被平顶窑取代，这是发展趋势。从结构上说拱顶窑其安全性要比平顶窑差得多，因为平顶窑所有的质量只是通过垂直重力压在窑墙上，对窑墙没有水平作用力（侧蹬力）；而拱顶窑其窑顶质量以垂直重力和水平作用力（侧蹬力）作用在窑墙上，尤其是微拱窑，其拱高（矢高或弦高）越小，窑顶对两侧的水平作用力越大。为了抵消这个水平作用力不得不加厚窑墙或增加加固柱，以防窑墙裂纹或倒塌。

拱顶窑还有一个最大的问题就是无法实现机械化生产，因为坯垛中间加高的部分码坯机无法编组。有些窑采取了半机械化的办法，就是起拱线以下部分用码坯机码好，上边加高部分再用人工码，这样能节省一部分劳动力。

有人为了解决拱顶窑的机械化码坯问题，把窑顶起拱部分用耐火材料分段挡住（挡火板），一般一个车位挡一道，但这种做法会浪费很大一部分热量，而且挡火板一旦损坏更换非常麻烦。从长远看还是平吊顶安全性能好。

二、大断面隧道窑是砖瓦行业的发展趋势

行业习惯将断面 6.9m 以上的称为大断面隧道窑。

隧道窑断面越大，其高宽比越小，所以其上下温差越小，产品质量越稳定。国内大断面隧道窑一般设计长度 140m 以上，有的甚至达到 180m，这样焙烧时间长，产品强度高，尤其适宜烧制高档产品。因此要想提高砖瓦产品质量，必须立足发展大断面隧道窑。美国的砖瓦隧道窑大部分都是 9.5m 断面的。

我国大断面隧道窑近几年发展速度很慢，主要原因是投资较大，达产困难。有的专家甚至因此全盘否定了大断面隧道窑，很多投资者对大断面隧道窑也是望而却步。

目前，我国虽然一再提高烧结砖的国家标准、行业标准，但现场执行却很困难，生产企业对产品质量的要求还是非常低的，有些地区甚至是粗制滥造，缺乏监管。造成这种状况的部分原因是我们建筑业急于事功、不求质量，另外跟我国的建筑习惯有很大关系。我们的砖墙 90％以上都是混水墙，再好的烧结砖外墙也要抹一层砂浆，烧结砖质量的好与坏被砂浆盖住，谁也不知。有些业主住了几十年房子甚至没见过砌墙用的是什么砖，也绝少有人去关心这个问题，所以开发商、建筑商也就觉得用什么砖都是无所谓的。这样砖厂就没有提高产品质量的动力，高质量不仅增加了生产难度，同时也增加了生产成本，所以在砖瓦行业对产品质量重视程度不够，对于砖厂来说，只要能卖掉就是好产品。因此大断面隧道窑的优势体现不出来，这也为发展大断面隧道窑带来了很大的困难。

大断面隧道窑发展缓慢，设计难辞其咎。小断面隧道窑很多优点都是在几十年的实践中不断摸索、总结创新出来的，但大断

面隧道窑在这二十多年的发展中却没有多少创新，除了窑的长度、码坯高度有所变化外，其他方面基本没变。

大断面隧道窑的高产、节能理念是好的，但在具体设计上却一直没体现出它的优势，从这二十多年的实践中发现，大断面隧道窑达产困难，超产更难，而小断面隧道窑轻而易举地就能达产，超产也很容易。大断面隧道窑节能的优势也没有体现出来，目前大部分热值都在400kcal以上，而小断面隧道窑热值超过400kcal的很少见，大部分在300～400kcal之间。这就是为什么近年来大断面隧道窑发展停滞不前的主要原因。因此要发展大断面隧道窑任重而道远，需要业界同仁共同努力，将其高产、节能优势真正发挥出来。如果6.9m隧道窑年产量能突破9000万块，热值能控制在360kcal左右，推广难度就不会那么大，普及也就指日可待。

三、小断面隧道窑是过渡窑型

小断面隧道窑造价低、设计单产高、达产速度快，所以得到大量推广。以3.6m为例，设计单产能达到4000～5000万块，每米断面年产量达到1100～1400万块，相比大断面隧道窑断面产量能提高25%～60%，因此有些专业设计单位现在也很不情愿的从设计大断面而转入小断面隧道窑的设计。这种不情愿是一种被动式的无奈，是市场杠杆作用的结果，因为这么多年实践证明了小断面隧道窑的优势。建材市场的低质量也从另一个方面促进了小断面隧道窑的发展。

无论从哪个角度来看，两条3.6m隧道窑一定比一条6.9m的投资高，而且占地大，窑炉运转设备和通风设备多，生产过程中的电费、维修费很多，但几乎绝大多数投资者选择了两条3.6m，而不选择一条6.9m。投入产出比这个参数是投资者选择小断面隧道窑的主要原因。

但小断面隧道窑不论怎样发展都只能算是一种过渡窑型，投资者对小断面隧道窑的选择只能是一种无奈的举措，只要大断面隧道窑的优势真正发挥出来，小断面隧道窑就将被淘汰。

近年来，小断面隧道窑的发展有鱼目混珠的乱象，很多小的窑炉公司以低造价高产出为幌子，建造了大量质量低劣的隧道窑。不仅产量达不到预期目标，而且能耗高、产品质量差，窑炉本身安全也没有保障。这是投资者片面追求低投入高产出带来的恶果。

四、直烘式隧道窑需要改进

直烘式隧道窑设计理念是好的，从烘干到焙烧直进直出，减少了中间环节，减少了设备，节省了土地。但整条窑只有一台风机，使干燥窑整段全部处于负压状态，这就不可避免地使坯垛中下部干燥不好，尤其冬季最为明显，轻者裂纹，严重者倒坯。干燥窑的操作原则为：低温，大风量，微正压。微正压的目的是解决干燥的均匀度，即只有在干燥窑后半部分形成微正压才能使整个坯垛干燥均匀。焙烧窑的前段因为处在较大的负压状态，而干燥窑的后半部分要求处在微正压状态，把干燥窑和焙烧窑简单的联系在一起是无法解决这个矛盾的。有的生产线在干燥段和焙烧段的交界处增加了风机，这样能明显改善干燥效果，但并没有从根本上解决问题。

直烘式隧道窑太短就会造成产品欠烧，有的直烘隧道窑产品刚进入高温带没经过保温就直接进入了冷却带，造成产品“哑音”，有的成品“黑心”严重，表面只烧透了3～5mm，中间没有烧透，如果用塑性差的煤矸石或页岩做原料，这种砖见水就粉化，根本没有强度。

直烘式隧道窑如果不能进行很好的改进，上述问题不能得到很好的解决，将来很可能被列入淘汰产品的行列。

五、移动式隧道窑需要继续探索

移动式隧道窑是近几年刚刚发展起来的一种新窑型。因为其不用窑车及窑炉运转设备而节省了部分投资，所以对一些中小企业很有吸引力。但移动式隧道窑还有几个问题，需要在探索中逐步解决：（1）窑炉需要直径80～120m的圆形场地，中间大部分场地不能利用，浪费了土地；（2）集中排烟和集中脱硫问题还没有很好地解决；（3）因为窑炉每天都在不停的移动，所以对其强度和寿命有很大的影响，整体寿命与固定式隧道窑不能比，需要继续探索改进。

六、窑炉的长度要适中

1. 焙烧窑

隧道窑的长度和其窑型一样也分两大流派，大断面隧道窑都较长，一般在 144～153m，也有 161m 的，最长的有 180m 的；而小断面隧道窑都较短，一般在 100～120m 之间，也有更短的，有 80～90m 的，还有更短的才 55m，极个别的也有长一点的，有 130～145m 的。

隧道窑长一点对产品质量有好处，预热带、高温带、冷却带都延长了，烧出的产品强度高、颜色好，但过长的隧道窑如果掌握不好配风点，会严重制约产量。根据现场操作经验，超过 150m 的隧道窑很难提高产量，而且窑越长提产越困难。山西太原有一家砖厂，6.9m 隧道窑长度为 161m，设计排烟风机为 16 号离心风机，电机 75kW，但产量很难提高，两个小时一车都很难保证，后来把排烟风机电机更换成 200kW，才勉强达到 90min 一车，投产 3 年都无法达产，每条窑每年增加电耗近 80 万 kW·h。山西阳泉有一家砖厂，6.9m 的隧道窑长度为 180m，最快出车速度为每天 13 车，生产 4 年多都无法达产。这都是很深刻的教训。

隧道窑短一点，窑内通风顺畅，通风阻力小，火行速度快，能够提高产量，这是小断面隧道窑高产的一个重要原因。

但是窑炉长度过短，产品烧结时间短，产品质量就差，有些很短的隧道窑烧出的成品砖全部是黑心，这样的砖抗压强度、抗折强度都差，而且抗冻融性也差，严格来说是不合格的，这种低劣产品会影响建筑质量。

一般隧道窑的长度不能低于 90m，也不宜超过 140m，黏土砖可以稍短一点，因为其颗粒细、烧结温度低、烧结时间短，但煤矸石砖和页岩砖应该选择稍长一点的窑炉，因为其颗粒粗、烧结温度高，必须保证合理的保温和降温时间。

2. 干燥窑

我国 20 世纪 60～70 年代搞的小断面干燥窑一般长度在 50～70m，目前轮窑使用的隧道式干燥洞长度也在这个范围。大断面隧道窑干燥窑一般在 70～90m，小断面隧道式干燥窑长度一般在65～80m，有人搞成“一烘两烧”，即把干燥窑的长度增加到130～140m，一条干燥窑供两条焙烧窑，这样实际上也相当于两条干燥窑，但仅限于全煤矸石或塑性相对差一点的页岩，对于黏土或塑性较好的页岩一定要慎重，过快的干燥速度会使这样的砖坯产生急干裂纹。

实际上干燥窑的长度适当加长是有好处的。传统的说法是干燥残余含水率小于6%就可以了，但对于高产量的隧道窑来说，这个含水率已经远远超标了，从理论上讲，干燥窑残余含水率越低越好，最好是在干燥窑内将自由水彻底排净。但较短的干燥窑无法做到这一点，干燥窑长度越长，砖坯的干燥时间就越长，干燥效果就越好。对于100～130m的焙烧窑来说，干燥窑最好和焙烧窑等长，这样干燥产量也能提高，为焙烧窑的快出车奠定了坚实的基础。

七、窑炉高度

随着国内砖机挤出硬度的不断提高，国内一次码烧隧道窑的高度也越来越高。大断面隧道窑码坯高度一般在1.2～1.6m，而小断面隧道窑码坯高度一般在1.6～1.8m（KP_1砖平码16～18层，标准砖立码13～15层），所以同样的出车速度，小断面隧道窑产量要高一点。

原料塑性好、砖机成型硬度高，可以适当提高码坯高度，但自然含水率太高（15%以上）的原料不适宜一次码太高，因为砖坯含水率高，其干燥收缩就大，处于坯垛下层的砖坯由于收缩困难，很容易被拉裂，使成品合格率降低；另外，过高的含水率也增加了干燥难度，设计不合理或操作不当都可能造成干燥窑塌坯。内燃隧道窑无法克服的问题，如色差和尺寸差会随着码坯高度的增加而增加，对于砌完墙又抹墙皮的内墙砖来说，色差并不是大问题，但过大的尺寸差会增加建筑施工难度，所以码坯高度要适中。目前行业内这种为了追求高产量而随意增加码坯高度的现象也只能算是个特殊时期的特殊现象，将来随着产品质量要求越来越高，码坯高度必须降下来。

塑性差的原料如高掺量粉煤灰砖、塑性差的煤矸石、黄河淤泥砖等也不能一次码太高，因为其塑性差，即便使用大功率的硬塑砖机成型，也不可能码得太高，砖坯颗粒之间缺少塑性颗粒的粘合，在干燥过程中随着水分的蒸发，砖坯的强度会越来越低，下层很可能被压垮。

山东菏泽有一家砖厂就走了很长时间的弯路。原料使用黄河淤泥，本来这种黄河淤泥塑性就差，自然含水率高达 20%，又掺加了完全没有塑性的炉渣作为内燃料，这样，混合料的塑性指数很低（在 7 左右），生产多孔砖成型就很勉强了，其码坯高度只能在 0.8m 以下，否则最下层砖坯就被压散了。当初设计的是一次码烧，摸索了很长时间都没有成功，浪费了大量的资金，后来只能改为二次码烧。

所以选择窑炉时不要只顾产量而盲目提高码坯高度，一定要结合原料的特性来确定窑炉高度，一次码烧一般在 1.4～1.8m 就可以了。

二次码烧也不能无限地增加码坯高度，虽然经过干燥的砖坯可以码很高，但坯垛越高，最下层砖承受的压力越大，其收缩越困难，成品最上层和最下层之间的尺寸差别就越大，而且温度稍高还可能使下层产品产生变形，所以二次码烧坯垛高度一般控制在 2～2.5m 就可以了。

为了简化工序，行业内有人又搞了一次半码烧。所谓二次码烧即是指所有砖坯要全部二次码，而一次半码烧是指部分砖坯经过二次码，大部分砖坯还是一次码，这样也能节省一部分劳动力。有的是在干燥窑门口将经过干燥后硬度增加的砖坯码放加高，也有的是用码坯机码到一定高度（1～1.2m），将这部分砖坯先经过低温干燥（预干燥，50～60℃热风），目的是增加砖坯强度，出干燥窑后在此基础上再用码坯机码高 1～1.2m，这样码坯总高度达到 2.2～2.4m，码好的坯车再进入干燥窑正式干燥。第一种码坯方式因使用人工，砖坯经过干燥后温度较高（60～80℃，有的甚至更高），工人劳动环境差，不宜大面积推广，而后一种码坯方式全部使用机械化，在能保证产品质量的情况下还是很有推广价值的。

八、窑炉保温性能的选择

窑炉的保温性能决定了窑炉产品的热耗，保温性能主要由窑墙厚度和窑顶保温层的厚度决定的。大断面隧道窑由于采用了外置式烟道，所以其窑墙比较薄，一般厚度为 890mm（230 耐火砖、230 保温砖、60 保温棉、370 外墙）、920mm（中间保温层由 60 增厚为 90）、1070mm（中间保温棉厚度为 120，外墙为 490），而小断面隧道窑大部分采用内置式烟道，其总体厚度要比大断面的厚得多，一般在 2000～3500mm 之间，所以其保温效果要好得多。有人在大断面隧道窑的外墙增加了 50～100mm 厚的岩棉保温层，最外层用彩钢瓦防护，保温效果很好，能有效地降低热耗。

窑顶的保温层厚度在很大程度上影响着产品的热耗，传统的大断面隧道窑吊顶板以上的保温层只有 360～400mm，所以其保温效果很差，初期投产热值就在 400kcal 左右，运行一两年后热值还要升高，浪费了大量的热量。当然对于西北地区富煤省份就无所谓了，有的砖厂甚至希望产品热值高一点，这样有利于多消耗煤矸石。在贫煤省份或地区，1 元钱只能买 10000kcal 的热量（按 6000kcal 的煤 600 元/t 或 1000kcal 的煤矸石 100 元/t 计算），一条年产 6000 万块的隧道窑砖厂，如果选择热值 450kcal 的隧道窑，每年购买内燃料需要 713 万元（按生产标准砖、每块砖坯质量 3kg、成型含水率 12%计算）；如果选择热值 350kcal 的隧道窑，每年购买内燃料则需要 554 万元，二者差别 159 万元。

传统的小断面隧道窑大部分是拱顶的，保温层最早为干砂土，后来为了减轻质量采用粉煤灰砂土混合料或粉煤灰珍珠岩砂土混合料，或直接采用矿渣棉、岩棉、硅酸铝纤维棉等轻质耐火材料来保温。近几年，小断面隧道窑逐渐向平吊顶转型，其结构就基本和大断面的一样了。即便小断面隧道窑的窑顶保温层和大断面的一样厚度，但其窑墙保温性能要比大断面的好，所以总体保温效果仍然优于大断面隧道窑。6.9m 大断面隧道窑其窑墙和窑顶的散热面积基本相等，而中小断面隧道窑其窑墙散热面积要比窑顶散热面积大得多，所以窑墙的保温效果显得更重要。

因此选择隧道窑时一定要将保温性能作为一个重要指标来考虑，因为这项指标直接关系到今后的运行成本和经济效益。

《烧结砖瓦工厂设计规范》（GB 50701—2011）对隧道窑的选型做出了明确的规定。8.6.3 条规定：砖瓦焙烧窑炉宜选用内宽不小于 4.6m 且符合模数的平顶隧道窑。

这就是说隧道窑必须选择平顶的，而且最小断面为 4.6m，符合模数的其他窑断面有：6.9m、9.2m。

上述设计规范对窑炉的保温性能也做了严格的限定，8.6.4 条 3 中规定：焙烧窑炉应采取密封保温措施，系统表面热损失在热平衡支出项的比例应小于 12%，窑顶表面温度与环境温度差不应大于 20℃，窑墙表面温度与环境温度差不应大于 15℃。

这三项指标都是很高的，目前行业内绝大部分窑炉都做不到。

第四节　隧道窑厂房

隧道窑生产线厂房一般为单层厂房，结构选型宜采用长条形、大跨度、屋面带天窗采光和便于通风排气的轻钢结构，轻钢结构厂房施工期短，造价低投资少。

轻钢结构生产厂房的屋面可采取自由排水。轻钢结构墙面宜采用金属压型板等轻质板材。寒冷及风沙大的地区，厂房围护结构应以封闭为主。散热量大的烧成车间可采用开敞式或半开敞式厂房，并应有防雨措施。烧成车间因为散热量大，又有腐蚀性烟气，所以设计时一定要考虑烟气的排放，目前很多厂家使用的自然排气装置效果很不好，在必须密封的北方地区，建议安装机械排烟装置。原料破粉碎车间，因粉尘较大，其厂房应采用封闭的外围护结构。

北方寒冷地区，厂房屋面和围护结构应增加保温板，生产车间如中央控制室、成型、陈化库、机修车间、班组更衣室等应安装暖气，可利用隧道窑余热供暖，这样比安装燃煤锅炉既节省燃料费，又有利于环境保护。

砖厂生产粉尘较大，泥料也易散落在地面上，为用水清洁地面，车间宜采用混凝土地面，并设有地沟、地坑、集水坑。

传统的生产厂房屋面瓦一般为彩钢瓦，这种瓦施工方便，材料易得，耐候性和耐久性都好，所以得到广泛使用。但这种金属瓦最容易受到硫的腐蚀，在原料含硫稍高的地区，一定要做好防腐处理。目前钢瓦的防腐技术很普遍，但效果并不是很好，效果好的价格很高。最简单实用的办法：在铺钢瓦之前，先在房顶铺设一层复合式塑料防水篷布，这种篷布一般中间层为防水薄膜，能起到很好的防腐作用，而且施工方便，价格便宜，现场使用效果也很好。

近年来，浙江有厂家生产了超耐候防腐复合瓦，其面层材料为丙烯腈、苯丙烯和丙烯酸橡胶组成的三元聚合物，耐酸碱性能好，应用到隧道窑生产车间作为屋面瓦效果也很好，但价格较高。

厂房设计必须由具有相关设计资质的设计单位来完成，尤其在北方风荷载和雪荷载较大的地区，东南沿海地区还要考虑台风的因素，所以不能掉以轻心。

《烧结砖瓦工厂设计规范》（GB 50701—2011）对建筑结构的设计规定如下：

10.1.1 条规定：在满足生产工艺要求的前提下，建筑结构设计宜采用多层或联合厂房，并应根据环境保护、地区气候特点，满足采光、通风、防寒、隔热、防水、防雨、隔声等要求，并应符合国家现行有关工业企业设计卫生标准的规定。

10.1.2 条规定：建筑结构设计应采用成熟的新结构、新材料、新技术。

10.1.5 条规定：建筑物（或构筑物）的防火设计应符合现行国家标准《建筑设计防火规范》（GB 50016）的有关规定。主要生产车间及建筑物（或构筑物）的火灾危险性类别、建筑最低耐火等级应符合本规范附录 A 的规定（主要生产车间戊类）。

10.2.1 条规定：生产厂房的全部工作地带应利用直接天然采光，当天然采光不能满足要求时，可采用以人工照明为辅的混合采光。

10.2.2 条规定：厂房内工作平台上部的净高及楼梯至上部

构件底面的高度不宜低于 2.0m。

10.2.3 条规定：厂房内通道宽度应按人行、配件的搬运及车辆运行等要求确定。单人行走，在固定设备（或有密闭罩的运行设备）旁的通道净宽不应小于 0.7m；在运转机械旁的通道净宽不应小于 1m。

10.2.4 条规定：辅助车间的设计应满足各主体专业的要求。房间净高不应低于 2.7m，并应有天然采光和自然通风。

10.2.5 条规定：屋面设计应符合下列规定：

1. 厂前区及辅助建筑的屋面可采取有组织排水，生产厂房的屋面可采取自由排水。屋面的排水坡度应符合现行国家标准《民用建筑设计通则》（GB 50352）的相关规定。

2. 厂房高度超过 6m 时应设置可直接到达屋面的垂直爬梯，垂直爬梯的高度超过 6m 时应有护笼。从其他部位能到达时可不设。

3. 当生产排放的烟气中含有腐蚀性气体时，建筑构造设计应按照现行国家标准《工艺建筑防腐蚀设计规范》（GB 50046）的有关规定执行。

GB 50701—2011 对主要结构选型进行了规定：

10.6.2 条规定：多层厂房宜采用现浇钢筋混凝土框架结构。单层厂房可采用钢结构、钢筋混凝土结构或砖混结构，宜以钢结构为主。

10.6.3 条规定：圆形和长条形等大跨度屋盖结构宜采用轻型钢结构。

GB 50701—2011 对结构布置进行了规定：

10.7.1 条规定：在满足生产工艺要求和不增加面积的原则下，厂房的柱网应排列整齐，符合建筑模数；平台梁板的布置应规则，受力明确。

10.7.2 条规定：厂房内的大型设备基础、独立构筑物、整体地坑等宜与厂房柱子基础分开。

10.7.3 条规定：与厂房相毗邻的建筑物宜采用沉降缝或伸缩缝与厂房分开。

10.7.4 条规定：大型设备基础宜放在地面上。当放在平台或楼板上时应采取加强措施。

10.7.5 条规定：建筑在高压缩性软土地基上的厂房，建筑物室内地面或附近有大面积堆料时，应计算堆料对建筑物地基的影响，并应对差异沉降采取应对措施。

10.7.6 条规定：输送天桥支在厂房上时，应在天桥支点处设置滚动支座。

第三章 隧道窑的结构及附属设备

第一节 隧道窑基础

隧道窑基础深度一般小于 3m，属于浅基础。一般分为下卧层、灰土垫层（持力层）、混凝土垫层、板基础层，因为窑墙厚度较大，小断面隧道窑窑墙厚度甚至超过 3m，所以把基础做成钢筋混凝土大板形式，这样安全系数较高。因为轨道梁基础和窑墙基础距离很近，就把这两个基础合在一起做，这样整体性更好，有的把灰土垫层做成砖砌或毛石持力层。典型小断面隧道窑基础设计如图 3-1 所示；三通道小断面隧道窑基础设计如图 3-2 所示；典型大断面隧道窑基础设计如图 3-3 所示。

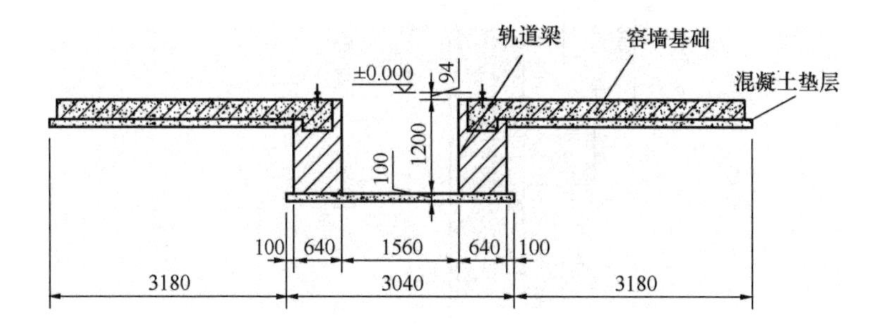

图 3-1 典型小断面隧道窑基础

在特殊地基情况下，隧道窑也有采用桩基础的，因桩基础施工程序复杂，造价高，总体投资会大幅度增加。对于隧道窑建设，在有条件的情况下，尽量不要设计桩基础。

在地下水位较高的地区需要考虑基础防水。

基础按设计要求留设 2～3 道沉降缝。

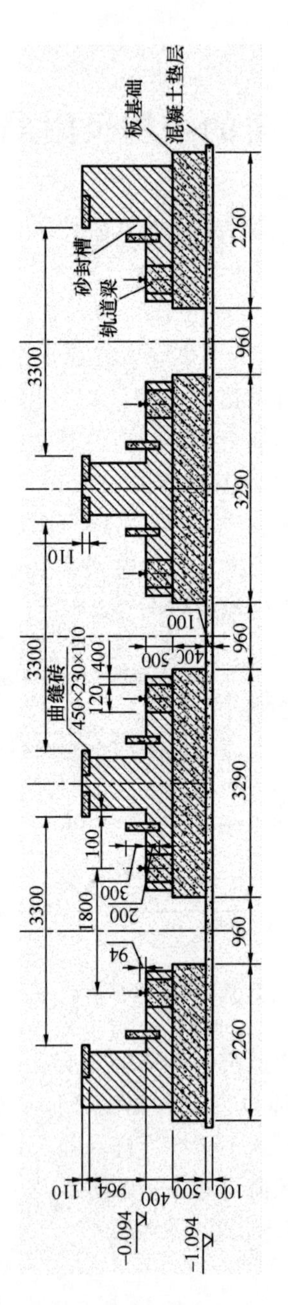

图 3-2 三通道小断面隧道窑基础

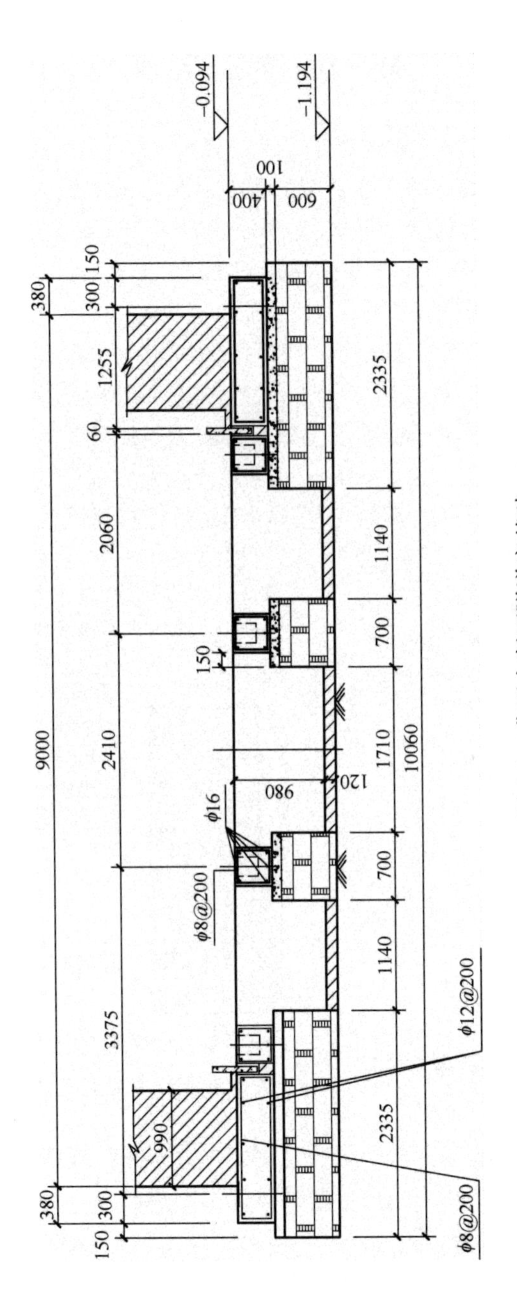

图 3-3　典型大断面隧道窑基础

第二节　隧道窑窑墙

（一）隧道焙烧窑窑墙

隧道窑窑墙是整个隧道窑的骨架，是隧道窑最主要的组成部分，一般由耐火材料（里层）、保温材料（中间保温层）、普通砖（承重部分）组成。其常见结构形式如下：

1. 大断面隧道窑

高温带从内到外依次为：230 耐火砖，230 保温砖，60～120 保温棉，370 外墙；预热带和冷却带没有保温砖，窑墙变薄（图 3-4）。

大断面隧道窑的窑墙保温效果实际上是比较差的，所以其烧成热值要高一点。为了解决这个问题，有人在窑外墙增加了岩棉或矿渣棉保温层，再用彩钢瓦进行铠装，这样做既美观保温效果又好，值得推广（图 3-5）。

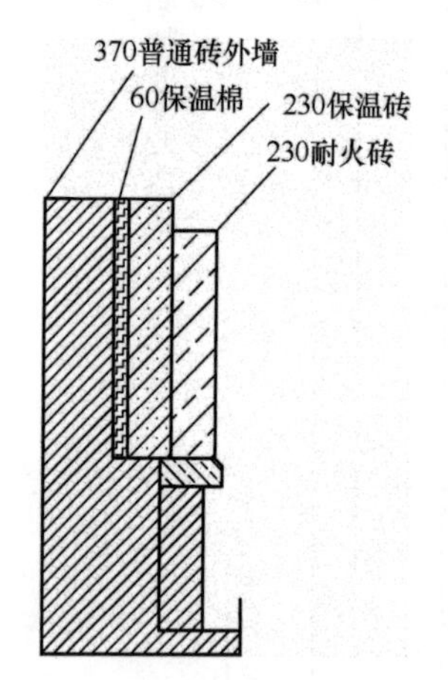

图 3-4　大断面隧道窑窑墙断面示意图

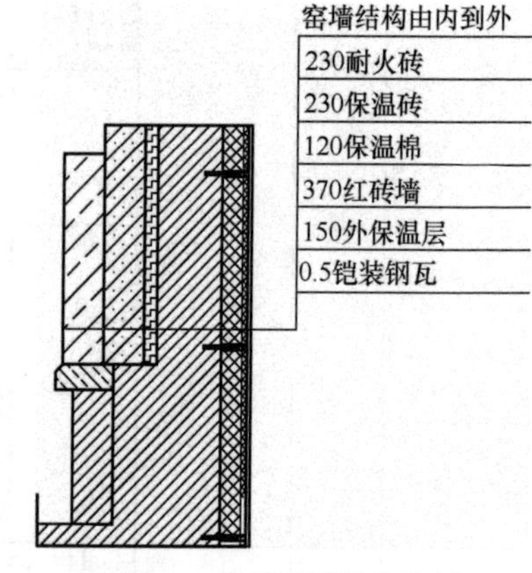

图 3-5　大断面隧道窑窑墙增加保温层示意图

大断面隧道窑窑顶质量通过钢梁垂直压在窑外墙上，为了使窑墙受力均匀，在墙的最上边又设计了圈梁。

2. 小断面隧道窑

从内到外依次为：230 耐火砖，370 普通砖，800～1000 烟道（高温带没有烟道，为回填土），370外墙（图3-6）。

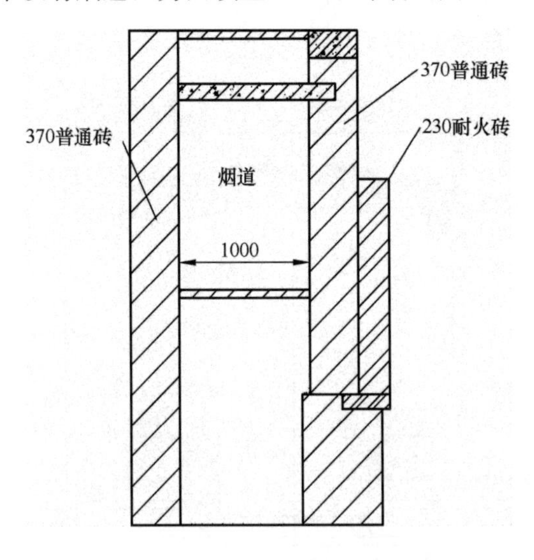

图3-6 小断面隧道窑窑墙断面示意图

有的为了增加保温效果，在烟道和外墙之间又增加了一道240普通砖墙和200厚砂土粉煤灰保温层（图3-7）。

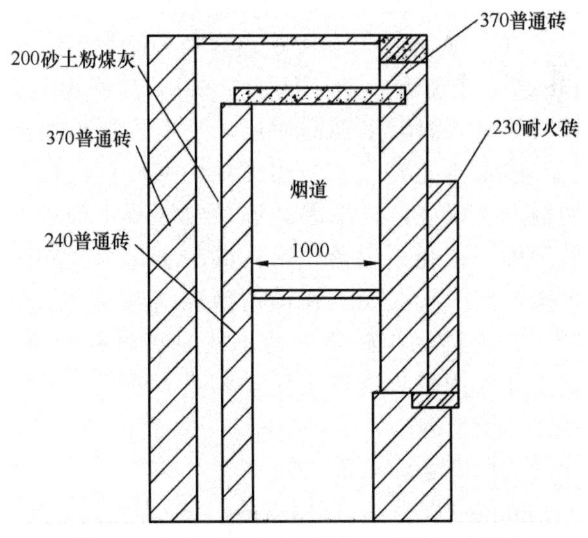

图3-7 小断面隧道窑窑墙增加保温层示意图

拱顶窑在内墙的最上部分设置了拱脚砖或拱脚梁，作为拱顶的受力墙（图 3-8）。

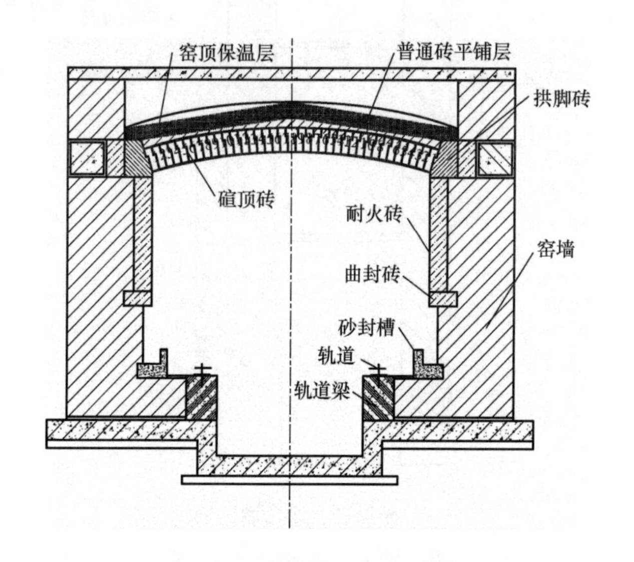

图 3-8　拱顶隧道窑断面示意图

拱脚砖为异型耐火砖，要求强度不低于 25MPa，耐火度不低于 1350℃，而且每隔一段距离要留设膨胀缝，一般一个车位留设一道。膨胀缝一般不低于 30mm，中间用耐火纤维塞实。拱脚梁为耐火混凝土现浇而成，一定要严格按照耐火混凝土配方和施工工艺施工。河南平顶山某砖厂窑墙拱脚梁使用了普通混凝土现浇，结果因高温导致混凝土炸裂酥软，碹顶耐火砖因失去依托而塌落。耐火混凝土作为拱脚梁不是最可靠的方案，因耐火混凝土在没达到烧结温度之前温度越高其强度越低，内燃烧结砖永远达不到耐火材料的烧结温度，所以尽量不要使用耐火混凝土做拱脚梁，使用异型耐火砖作为拱脚还是比较可靠的。

3. 内置式烟道窑墙（图 3-9）

① 从内到外依次为：230 耐火砖，230 保温砖，90～120 保温棉，370 外墙，800～1000 烟道（高温带没有烟道，为回填

土），370 外墙。

② 从内到外依次为：230 耐火砖，860 普通砖，1280 回填土，370 外墙，烟道为下置式。

内置式烟道窑墙保温效果好。

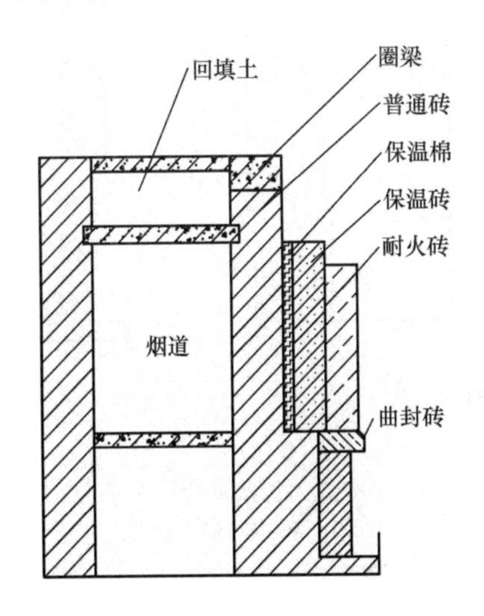

图 3-9　内置式烟道窑墙断面示意

4. 窑墙曲封

窑墙曲封也叫曲封，设计目的是减少窑内向窑车下边传递热量，将窑内高温和窑车钢构部分隔开，尽量降低窑车钢构部分的温度。大断面隧道窑曲封由特制的曲封砖砌成，小断面隧道窑预热带和冷却带的曲封由普通砖砌成，高温带由普通耐火砖砌成。大断面隧道窑的曲封砖探出窑内墙 40mm，小断面隧道窑曲封直接和内墙平齐，如图 3-10 所示。

大断面隧道窑曲封砖探出窑内墙 40mm，目的是保护窑墙，但这种结构却加大了窑车坯垛两侧的漏风量，使坯垛两侧更容易欠火。目前国内所有的隧道窑排烟烟道全部布置在窑的两侧，这样两侧抽力永远大于中间，由于窑车和隧道窑有个相对运动问题，为了保证安全，必须在坯垛和窑墙之间留有一个安全间隙，我们称之为侧间隙，一般要求侧间隙不小于 80mm，

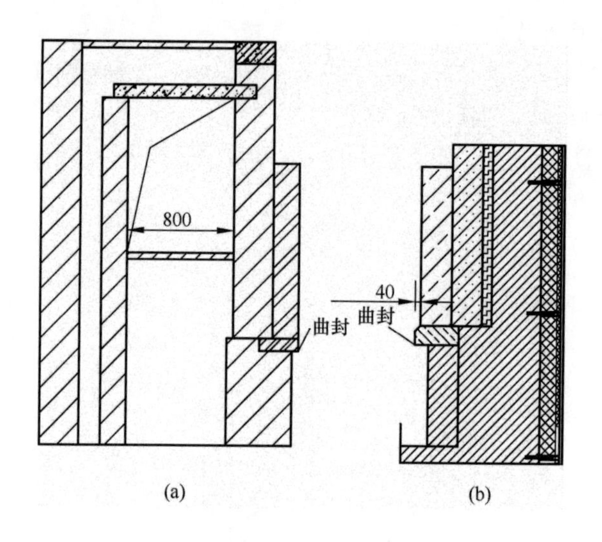

图 3-10 小断面与大断面隧道窑曲封的差别
（a）小断面；（b）大断面

这样大断面隧道窑坯垛和窑内墙最小间隙为 120mm。所以大断面隧道窑比小断面隧道窑两侧更容易欠火。实际上这是一个设计误区，这个凸出的 40mm 除了增加两侧欠火的可能性外一点用处也没有。实际工程中，我们在淮北刘桥一矿把 6.9m 隧道窑内墙曲封砖由凸出 40mm 改为凸出 20mm，现在已安全运行 3 年多，没有发现任何不良影响。所以建议今后大断面隧道窑内墙曲封和小断面的一样，上下平齐，这样更利于提高产量和产品质量。

（二）隧道干燥窑窑墙

隧道干燥窑因工作温度很低（最高 100～140℃），所以不要求做特殊保温设计，大断面隧道干燥窑一般两侧各砌一道 370 普通砖墙，而小断面隧道干燥窑一般由两道 370 普通砖墙组成，中间为烟道，如图 3-11 所示。

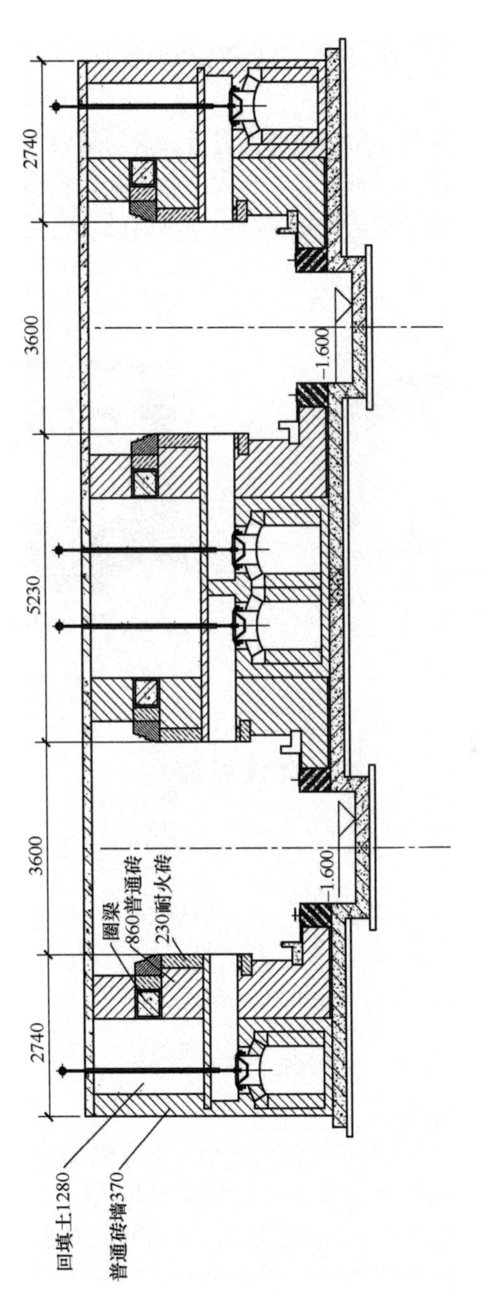

图 3-11　隧道干燥窑墙断面示意图

第三节 隧道窑窑顶

隧道窑窑顶是隧道窑组成和保温最关键的结构，一般分为半圆拱、微拱、平吊顶三种形式，有人把微拱弦高较小的称为拱平顶，其实还是微拱结构，只是弦高小一点而已，隧道窑断面示意如图 3-12 所示。

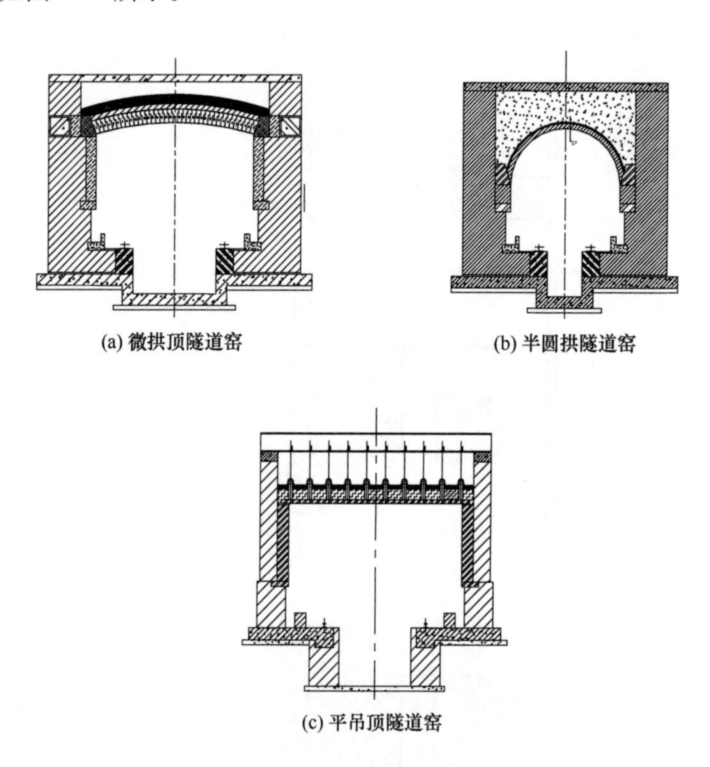

(a) 微拱顶隧道窑　(b) 半圆拱隧道窑　(c) 平吊顶隧道窑

图 3-12 隧道窑断面示意图

1. 半圆拱隧道窑

20 世纪 70～80 年代，我国建造的大量小断面隧道窑都是半圆拱的，这种结构窑顶对两侧窑墙的水平作用力（侧蹬力）很小，所以安全系数较高，上层保温大都采用廉价的砂土或粉煤灰砂土混合料，一般保温层不低于 500mm，有的可以达到 800～

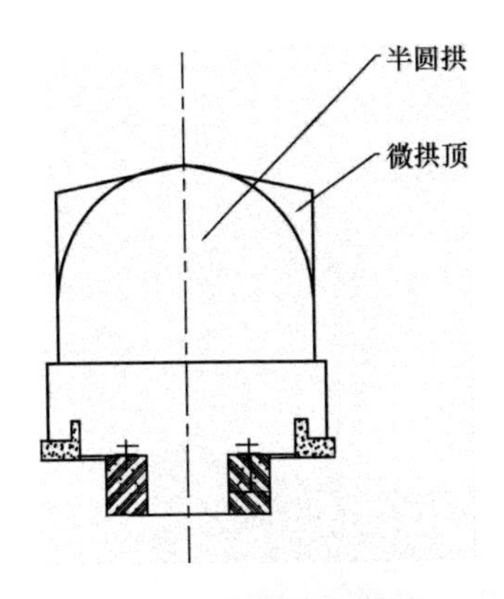

图 3-13　半圆顶与微拱隧道窑断面差别

1000mm，所以其保温效果较好。其一般结构，从下到上为：碹顶砖，一般厚度为 230～350mm，普通砖（平铺 53mm 厚），砂土或砂土粉煤灰保温层 500～1000mm。

2. 微拱顶隧道窑

半圆拱隧道窑在发展过程中其弊端逐渐暴露出来，有效断面小，产量低，不能适用机械化码坯，所以有人就设想降低拱高，这样在窑的宽度不变的情况下由于增大了断面面积，码坯量可以增加，窑的产量就相应提高了。2.5m 断面的隧道窑，在码坯高度相同的情况下，由半圆拱改为弦高 250mm 的微拱顶时，其断面积可以提高 41％，按窑车长度 2.5m、码坯高度 1.8m（标准砖立码 15 层）、码坯密度 250 块计算，每车可以多码标准砖 775 块，产量提高 41％。

半圆顶与微拱隧道窑断面差别如图 3-13 所示。

3. 平吊顶隧道窑

微拱顶隧道窑比半圆拱产量高，但其结构对窑体安全性来说是很不利的，很多隧道窑出现了窑顶垮塌事故，有的甚至出现了危及职工生命安全的重大事故。安徽宿州一家砖厂微拱顶隧道窑就出现了窑顶垮落而导致巡查人员葬身火海的悲剧，所以平吊顶代替微拱顶成为了必然趋势，而且同样断面的隧道窑，由微拱顶改为平吊顶能提高断面面积从而提高产量。3.6m 断面弦高 250mm 的微拱顶隧道窑如果改为平吊顶，码坯高度不变，仍然能提高断面积 8％，从而产量也能相应提高 8％。

我国在 20 世纪 60～70 年代发展小断面隧道窑的过程中，也多次尝试平吊顶技术，但都没有实质性的突破，直至 80 年代末期从法国引进大断面隧道窑，才从根本上解决了平吊顶技术。目前我国常见的平吊顶形式有：

1. 耐火混凝土吊顶板

最早引进的平吊顶就是由耐火混凝土吊顶板吊挂而成的，如图 3-14 所示，耐火混凝土吊顶板设计图如图 3-15 所示。

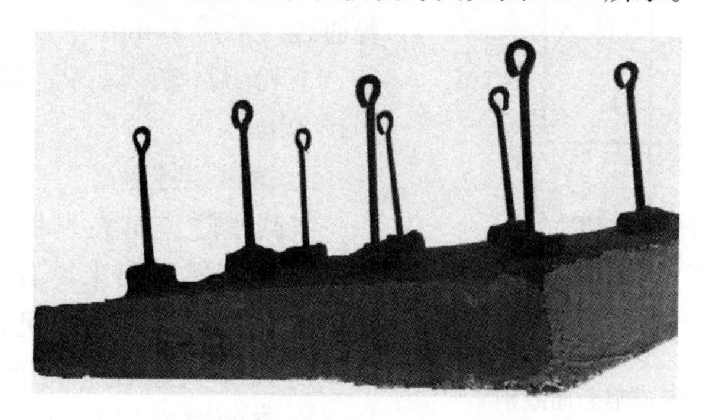

图 3-14　传统耐火混凝土吊顶板

这种耐火混凝土吊顶板是由耐火粗骨料、细骨料、粉料、胶结料、减水剂等加水搅拌后通过模具预制而成的。吊壶为高铝质耐火材料，事先通过烧制而成。吊钩为耐热钢材，通过特殊工艺加工成型。

耐火混凝土吊顶板最大优点是质量轻（密度可以达到 1700kg/m^3）、导热系数小、施工方便等。

但这种耐火混凝土吊顶板也存在着无法克服的缺点：该板的烧结温度为 1350～1700℃，而烧结砖隧道窑一般烧结温度都在 950～1050℃之间，最高也没有超过 1100℃的，这就使这种吊顶板无法烧结。常温下这种板的强度可以达到 25MPa 以上，但经过 900～1000℃高温后其硬度反而降低，烧结时间越长其强度越低，这就严重影响了其使用寿命。

这种板还有一个最大的缺点：耐热钢钩耐腐蚀性差，制砖原料含硫稍高，其寿命会大大缩短，如果施工时窑顶密封效果差，有的吊钩半年时间就腐蚀断掉，严重威胁窑炉的安全（图 3-16）。

2. 耐火砖吊顶板

为了解决上述问题，有人使用了耐火砖吊顶板，即将上述吊

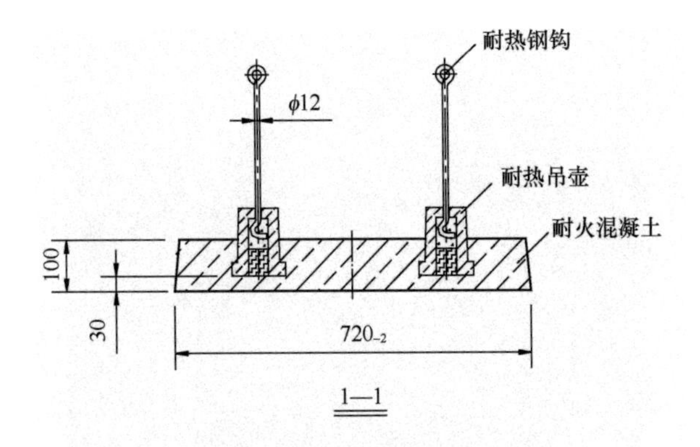

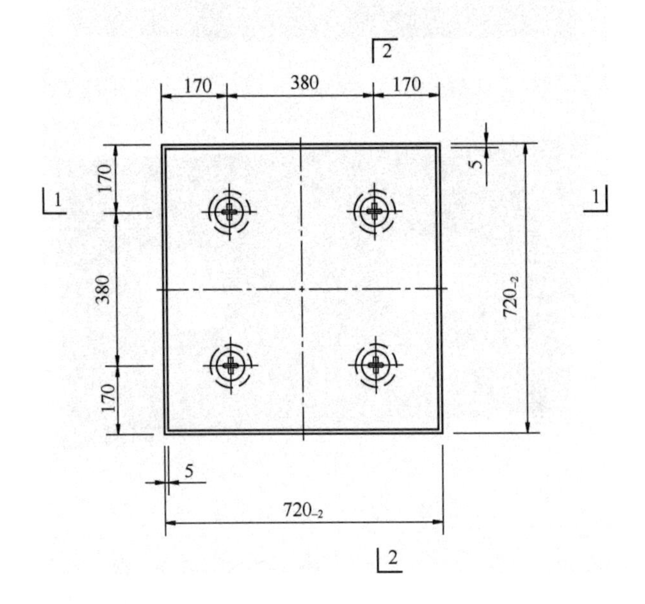

图 3-15 耐火混凝土吊顶板设计图

顶板更换为平板耐火砖（板砖，图 3-17），厚度一般为 75～100mm，钢钩使用高铝耐火砖（柱砖，图 3-18）代替，这样不仅解决了吊顶板强度的问题，也很好地解决了耐热钢钩的腐蚀问题，使用寿命成倍增长。这是目前行业内隧道窑平吊顶最稳妥的一种结构（图 3-19）。

图 3-16　传统耐火混凝土吊顶板垮落后被迫停产的隧道窑

图 3-17　耐火砖吊顶板

但设计时一定要注意平板砖和柱砖的膨胀间隙，因平板砖和柱砖为烧结制品，再次遇到高温要膨胀。间隙过小或忽视了膨胀间隙，往往因为高温膨胀而导致吊顶板跨落，这样的反面事例已有多起，给投资者造成很大损失。

3. 莫来石吊顶板

为了减轻窑顶质量，有人采用了莫来石吊顶板（图 3-20）。这种吊顶板质量轻，保温效果好。但其强度低，而且仍然使用钢钩，耐腐蚀问题并没有根本解决。

图 3-18　砖柱

图 3-19　新型耐火砖吊顶

图 3-20　莫来石吊顶板

4. 窑顶现浇

有人为了降低窑顶造价，采用窑顶现浇的办法。即事先将柱砖吊挂好，然后再把窑顶分车位使用耐火混凝土现浇成一个大板。这种方法实际上是第一种耐火混凝土吊顶板的翻版，并没有什么新意。

5. 吊棉块吊顶

近几年行业内又出现了一种新的平吊顶技术——吊棉块（图3-21）。把硅酸铝纤维棉压缩成 300mm 左右的方块，厚度 300～400mm，用不锈钢挂钩吊挂到窑顶钢板上。这是一种新技术，窑顶质量轻，施工速度快，但仍然没有解决钢钩耐腐蚀的问题，原料含硫较高的厂家要慎重选择。

图 3-21 吊棉块吊顶

6. 拱平顶

拱平顶就是弦高很小的微拱顶（拱高 200～300mm），这种技术局限性很大，只适用于小断面隧道窑，宽度超过 3.6m 的隧道窑很难实现，而且窑顶对两侧窑墙的蹬力很大，对碹顶砖的要求也很高，所以不宜大量推广。

第四节 隧道窑砂封

隧道窑烧成砖的过程中，可以达到 900～1100℃，窑车钢构上边的耐火层与高温隔开，使窑车钢构始终处在很低的温度下运行，否则钢构就要变形。为了确保窑车的平稳运行，在窑车和窑墙之间设计了一个安全间隙，一般为 30～60mm，为了防止窑内高温热风窜到车底而烧坏窑车，在窑车和侧墙之间又设计了密封结构，称为砂封，这样窑车在前进过程中也能保证密封效果。砂封结构：在窑墙内侧和轨道之间砌一定高度的砖墙，或在窑基础施工时预留沟槽，在槽内安装水泥板，或事先在窑墙内预埋金属件，再将角钢焊在预埋件上，在窑墙底部和轨道之间便形成一个“U”形槽，称为砂封槽，槽内装入一定高度的砂子，窑车裙板插入砂内 30～50mm，车底的冷风和窑内的高温热风便被砂子分隔开了。

大断面隧道窑最早使用的砂封槽都是 16 号角钢，通过预埋件固定到窑墙上。这种砂封槽结构简单，施工方便。但在生产过程中一定要加强窑车的维修，防止裙板变形。严重变形的裙板，进入窑内可能剐坏砂封槽，更重要的是因为这种砂封槽是固定到窑墙上的，一旦被裙板刮坏，很可能同时把窑墙刮坏，带来严重后果。山东某砖厂 2001 年就曾发生这样的事故，窑墙被刮坏只能停产检修，损失巨大。所以近年来砂封槽绝大部分都改为砖砌或在基础上开槽固定水泥板，这种结构安全性好，即便局部被损坏也不会造成严重的后果。

为了保证砂封的效果，对砂的使用也有一定的要求。既要保证砂的密封效果，又要保证砂具有一定的流动性。细粉河砂密封效果好，但流动性差，而且容易起堆溢出砂封槽，还可能堵塞加砂管；石灰石石子流动性差，摩擦阻力大，很容易堵塞加砂管；最好使用“豆砂”，即砂的颗粒直径相当于绿豆或黄豆大小（直径 3～5mm），这种砂流动性好，不易堵塞加砂管，也不会起堆外溢。可以通过河砂筛取，也可以购买石英砂。大断面隧道窑因是四根轨道，最外侧轨道和砂封槽距离很近，如 6.9m 隧道窑，最外侧轨道和砂封槽的距离只有 90mm，砂封槽一旦溢砂就会掩埋轨道，增加窑车运行阻力，所以用砂应该谨慎。

第五节 隧道窑附属设备

一、隧道窑通风设备

通风设备是隧道窑的重要附属设备，隧道窑产量高低在很大程度上取决于通风设备的配置是否合理。通风设备配置合理，隧道窑产量高，产品质量好，反之，隧道窑达产困难，质量差。所以，一定要重视通风设备的配置。从设计原则来说，设计风量应该尽量大一点，这样可以通过变频器控制风量，通风量大小根据生产实际随时调控。另外，风机铭牌上标注的通风量是在标准状况下（20℃，一个标准大气压）、没有通风阻力的情况下测定的，而实际使用时由于工作状况变化大（温度提高、压力变化、通风阻力增加），所以实际风量（工况风量）和铭牌标注风量差别很大，有的甚至差一倍以上，所以在生产实践中一定要注意这个问题。

隧道窑通风设备分为以下几类：

1. 排烟风机

排烟风机的主要作用是把砖坯产生的烟气及时排出窑外，与此同时将砖坯燃烧需要的氧气送到各段。

排烟风机一般安装在焙烧窑窑头（进车端）一侧或窑顶上，有的为了节省热量就把排烟风机安装在干燥窑窑顶上，这样直接将烟气送入干燥窑，一般小断面隧道窑经常采取这个方案，大断面隧道窑一般将烟气直接排空，或将烟气脱硫后再排空。

排烟风机一般为离心式锅炉引风机（图 3-22），这种风机风压大（一般大于 800Pa），叶轮耐热温度高（一般设计耐热温度250℃），被广泛使用。

有风机厂家发明了窑炉专用轴流式风机（图 3-23），用于隧道窑排烟和送热，效果也很好。这种风机采用内置式电机，节能效果好。但因电机在机壳里边，所以维修不太方便。

图 3-22　离心风机

图 3-23　窑炉专用轴流风机

2. 送热风机

送热风机主要作用是将焙烧窑余热送到干燥窑烘干砖坯。小断面隧道窑一般将排烟和送热合并为一台风机，这样既节省热耗又节省电耗。送热风机一般采用离心式锅炉引风机，也有采用轴流风机的。

3. 排潮风机

排潮风机主要用于干燥窑排潮，绝大多数砖厂使用轴流式风机（图 3-24）。这种风机风量大，风压小（一般小于300Pa），通风效率高，所以被广泛采用。

图 3-24　轴流风机

4. 冷却风机

大断面隧道窑在出车端窑门上安装了轴流风机，主要目的是使冷却带的成品砖及时降温，同时也起到向窑内供氧作用。因为大断面隧道窑一般较长（140m 以上），单纯依靠排烟风机抽风会出现供氧不足的情况，设置了冷却风机后就大大缩短了风流路径，对高温带助燃起到了很好的补偿作用。小断面隧道窑一般不设冷却风机，但近年来有人在冷却带烟道上设置了助燃风机，其作用是一样的。

5. 车底平衡风机

大断面隧道窑因为窑体较长，车底通风困难，就在出车端车底设置了车底平衡风机，目的是向车底供入冷风，再通过进车端的抽车底风管道将热风抽走，加快车底风流速度，把窑车底部的热量及时带走。小断面隧道窑一般不设车底平衡风机，但在进车端设有抽车底风管道，依靠管道的抽力使车底风流动。

6. 急冷风机

有的设计单位在大断面焙烧窑高温带后部窑顶设置了风机，通过窑顶管道向窑内送入冷风，目的是当窑内温度超高（大火）时，向窑内送入冷风以降低高温带的温度，减少产品过火。这种设计从理论上是可行的，但风量很难掌握，当窑内大火时，送入风量过小，不仅不能降低高温，反而会起到助燃作用，使温度越来越高；送入风量过大，会使产品急冷，很容易产生炸纹或造成产品哑音，从而影响产品质量。图 3-25 为典型隧道窑通风系统图。

二、隧道窑运转设备

隧道窑运转设备主要包括摆渡车、顶车机、出口牵引机、步进机、重车及空车牵引机等，主要作用是使窑车在工作范围内循环运动，以完成装车、干燥、焙烧、卸车、回车等工序。

1. 摆渡车

摆渡车的作用是将窑车从相对平行的一侧轨道移动到另一侧轨道，也有的是为了起到两条不连通轨道之间的连通作用。

摆渡车一般由车体、行走装置、定位装置等组成，也有的带有顶车设备，这样就节省了窑外顶车机；有的还兼带出车牵引装置，这样就节省了窑出车端的出口牵引机。

2. 顶车机（图 3-26）

顶车机的作用是在窑头将窑车顶进窑内，绝大部分采用液压动力顶车，这种顶车机推力大，运行平稳，故障率低。

顶车机一般由液压站、管路、油缸、油缸固定架及推头组成。

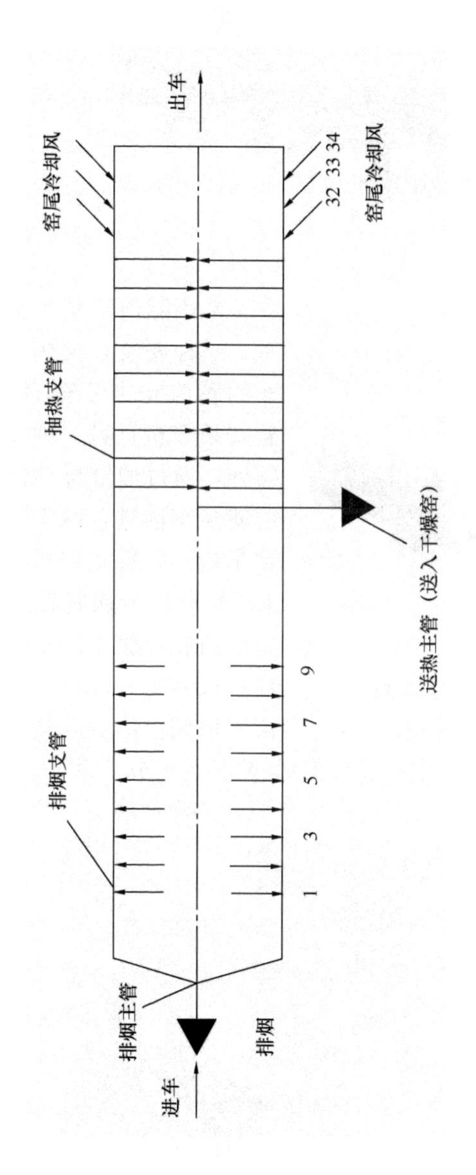

图 3-25　典型隧道窑通风系统图

图 3-26 液压顶车机车

图 3-27 内置式顶车机

常用隧道窑顶车机分两种，一种安装在窑内，在窑车的底部推动窑车，称为内置式顶车机；另一种安装在窑外，通过油缸推动窑车端部使窑车前进，称为外置式顶车机。内置式顶车机（图 3-27）可以分次将窑车顶到位，油缸行程小；而外置式顶车机（图 3-28）一次性将窑车顶到位，所以其油缸行程大。大断面隧道窑因为窑车的长度大（一般 4.35m 甚至更长），所以绝大多数采用内置式顶车机，小断面隧道窑窑车长度

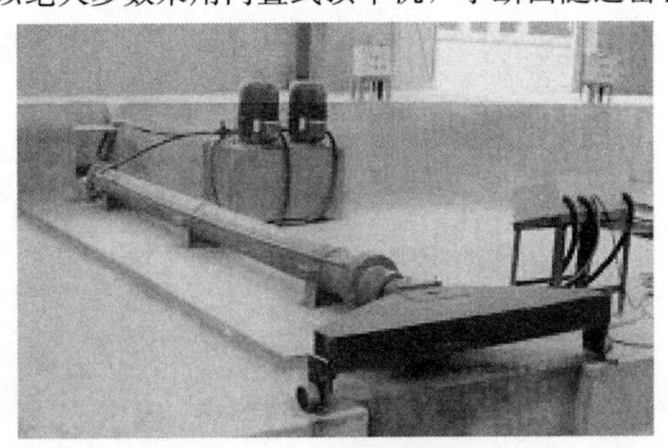

图 3-28 外置式顶车机

小（一般 4m 以下），所以很多厂家采用外置式顶车机。内置式顶车机安装在窑车底部，不占用车间面积，但外置式顶车机因为安装在窑外，占用厂房面积，所以如场地面积不宽裕，应尽量选用内置式顶车机。

3. 出口牵引机

出口牵引机（图 3-29）安装在窑的出口，其作用是把窑车从窑内拖出来。大断面隧道窑因窑车本身质量大，装砖量又大，总体质量大，所以都设置了单独的出口牵引机。小断面隧道窑很多不单独设置出口牵引机，而是在摆渡车上配置牵引装置，这样可以节省投资，减少设备占用量。

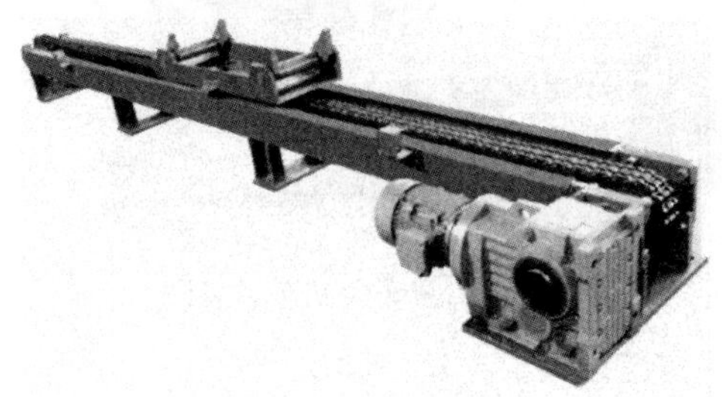

图 3-29　出口牵引机

4. 步进机

码坯皮带或码坯机下方有一台设备，目的是使窑车准确定位，便于码坯，称为步进机（图 3-30），有的厂家称为节拍推进器。其结构和内置式顶车机相似。

5. 重车及空车牵引机

顶车机和步进机都只能短距离移动窑车，要想使窑车在轨道

图 3-30　用于窑车定位的步进机

上长距离移动，必须有一种设备，叫做牵引机，专用于拖动载车的称为重车牵引机（图3-31），专用于拖动空车的称为空车牵引机。牵引机一般由机头、机尾、牵引小车和钢丝绳组成。机头由电机、减速机、摩擦轮组成，机尾由回头轮和张紧弹簧组成，牵引小车由机架、车轮、推头组成，机头、机尾、牵引小车由钢丝绳连接在一起。

图3-31 重车及空车牵引机

三、窑炉监控设备

为了准确显示窑炉各车位温度、压力等数据，大断面隧道窑都配置了窑炉监控装置。窑炉监控装置由以下几部分组成：

（1）显示仪。一般为工业计算机或工业显示仪，也有采用多路巡检仪的。作用是显示窑内各测温测压点的温度和压力；工业计算机比工业显示仪和多路巡检仪有更多的优势，可以储存和查询数据，显示温度曲线和发展趋势，可以配用打印机直接打印数据报表，所以隧道窑监控设备应该优先选用工业计算机。

（2）压力传感器。作用是测量窑内各点的压力。

（3）连接线。作用是将热电偶和压力传感器测量的数据传输给显示仪。

（4）热电偶。作用是测量窑内各点温度；隧道窑常用热电偶有“S”型和“K”型。“S”型热电偶热电极材料为铂金或铂铑合金，测量温度范围广（0～1200℃），使用寿命长，但价格较高；“K”型热电偶热电极材料为镍铬或镍硅镍铝合金，测量温度范围相对窄一些（－50～1100℃），使用寿命短，但价格较低，现场使用的大部分是“K”偶。由于偶和偶价格差别较大，而且使用寿命差别也很大，个别厂家往往以次充好，一般用户也很难分清。为了帮助用户合理选择热电偶，下面简单介绍一下热电偶的常识。

1. 工业热电偶产品型号命名

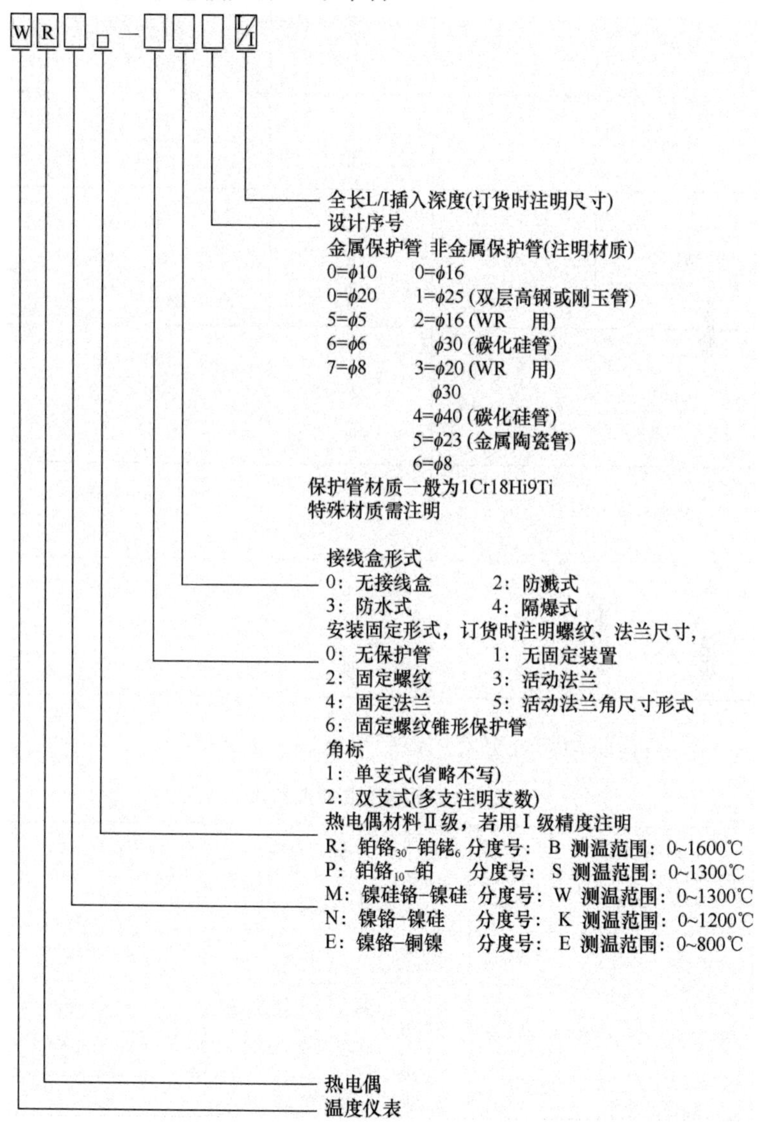

2. 热电偶基本参数（表 3-1）

表 3-1 热电偶基本参数表

热电偶型号	分度号	允差等级	使用温度范围（℃）
WRR	B	Ⅱ Ⅲ	600～1700 600～1700
WRP	S	Ⅰ Ⅱ	0～1600 0～1600
WRN	K	Ⅰ Ⅱ Ⅲ	−40～100 −40～1200 −20～40
WRC	T	Ⅰ Ⅱ Ⅲ	−40～350 −40～350 −20～40
WRF	J	Ⅰ Ⅱ	−40～750 −40～750
WRK	E	Ⅰ Ⅱ Ⅲ	−40～800 −40～900 −20～40

3. 砖瓦隧道焙烧窑常用铠装热电偶（表 3-2）

表 3-2 常用铠装热电偶表

热电极材料	型号	分度	套管材料	测量温度（℃）
铂铑$_{10}$—铂	WRP	S	高温合金 CH39	0～1200
铂铑$_{30}$—铂铑$_{6}$	WRR	B	铂铑$_{6}$	600～1600
镍铬—镍硅（镍铝）	WRN	K	不锈钢 1Cr18Ni9Ti 高温合金 CH39	−50～800 −50～1100
镍铬—康铜	WRK	E	1Cr18Ni9Ti	−40～700

4. 热电偶保护管直径与插入深度（L）的关系

表 3-3　热电偶保护管直径与插入深度

直径（mm）	L（mm）	材质
12	75～1000	金属管
16	150～2000 150～1500	金属管 瓷管
20	250～3000 150～2000	金属管 瓷管
25	400～4000 400～2000	金属管 瓷管

5. 安装与使用

（1）避免距加热物体距离太近，插入被测介质中的长度应不小于保护管外径的 8～10 倍。

（2）接线时，应按补偿导线的极性正确接入接线盒，不可接反。

6. 热电偶常用保护套管材料的适用温度（表 3-4）

表 3-4　热电偶保护套管材料的适用温度表

保护套管材料	长期使用温度（℃）	短期使用温度（℃）
20＃碳钢	500	600
不锈钢 1Cr18Ni9Ti	800	900
不锈钢 Cr25Ti	1000	1100
刚玉管	1600	1800
高铝管	1300	1600
碳化硅管	1700	1900

7. 工业热电偶用补偿导线

热电偶用补偿导线是测温热电偶与显示仪表之间的连接线，它可弥补因其他导线而引起的测温误差。

（1）产品型号及绝缘层颜色标志（表 3-5）

表 3-5 工业热电偶用补偿导线型号及绝缘层颜色标志表

型号	所配热电偶分度号	配用电偶	绝缘层颜色
KCA、KCB、KX	K	镍铬 镍硅	＋红－蓝 ＋红－黑
NC、NX	N	镍铬硅 镍硅	＋红－灰 ＋红－黑
EX	E	镍铜—铜镍	＋红－棕
JX	J	铁—铜镍	＋红－紫
TX	T	铜—康铜	＋红－白
SC 或 RC	S 或 R	铂铑$_{10}$或铂铑$_{13}$	＋红－绿

（2）补偿导线使用等级（环境温度，表 3-6）

表 3-6 补偿导线使用温度等级表

等级	标记	使用温度（℃）
一般用	G	0～70
耐热用	H	－25～200

（3）绝缘护套和结构特征标记代号

V—聚氯乙烯；B—无碱玻璃丝；R—多股软线；P—屏蔽；F—氟塑料。

（4）产品标记

例：SC—HS2X1.5FBRP（GB/T 4989）。

SC—型号（RC、KCA、KCB、KX、NC、NX、EX、JX、TX）；

H—耐热等级（G、H）；

S—允差等级（普通级不标）；

2X—线芯数（单对或多对）；

1.5—线芯单芯截面；

F—绝缘层材料（F、V100、V70）；

B—护套材料（B、F、V100、V70）；

R—线芯软线（硬线不标）；

P—有屏蔽层（无屏蔽层不标）。

8. 热电偶温度与电势数据关系

在生产中，要经常检查热电偶测量的温度是否正确，如果发现所显示的窑炉温度误差较大，则要及时进行校正，以便做好正确记录。热电偶测量的温度与其电势之间的数据关系见表 3-7。

表 3-7　热电偶测量的温度与电势数据表

热电偶型号	铂铑—铂 LB—2	镍铬—镍铝 EU	镍铬—康铜 EA
温度（℃）	绝对电势（mV）		
0	0.000	0.00	0.00
100	0.643	4.10	6.95
200	1.436	8.13	14.66
300	2.316	12.21	22.91
400	3.251	16.40	31.49
500	4.221	20.65	40.16
600	5.224	24.91	49.02
700	6.260	29.15	57.77
800	7.329	33.32	66.42
900	8.432	37.37	
1000	9.570	41.32	
1100	10.741	45.16	
1200	11.935	48.87	
1300	13.138	52.43	
1400	14.337		
1500	15.530		
1600	17.716		
1700	17.891		

四、隧道窑窑门

隧道窑窑门的作用是减少窑外冷风对窑内温度的影响。大断面隧道窑一般设三道窑门，进车端两道，出车端一道。进车端设计两道窑门目的是在进车时两道窑门交替起落，最大限度减少窑外冷风进入窑内，因为排烟和排潮风机大部分安装在窑的进车端，进车端负压比较大。进车端设单窑门导致在进车时使风机处于短路状态从而影响了窑内的正常焙烧，小断面隧道窑绝大部分是单窑门，有的使用篷布或塑料布代替。大断面隧道窑在焙烧窑出车端窑门上还安装了轴流风机，称为冷却风机，目的是向窑内鼓入冷风使成品砖尽快降温，同时缩短窑内风流的路径，起到高温带助燃作用。

窑门一般由门框、门板、起落架、电机、减速机等组成，大断面隧道窑窑门为了增加起落的平稳性，在窑门一侧增加了配重，这样减小了电机的负荷，起落也非常平稳。

五、隧道窑余热利用设备

隧道窑余热利用是个新课题，近几年很多厂家投入了很大的热情，也取得了很大的进展。从目前发展情况来看，利用隧道窑余热换取热水和蒸汽已非常成功，但余热发电还在探索之中。

在隧道窑冷却带窑顶安装余热水箱是最简便的取热方案，换出的热水可以供职工澡堂和搅拌机用水及生产办公室和车间供暖。

在冷却带余热管道上安装热交换器效果也很好，而且可以随时控制换热速度。但因烟气中含有一定的灰尘，时间长了会堵塞换热管，需要定期清洗。

在原料含硫很低的生产线，也有在预热带抽风管道上安装热交换器的。预热带热风比冷却带的含杂质及腐蚀成分更多，更容易堵塞换热管，使用时一定要慎重。

近年来，在隧道窑冷却带安装内置式蒸汽锅炉已经取得了很大的进展，这种锅炉把换热管直接布置在冷却带窑顶，在成品砖和窑顶吊板之间，这样成品砖的余热直接辐射锅炉管，产生的蒸汽可达到 0.7MPa、170℃，取热效率很高。3.6m 隧道窑可以安装 2t 锅炉，如果取热位置设计合理、砖坯热值适当，6.9m 隧道窑采用这种内置式锅炉可以达到 4t 蒸汽。如果采取内置式锅炉和外置式换热器相结合的办法，产汽量会更大，目前行业内专家正在探索。

可以断言，随着隧道窑蒸汽锅炉的成功使用，隧道窑余热发电技术的推广的也近在咫尺，西北、东北富煤地区的高热值煤矸石必将会得到大量使用，隧道窑在中国也将真正的成熟起来。

第六节　隧道窑窑车

窑车是隧道窑各工序之间完成转运的载体，是隧道窑生产线的重要组成部分之一，如图 3-32 所示。

窑车由两部分组成：耐火层部分和钢构部分。耐火层的作用是将窑内高温和下层钢构隔开，保证钢构的安全；钢构部分的作用是承载质量。

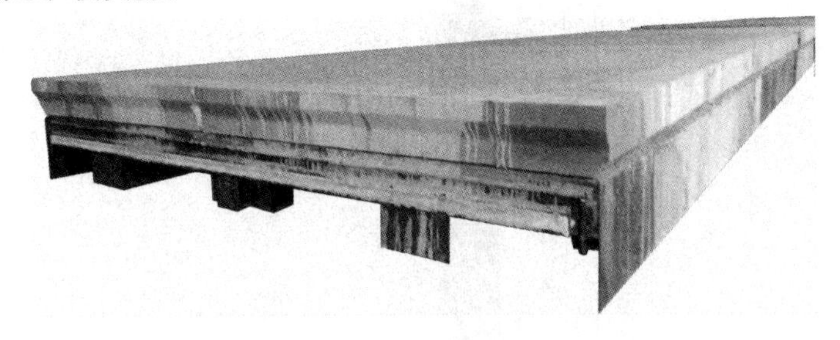

图 3-32　窑车

大断面隧道窑窑车耐火层都是由耐火材料砌筑而成的，厚度一般为 300mm 左右。先将异型耐火砖根据窑车尺寸围成一个矩形或正方形框，框内填充耐火材料。框内填充的耐火材料分两种：第一种是由异型耐火大板砖平铺而成，其厚度一般为 80～120mm，下层用空心耐火砖支撑，为了增加保温效果，在大板砖以下、空心耐火砖之间填充了蛭石或硅藻土等保温材料。第二种是其上层由耐火混凝土现浇而成的，厚度一般为 100～180mm，下层为粉煤灰、砂子、水泥等填充的保温层。6.9m、4.6m 窑车耐火层衬砌剖面如图 3-33、图 3-34 所示。

窑车耐火层要经过低温、高温、低温这样反复的循环，所以设计时要考虑其高温膨胀余量。现场做法一般是在砖与砖之间预留一定间隙，现浇耐火混凝土，事先留设膨胀缝，在间隙内塞入耐火棉，这样耐火材料在膨胀时不至于相互挤压而导致损坏。

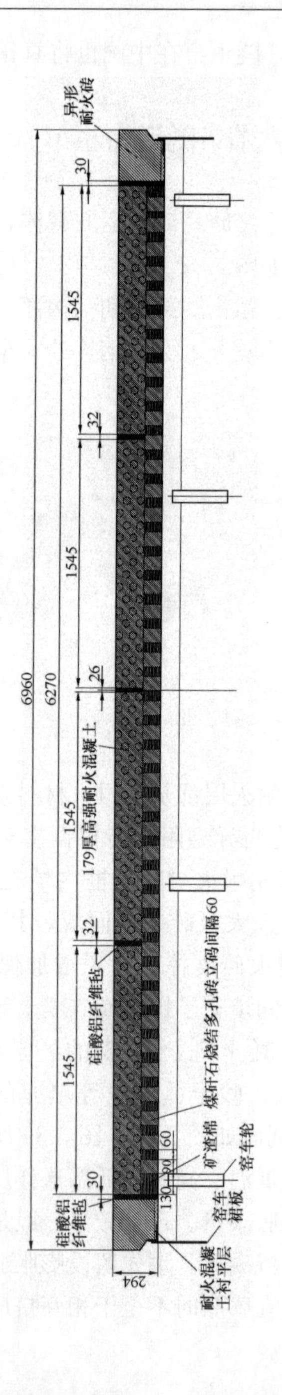

图 3-33 6.9m窑车耐火层砌筑图

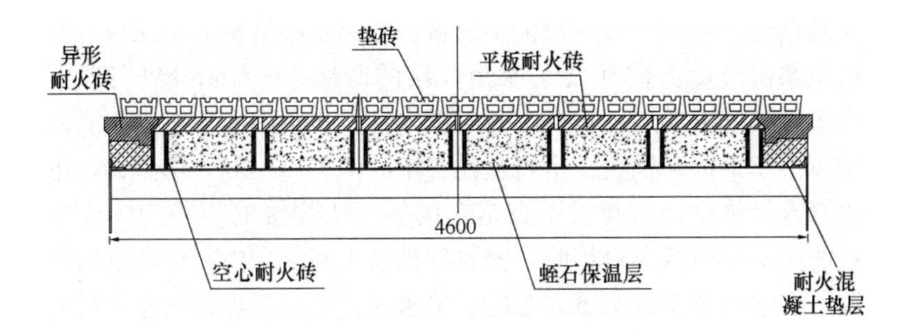

图 3-34　4.6m 窑车耐火层衬砌图

人工卸砖不可避免将砖渣掉入耐火层的膨胀缝内，砖渣多了便充满了膨胀缝。当窑车进入焙烧窑高温带后，砖渣在高温下发生膨胀，这就使原来预留的膨胀缝失去作用，所以窑车耐火层损坏是很正常的，而且维修工作也很繁琐，必须设专人经常维修。

机械卸垛避免了窑车台面上人工作业，这是减少窑车耐火层维修量的最好措施。

大断面隧道窑在耐火层上面又设计了垫砖层，其厚度一般为120mm，这样窑车整体耐火层的厚度增加了，同时也很好地解决了底层砖坯的通风问题；小断面隧道窑一般不设垫砖层，将砖坯直接码放在窑车台面上。

为了简化窑车耐火层的施工，有人曾做过整体现浇的试验，即把整个窑车耐火层用耐火混凝土现浇，但效果并不好。主要原因是无论何种配方的耐火混凝土经过无数次高温低温的循环后其强度都无法保证。

小断面隧道窑窑车耐火层非常简单，四周用普通红砖砌好，中间用当地砂土和粉煤灰充填；也有的四周用异型耐火砖砌成，中间填充砂土和粉煤灰混合料。

窑车钢构部分由车架、车轮、裙板、密封盒（杠）等组成，车架一般由主梁、副梁、横梁、底板组成，主梁和副梁顺窑的长度方向承重，横梁顺窑的宽度方向承重。主梁副梁一般由工字钢或槽钢和钢板焊接而成，主梁和副梁用角钢焊接在一起，横梁由工字钢或钢轨组成。大断面隧道窑窑车的底板一般为 2～3mm

厚的钢板，小断面隧道窑窑车底板一般用空心楼板或水泥板。裙板是顺窑长度方向在窑车两侧焊接的两块 6～8mm 厚的钢板，窑车进入窑内后，钢板插入砂封槽内，防止窑内高温窜入车底而烧坏窑车钢构和钢轨。密封盒在窑车的两头，一般采用型钢，里边塞入纤维棉；密封杠是在窑车的另一头焊接的直径 20mm 左右的圆钢，当两车对接时，密封杠被顶入密封盒内，保证窑内高温不会通过窑车接头窜入车底。单密封窑车一头焊密封盒，另一头焊密封杠，大断面隧道窑窑车大都采用双密封，即在窑车一头既有盒又有杠，这样密封效果更好，示意图如图 3-35 所示。

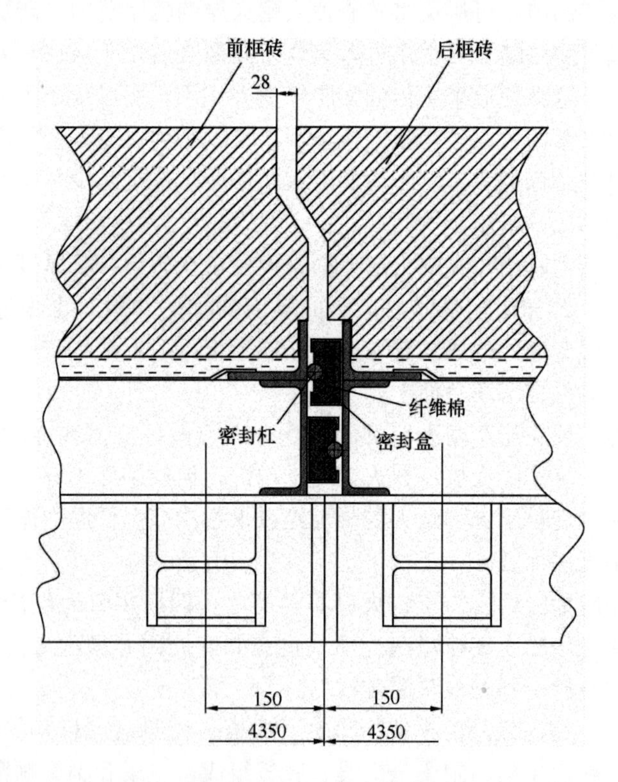

图 3-35 窑车头尾连接位置图

6.9m 以上的大断面隧道窑都采用四轨八轮，中小断面隧道窑大都采用双轨四轮。车轮分双约束轮、单约束轮和平轮三种，大断面隧道窑由两个双约束轮、两个单约束轮和四个平轮组成，中小断面隧道窑一般由两个双约束轮、两个平轮或两个单约束轮和两个平轮组成。双约束轮是把车轮的外圈铸成一个沟槽，使钢轨卡在槽内，防止窑车左右运动而剐蹭窑墙；单约束轮是使车轮凸出的一边限制窑车左右运动。

窑车轮采用铸造工艺，精加工后还要进行表面淬火，使其表面硬度达到设计要求，很多小加工厂不采取淬火工艺，使车轮表面硬度达不到设计要求，严重影响了车轮的寿命。

第四章　隧道窑常用耐火材料

第一节　耐火砖、保温砖和不定形耐火材料

一、耐火材料及相关指标

耐火材料是耐火度不低于1580℃的无机非金属材料，是服务高温技术的基础材料，是砌筑窑炉等热工设备的结构材料，也是制造某些高温部件或起特殊作用的功能性材料。耐火材料种类繁多，通常按耐火度高低分为普通耐火材料（1580～1770℃）、高级耐火材料（1770～2000℃）和特级耐火材料（2000℃以上）；按化学特性分为酸性耐火材料、中性耐火材料和碱性耐火材料。此外，还有用于特殊场合的耐火材料。耐火材料在高温作用下的成功使用，必须有良好的组织结构、热学性能、力学性能和使用性能，即有较高的耐火度、荷重软化温度、体积稳定性、抗热震性和抗化学侵蚀等性能，才能承受各种物理、化学变化和机械作用，满足热工设备及部件的使用要求。

1. 耐火制品的化学-矿物组成

耐火制品系由不同化学成分和不同结构的矿物所组成。耐火制品的性能主要取决于矿物组成和分布，以及各相的特性。

大断面隧道焙烧窑用的耐火材料主要是硅酸铝质制品，即黏土质耐火砖和硅酸铝纤维棉等。

鉴定耐火制品的化学-矿物组成的方法有分析法和X衍射分析法等。

2. 组织结构

（1）气孔率

在耐火制品内，有许多大小不同、形状不一的气孔。与大气相通的气孔叫开口气孔，其中贯通的气孔叫连通气孔；不与大气相通的气孔叫闭口气孔。

气孔率分真气孔率、显气孔率和闭口气孔率。黏土质耐火砖标准中有显气孔率指标要求。显气孔率即砖块中外通气孔（包括开口气孔和连通气孔）体积占整块体积的百分率。

（2）体积密度（容重）

包括全部气孔在内的每 $1m^3$ 砖块体积的质量 kg 数，即指试样烘干后的质量与其总体积之比值。

3．力学性能

常温耐压强度是指致密定形耐火制品在室外温度下，单位面积上所能承受而不破坏的极限载荷。

4．热学性质

（1）热膨胀性

热膨胀性系指耐火制品受热膨胀、受冷收缩的性质。耐火制品的热膨胀性可用线膨胀系数来表示。

（2）导热性

导热性系指材料导热性能的大小。耐火制品的导热性是以导热率（热传导系数）表示。导热率是在单位温度梯度下，通过试样单位面积的热流速度，其单位是 W/（m·K）。

5．高温性能

（1）耐火度

耐火材料在高温下抵抗融化的性能称为耐火度。耐火度是表征耐火制品在使用中的一项重要技术指标。

（2）高温结构强度

① 高温荷重软化温度（荷重软化点）

指耐火材料在一定压力（如 $2kg/cm^2$）下不断加热，发生一定变形量（如压缩 4％）和坍塌时的温度。

② 高温机械强度

指耐火制品在一定的测定温度下所能承受的最大压应力。

③ 热稳定性

指耐火制品在抵抗温度变化而不大量掉片和开裂的特性。

④ 高温体积稳定性（残存收缩或膨胀、重烧收缩或膨胀）

耐火制品在高温下长期使用时，相成分会继续变化，产生再结晶和进一步烧结等现象，因此，耐火制品体积会膨胀或收缩，即称为残存收缩或膨胀。这种收缩或膨胀是不可逆的变化，故称为高温体积稳定性。一般以重烧前后体积的百分率表示。

二、隧道窑常用耐火材料

1. 黏土质耐火砖

烧结砖隧道窑使用的黏土质耐火砖主要是用于窑体内墙砌筑的标型砖和曲封砖，以及砌筑窑车用的特异型砖。按物理指标可分为 N-1、$N\text{-}2_a$、$N\text{-}2_b$、$N\text{-}3_a$、$N\text{-}3_b$、N-2、N-5、N-6 八种牌号，其导热系数为：0.7～1.163W/（m·K）。砌筑窑体内墙用的标型砖代号为 T-3，尺寸为 230mm×114mm×65mm，而曲封砖和窑车用砖的外形尺寸按图纸要求制造。常用的 $N-2_a$黏土质耐火砖的技术要求如下：

（1）耐火砖的物理指标应符合表 4-1 规定。

表 4-1　耐火砖物理指标

耐火度（℃，不低于）	荷重软化温度（℃，不低于）	重烧线变化（%，1400℃，2h）	显气孔率（%，不大于）	常温耐压强度（kg/cm^2不小于）
1730	1350	＋0.1、－0.5	24	250

（2）耐火砖的尺寸允许偏差应符合表 4-2 规定。

表 4-2　耐火砖的尺寸允许偏差

项　目			单位	指　标
尺寸允许偏差	尺寸≤100		mm	±2
	尺寸 100～150			±2.5
	尺寸 151～300			±2
	尺寸 301～400			±6
扭曲	长度≤230	不大于	mm	2
	长度 231～300			2.5
	长 301～400			3
缺棱、缺角深度				7
熔洞直径				7
渣蚀厚度≤1				在砖的一个面上允许有
裂纹长度	宽度≤0.25			不限制
	宽度 0.26～0.50			60
	宽度＞0.50			不准有

2. 黏土质隔热耐火砖（保温砖）

黏土质隔热耐火砖用于隔热层和不受高温熔融物料及侵蚀气体作用的窑炉内衬，在烧结砖隧道焙烧窑的窑体上，用于黏土质耐火砖的外面一层。

（1）黏土质隔热耐火砖按体积密度分为 NG-1.5、NG-1.3$_a$、NG-1.3$_b$、NG-1.0、NG-0.9、NG-0.8、NG-0.7、NG-0.6、NG-0.5、NG-0.4 十种牌号。一般采用 NG-1.0、NG-0.9。

黏土质隔热耐火砖的标型砖尺寸：230mm × 114mm ×65mm。

（2）黏土质隔热耐火砖的技术要求

①隔热砖的物理指标应符合表 4-3 规定。

表 4-3　隔热砖的物理指标

项目	指标									
	NG-1.5	NG-1.3$_a$	NG-1.3$_b$	NG-1.0	NG-0.9	NG-0.8	NG-0.7	NG-0.6	NG-0.5	NG-0.4
体积密度（g/cm^3，不大于）	1.5	1.3	1.3	1.0	0.9	0.8	0.7	0.6	0.5	0.4
常温耐压强度（kg/cm^2，不大于）	60	45	40	30	25	25	20	15	`12	10
重烧线变化（不大于，2%的试验温度，℃）	1400	1400	1350	1350	1300	1250	1250	1200	1150	1150
导热系数[W/(m·K)，平均温度350±25℃，不大于)]	0.70	0.60	0.40	0.40	0.40	0.35	0.35	0.25	0.25	0.20

② 隔热砖的尺寸允许偏差应符合表 4-4 规定：

表 4-4 隔热砖的尺寸允许偏差 mm

<table>
<tr><th colspan="3">项 目</th><th>指 标</th></tr>
<tr><td rowspan="3">尺寸允许偏差</td><td colspan="2">尺寸≤100</td><td>±2</td></tr>
<tr><td colspan="2">尺寸 101～250</td><td>±3</td></tr>
<tr><td colspan="2">尺寸 251～400</td><td>±4</td></tr>
<tr><td rowspan="2">扭曲</td><td>长度≤250</td><td rowspan="7">不大于</td><td>2</td></tr>
<tr><td>长度 251～400</td><td>3</td></tr>
<tr><td colspan="2">缺棱、缺角深度</td><td>7</td></tr>
<tr><td colspan="2">熔洞直径</td><td>7</td></tr>
<tr><td rowspan="3">裂纹长度</td><td>宽度≤0.5</td><td>不限制</td></tr>
<tr><td>宽度 0.51～1.0</td><td>30</td></tr>
<tr><td>宽度>1.0</td><td>不准有</td></tr>
</table>

3. 不定形耐火材料

(1) 不定形耐火材料的定义

不定形耐火材料是由耐火骨料和粉料、结合剂或另掺外加剂以一定比例组成的混合料，能直接使用或加适当的液体调配后使用。即该料是不经煅烧的新型耐火材料，其耐火度不低于1580℃。隧道窑预制耐火混凝土吊板就是由不定形耐火材料制成的。

耐火骨料一般系指粒径（即粒度）大于 0.09mm 的颗粒料。它是不定形耐火材料组织结构中的主体材料，起骨架作用，决定其物理力学和高温使用性能，也是决定材料属性及其应用范围的重要依据。

耐火粉料也称为细粉，一般系指粒径等于或小于 0.09mm 的颗粒料。它是不定形耐火材料组织结构中的基质材料，一般在高温作用下起联结或胶结耐火骨料的作用，使之获得高温物理力学和使用性能。细粉能填充耐火骨料的孔隙，也能赋予或改善拌合物的工作性和提高材料的致密度。耐火粉料一般用优质黏土熟料、矾土熟料、软质黏土等原料制成，多数用筒磨机磨细，故细粉又称作筒磨粉，其品级一般应高于耐火骨料。当细粉粒径小于

5μm时，则称为超微粉，用于配制高级不定形耐火材料品种。

结合剂是能使耐火骨料和粉料胶结起来显示一定强度的材料。它是不定形耐火材料的重要组分，可用有机、无机及其复合物等材料，其主要品种有水泥、水玻璃、磷酸、树脂、软质黏土等。结合剂在一定条件下，通过水合、化学、聚合和凝聚等作用，使拌合物硬化获得强度。结合剂一般含有较多的低熔点物质，价格也较贵，在保证材料的初始强度和高温性能的前提下，应尽量减少其用量。

外加剂是强化结合剂作用和提高基质相性能的材料。它是耐火骨料、耐火粉料和结合剂构成的基本组分之外的材料，故称外加剂。外加剂种类较多，分为促凝剂、分散剂、减水剂、抑制剂、早强剂和膨胀剂等。前者用量一般比较少，改善作业性和提高强度，效果显著；后者用量较多，有时按基本组分掺加，能降低材料收缩，防止产生结构剥落。外加剂可用单一物质，也可用复合物质，其选择应根据材料性能、施工作业要求和使用条件决定。

（2）不定形耐火材料的分类

① 不定形耐火材料按结合剂种类分类（表4-5）

表4-5　不定形耐火材料按结合剂种类分类

结合剂			不定形耐火材料	
种类		材料举例		
无机材料	水泥	硅酸盐水泥、高铝水泥、铝－60水泥	胶结形成	硬化条件
	化学	水玻璃、磷酸、硫酸铝、磷酸铝	水合	气硬性 热硬性
	黏土	软质黏土	化学 聚合	热硬性 气硬性
	超微粉	活性氧化硅、氧化铝	凝聚 水合	气硬性 热硬性
有机材料		纸浆废液、沥青、酚醛树脂	化学 黏附	气硬性
复合材料		软质黏土与高铝水泥	水合 凝聚	气硬性

② 不定形耐火材料按耐火骨料的品种分类（表 4-6）

表 4-6 不定形耐火材料按耐火骨料的品种分类

耐火骨料		不定形耐火材料	
品种	材料举例	主要化学成分（%）	主要矿物
高铝质	矾土熟料、刚玉	Al_2O_3 50～90	莫来石、刚玉
黏土质	黏土熟料、废黏土砖	Al_2O_3 30～35	莫来石、方石英
半硅质	硅质黏土、蜡石	SiO_2＞65，Al_2O_3＜30	方石英、莫来石
硅质	硅石、废硅砖	SiO_2＞90	鳞石英、方石英
镁质	镁砂	MgO＞87	方镁石
其他	碳化硅	SiC＞50	碳化硅
	铬渣	Al_2O_3＞75，CrO＞8	铝铬尖晶石
	多孔熟料	Al_2O_3＞35	莫来石、方石英
	页岩陶粒	SiO_2＞55	方石英

③ 不定形耐火材料按施工制作方法分类（表 4-7）

表 4-7 不定形耐火材料按施工制作方法分类

序号	种　类	定　义
1	耐火浇注料	用振动、捣制成型的材料。采用水泥配制的耐火浇注料，也称作耐火混凝土或耐热混凝土
2	耐火捣打料	用人工捣打成型的材料
3	耐火可塑料	将塑性料坯用机械捣打成型的材料
4	耐火喷涂料	用喷射机成型的材料
5	耐火涂抹料	用抹灰器或人工涂抹的材料
6	耐火投射料	用投射机成型的材料
7	耐火压入料	用泥浆泵压入成型的材料
8	耐火砖	用机压成型的制品
9	耐火泥浆或耐火泥	用瓦刀砌筑耐火砖的填缝材料

（3）硅酸盐水泥耐火混凝土

硅酸盐水泥耐火混凝土是以普通硅酸盐水泥、矿渣水泥、硅酸盐水泥和硅酸盐耐火水泥等为胶结剂，与耐火骨料和粉料配制的，最高使用温度为1200℃或1200℃以下的中低温耐火混凝土。它具有材料易得、造价低等优点，可浇制窑车边框和窑两端低温窑墙与窑顶。

原料：普通硅酸盐水泥42.5级；

耐火黏土熟骨料、粉料；

最高使用温度：1200℃；

配合比（表4-8）：

表4-8　配合比

42.5级水泥	粗骨料15mm	细骨料1～3mm	粉料0.088mm
15%	45%	30%	10%

$$水灰比=\frac{水}{水泥+粉料}=0.45$$

施工：用混凝土搅拌机搅拌料，边浇制边用振动捧捣打。

（4）轻质耐火混凝土

轻质耐火混凝土是由耐火骨料和粉料、胶结剂或另加外加剂等组成，按规定条件制作和养护后可直接使用的耐火材料。用水泥类结合剂时，需加适当的水进行配制。

轻质耐火混凝土的特点是表观密度小，导热系数低，具有良好的耐火与隔热性能。轻质耐火混凝土的施工制作可以采用整体浇注或预制成型等方法，做成任意形状，便于使用。如窑顶使用的轻质耐火混凝土吊顶板，可直接用于火焰接触的部位。

轻质耐火混凝土的使用温度一般小于1400℃，它的制作方法和成型工艺与普通耐火混凝土基本相同。但轻质骨料的表观密度较小，易上浮于制品表面而造成分层，因此，要根据骨料的表观密度和胶结剂制定合理的制作工艺，否则会出现严重的质量问题。

4. 黏土质耐火泥

耐火泥用于砌筑黏土质耐火制品。

由耐火粉料、结合剂和外加剂组成。几乎所有的耐火原料都可以制成用来配制耐火泥所用的粉料。以耐火熟料粉加适量可塑黏土结合剂和可塑剂而制成的称普通耐火泥，其常温强度较低，高温下形成陶瓷结合温度才具有较高强度。以水硬性、气硬性或热硬性结合材料作为结合剂的称化学结合耐火泥，在低于形成陶瓷结合温度之前即产生一定的化学反应而硬化。

耐火泥的粒度根据使用要求而异，其极限粒度一般小于1mm，有的小于0.5mm或更细。

选用耐火泥浆的材质，应考虑与砌体的耐火制品的材质一致。耐火泥除作砌缝材料外，也可以采用涂抹法或喷射法用做衬体的保护涂层。

耐火泥特性如下：

（1）可塑性好，施工方便；

（2）粘结强度大，抗蚀能力强；

（3）耐火度高较，可达（1650±50）℃；

（4）抗渣侵性好；

（5）热剥落性好。

耐火泥根据组成材质的不同可以分为：黏土质耐火泥、高铝质耐火泥、硅质耐火泥、镁质耐火泥等。耐火泥按照结合剂的不同，又可分为以下三类：

（1）陶瓷结合耐火泥。它是由耐火细骨料和陶瓷结合剂（塑性黏土）组成的混合料。交货状态为干状，需加水后使用，在高温下通过陶瓷结合而硬化。

（2）水硬性结合耐火泥。它是由耐火细骨料和起主要结合作用的水硬性结合剂（水泥）组成的混合料。交货状态仅有干状，加水后使用，硬化时无需加热。

（3）化学结合耐火泥。由耐火细骨料和化学结合剂（无机、有机—无机、有机）组成的混合料。交货状态既可以是浆状，又可以是干状，在低于陶瓷结合温度下硬化。按照硬化温度，这种耐火泥可分为气硬性和热硬性两种。气硬性耐火泥常用水玻璃等气硬性结合剂配制。热硬性耐火泥常用磷酸或磷酸盐等热硬性结合剂配制。这种热硬性耐火泥硬化后，除在各种温度下都具有较高的强度以外，还具有收缩小、接缝严密、耐蚀性强等特点。

耐火泥分成品和半成品两种。所谓成品耐火泥就是在生产厂家已将生料、熟料按比例配好，现场使用时只需按标准加水搅拌均匀即可；半成品或非成品耐火泥是生料和熟料未掺合一起，现场使用时，按不同泥浆的组成充分混合，并按规定加水搅拌均匀即可。

黏土质火泥的有关参数：

（1）按理化指标分为（NF）—40、（NF）—38、（NF）—34 及（NF）—28 四个牌号。

（2）按颗粒组成分为粗粒火泥、中粒火泥、细粒火泥。

（3）耐火泥的理化指标应符合表 4-9 规定。

表 4-9　理化指标

指　标	牌号及数值			
	（NF）—40	（NF）—38	（NF）—34	（NF）—28
耐火度（℃，不低于）	1730	1690	1650	1580
水分含量（%，不大于）	6	6	6	6

（4）耐火泥的粒度组成应符合表 4-10 的规定。

表 4-10　耐火泥的粒度组成

通过筛孔	细粒火泥	中粒火泥	粗粒火泥
0.125mm（%，不小于）	50	25	15
0.5mm（%，不小于）	97		
1.0mm（%，不小于）	100	97	
2.0mm（%，不小于）		100	97
2.8mm（%，不小于）			100

（5）耐火泥中熟料与结合黏土的含量应符合表4-11的规定。

表4-11 耐火泥中熟料与结合黏土含量

名　称	细火泥	中火泥	粗火泥
熟料（%）	80～85	75～80	65～75
结合黏土（%）	15～20	20～25	25～35

注：成品耐火泥必须保存在不受潮湿的仓库内。

第二节 隧道窑窑顶用耐火吊顶板

传统大断面隧道窑的窑顶都采用轻质耐火混凝土吊顶板，轻骨料耐火混凝土预制吊顶板是用矾土水泥和不同粒度的耐火轻质骨料配制捣打而成的，它的制作工艺与使用操作等质量决定了窑炉的使用寿命。就制作工艺而言，不能采用一般混凝土预制板的制作工艺。而就烘窑加热而言，耐火混凝土吊顶板在100～400℃时强度显著下降，在加热到1000～1100℃时强度继续降低，只有继续升温到1300℃时，由于混凝土局部被烧结而使强度显著升高。但是，烧结砖隧道焙烧窑的烧结温度不允许达到耐火混凝土的烧结温度，所以，使用耐火混凝土吊顶板应特别注意加热制度。耐火混凝土吊顶板中水泥用量越多，对不合理的加热制度敏感性越强，对其强度的影响越大。

从理论方面讲，耐火混凝土吊顶板在预制后应进行热处理，使其在合理的加热制度下最后被烧结，以达到较高的强度，然后再使用，但是我们无法做到这一点，这就是耐火混凝土吊顶板固有的缺陷。在隧道焙烧窑点火烘窑时，要做到合理升温是相当困难的，只能在操作中设法解决。实践证明，这项技术的应用是经济可行的。

耐火混凝土吊顶板的制作工艺技术如下。

一、黏土质耐火混凝土吊顶板

1. 配合比

（1）胶结剂：矾土水泥（625＃），15％；

(2) 黏土质熟粉料（粒度0.088mm，Al_2O_3≥45%），15%；

(3) 黏土质熟骨料（Al_2O_3≥45%）

15～5mm，35%；

≤5mm，30%；

(4) 用水量（外加，根据成型与和易性调整），7%；

(5) 减水剂（外加）三聚磷酸钠（粉状），0.15%。

2. 主要性能（表4-12）

表4-12　工艺技术设计性能表

项目				
常温抗压强度（标准养护，MPa）	1d	3d	7d	
	29	35	36	
110℃烘干强度（MPa）	22			
烧后耐压强度（MPa）	800℃	1000℃	1200℃	1350℃
	19	17.5	14	23.5
高温耐压强度（MPa）	1000℃		1200℃	
	16		7.8	
荷重软化温度（℃）	开始点：1270		变形2%：1380	
耐火度（℃）	1690			
1350℃烧后线变化（%）	−0.49			
20～1200℃膨胀系数（$\times10^6$/℃）	5.3			
热震稳定性（850℃水冷，次）	>50			
常温导热系数[kcal/（m·h·℃）]	0.829			
体积密度（g/cm^3）	2.19			
烘干容量（kg/cm^3）	2230			

二、高铝质耐火混凝土吊顶板

1. 配合比

(1) 胶结剂：矾土水泥（625号），15%；

(2) 高铝质熟粉料（Al_2O_3 > 70% ～ 80%，细度0.088mm）；12%；

(3) 高铝质熟骨料（Al_2O_3>60%～70%）：

15～5mm，40%；

≤5mm，33%；

（4）用水量（外加）：7%；

（5）减水剂（外加）三聚磷酸钠（粉状）0.15%。

2. 主要性能（表 4-13）

表 4-13　工艺技术设计性能指标表

项目				
常温抗压强度（标准养护，MPa）	1d	3d	7d	
	30	35	37	
110℃烘干强度（MPa）	29			
烧后耐压强度（MPa）	800℃	1000℃	1200℃	1350℃
	23	20	16.5	25.9
高温耐压强度（MPa）	1000℃		1200℃	
	20.5		13.5	
荷重软化点（℃）	开始点：1320		变形 4%：1410	
耐火度（℃）	1770			
1400℃烧后线变化（%）	−0.21			
20～1200℃膨胀系数（$\times 10^{6}$℃）	4.6			
热震稳定性（850℃水冷，次）	>50			
常温导热系数（kcal/m·h·℃）	0.986			
体积密度（g/cm^{4}）	20.59			

三、轻质耐火混凝土吊顶板

（一）耐火混凝土材料

1. 矾土水泥（625 号）；

2. 黏土质多孔耐火轻质骨料技术指标（表 4-14）

表 4-14　技术指标

项目	指标
Al_2O_3（%）	≥41
Fe_2O_3（%）	≤2.5
颗粒密度（g/cm^3）	1.48～1.50
松散密度（g/cm^3）	0.75～0.80
筒压强度（MPa）	>6.00
吸水率（%）	19～20
耐火度（℃）	1700
烧失率（%）	0.55～0.60

3. 高铝质多孔耐火轻质骨料技术指标（表4-15）

表4-15　技术指标

Al_2O_3（%）	50～55
Fe_3O_3（%）	3.0～3.5
颗粒密度（g/cm^3）	1.50～1.55
松散密度（g/cm^3）	0.75～0.80
筒压强度（MPa）	＞6.50
吸水率（%）	20
耐火度（℃）	1750
烧失率（%）	0.60

4. 超轻质耐火轻质骨料技术指标（表4-16）

表4-16　技术指标

Al_2O_3（%）	≥35
Fe_3O_3（%）	≤3.0
颗粒密度（g/cm^3）	0.80～1.00
松散密度（g/cm^3）	0.55～0.60
筒压强度（MPa）	5.00
吸水率（%）	≤25
耐火度（℃）	1650
烧失率（%）	0.55～0.60

（二）吊顶板配件材料技术指标（表4-17）

表4-17　吊顶板配件材料技术指标

名称	材质	使用温度（℃）	推荐生产厂家	备注
耐火吊壶	N－2a	1700		
耐热钢吊钩	$1Cr25Ni20Si_2$	1200	上海钢研所	
	0Cr25Ni20	1150	上海钢研所	
	$0Cr25Ni20Al_5$	1200	上海钢研所	质脆，最好生产厂家加工

（三）吊顶板技术指标（表 4-18）

表 4-18 吊顶板技术指标

项目	指标	
密度（g/cm³）	1.5～1.7	
耐火度（℃）	≥1450	
荷重软化点（℃）	KD：1250	变形 4%：1330
导热系数[W/（m·K）]	0.41～0.52	
抗压强度（MPa）	3d 常温：8	3d110℃×24h：3
抗折强度（MPa）	1200℃，3h×烧后：3	
烧后线变化（1350℃，3h）（%）	0.3～1.0	

（四）黏土质轻质耐火混凝土吊顶板配合比（表 4-19）

表 4-19 质量配合比

黏土质轻质耐火骨料颗粒级配（%）				高铝细粉（%）	矾土水泥（625）	二聚磷酸钠（粉状、外加）	水/灰
20～10mm	10～5mm	5～3mm	3～0mm	0.088	（%）	（%）	
25	30	10	10	5	20	0.15	1

（五）制造工艺技术

1. 主要工具

（1）成型振动台：台面尺寸应大于木托板。

（2）成型钢模具：槽钢活框与固定吊壶杆件组合而成，数量（框）20 个。

（3）木托板：板面尺寸应大于钢模框，数量 20 个。

（4）材料计量器具：秤、容器。

2. 成型方法

（1）制料工艺

① 必须用搅拌机搅拌混凝土料，每次搅拌量为一块吊顶板的用量。

② 拌料前首先称量出一次搅拌料的用水量，然后将减水剂

（三聚磷酸钠）按水泥用量的0.15%称好并溶于水中。

③ 粗骨料加入搅拌机，随搅随加水。先加入用水量的50%，将骨料搅拌湿润，然后加入剩余的50%水。

④ 水全部加入后，再搅拌5min即可浇注成型。搅拌好的混凝土料的停放时间不得超过15min。

（2）振动成型工艺

① 将木托板放于振动成型机，并固定在振动台面上。

② 将钢模具内表面涂润滑剂，并固定在木托板上。

③ 放入吊壶，并固定好位置。

④ 边加料边振动，同时用钢钩等工具加快混凝土料的匀布与捣实，待表面出浆即可停止振动。

⑤ 用钢抹板将表面抹平压光。

⑥ 检测吊顶板的吊壶位置是否符合要求，调整无误后，即可从振动台上与托板一起搬运到指定的养护地点。搬运与放置时，注意轻搬轻放，搁置平稳，防止变形。

（3）养护工艺

① 制品与木托板一起放置在养护地点后，马上用塑料薄膜包盖严，防止水分快速蒸发。

② 2～6h即可脱掉钢模板。

③ 浇水养护，每次浇水养护后，即再包盖好塑料薄膜。

④ 养护时间3～7d，然后用草袋盖好。

（4）质量检验

① 制造时，要检查钢模装配后的四边与中间尺寸，以及对角线尺寸是否符合要求。

② 检验制成品的各项尺寸，特别是对角线尺寸不得大于5mm。

③ 制作试块。每百块吊板为一批，每批在制作的同时，取搅拌好的混凝土料做质检试样，送有关资质的质检部门检验。

（5）运输

运输吊顶板时，要轻搬轻放，避免碰掉棱角。远距离车辆运输时，要将制品用稻草绳密包。

（六）制造与使用的注意事项

1. 使用温度为1200℃左右。

2. 常用配合比

矾土水泥与耐火粉料：27%～30%。

耐火骨料用量：70%～73%。

矾土水泥用量：10%～20%，一般为10%～15%。

3. 制品常温抗压强度：1d内强度增长快，其后增长幅度不大。例如1d为36MPa；7d为38MPa。

4. 随着加热温度的提高，烧后耐火强度降低，1000～1200℃时，其强度最低。这就是砖瓦窑炉耐火混凝土吊顶板的最大缺陷。

5. 提高中温强度

中温强度系指900～1200℃时的抗压强度。

中温强度与干燥强度相比，下降率为22%～60%。

中温强度下降的原因：由于尚未陶瓷化和水化矿物化学反应形成疏松状结构，且导致体积收缩所致。

提高中温强度的措施：

（1）掺加α-AI_2O_3细粉，中温时产生具有膨胀效应的化学反应，可弥补由于体积收缩造成的中温强度下降。

（2）掺加烧结剂——软质黏土（苏州黏土最好），用量为3%～6%，其作用是能在较低温度下烧结，防止和改善其组织结构的剧烈变化而提高其中温强度，有时比干燥强度还高。

（3）掺加减水剂可提高其强度，但不能改变其中温强度下降的规律和下降幅度。

6. 减水剂：三聚磷酸钠，其用量为水泥用量的0.005%～1.0%。减水剂用量过多时，不但不起减水作用，反而会降低其制品强度。

7. 影响耐火混凝土制品性能的因素

（1）水泥用量：要尽量减少水泥用量，适当增加耐火细粉。

（2）用水量：不掺减水剂时为10%～13%，最好为11%。

（3）耐火细粉。

（4）外加剂。

（5）养护制度。标准养护温度为20±3℃，湿度为90%。

8. 耐热钢材料（ϕ12），上海钢研所产品实物检验数据（表4-20）

表 4-20　1Cr25Ni20Si_2检验结果

序号	检验结果				
	检验项目名称	单位	标准值	实测值	检验依据
1	碳（C）	%	≤0.20	0.11	ISO 9556—1989
2	硫（S）	%	≤0.030	0.014	ISO 4935—1990
3	磷（P）	%	≤0.035	0.021	GB/T 223.63—1988
4	硅（Si）	%	1.50～2.50	1.59	GB/T 223.5—1997
5	锰（Mn）	%	≤1.50	1.00	GB/T 223.63—1988
6	铬（Cr）	%	24.00～27.00	25.02	GB/T 223.12—1991
7	镍（Ni）	%	18.00～21.00	19.87	GB/T 223—1994

耐热钢钩容易被含硫气体腐蚀，在一些制砖原料含硫高的砖厂，耐火吊板损坏的最直接原因就是钢钩被腐蚀断掉，其原理：高温含硫气指包括H_2S，S，SO_2和其他含硫物质的气体，其中H_2S是高温气体中常见的成分，在高温下可起氧化剂的作用，在金属表面产生硫化物膜；SO_2广泛存在于矿物燃料的燃烧气中，也具有氧化性；在高温气态硫腐蚀中，S为主要气相成分。即使金属表面有保护性氧化膜，这几种含硫气体都能引起迅速结垢。一些硫化物熔点很低，液态硫化物可能迅速扩散进入晶界，使金属机械性能受到损害，甚至碎裂，从而导致吊板下垂或整体脱落。

（七）耐火砖吊顶板

为了解决耐火混凝土吊顶板高温强度降低、钢钩易被腐蚀等问题，近年来出现了耐火砖吊顶板，使用效果很好。

其吊板为黏土质烧结耐火砖，规格一般为720mm×360mm×（75～100）mm，吊板经过1300～1700℃高温烧结，其强度达到

25～30MPa。为了解决钢钩的腐蚀问题，使用高铝吊砖（也叫柱砖）代替钢钩，一般规格：75mm×75mm×（550～650）mm，90mm×90mm×（550～650）mm，100mm×100mm×（550～650）mm，吊板和柱砖采用分体式，方便加工运输和现场吊装。每块板设计了两个挂砖孔，柱砖由挂砖孔穿过，再通过吊环组件（金属件）或吊卡悬吊在窑顶次梁上。这样保温层内没有任何金属件，所有金属件全部在常温环境中，基本杜绝了硫气的腐蚀，而且随时可以检查。传统耐火混凝土吊板因为金属吊钩绝大部分被埋在保温棉里边，出现腐蚀根本无法检查，只有吊板下垂或直接掉落才能发现。这种新式吊板结构彻底解决了传统耐火混凝土吊板高温强度降低、吊钩易腐蚀的问题，值得在行业内推广。

但设计时要注意：耐火砖吊板受热后膨胀，板与板之间、板与柱之间必须预留膨胀间隙，否则一旦遇到高温就可能相互挤压导致窑顶垮落。近年有好几家砖厂出现了窑顶塌落事故，主要原因是个别窑炉公司随意模仿，缺乏耐火材料常识，认为间隙越小密封效果越好，结果适得其反。

第三节 隧道窑常用保温材料

隧道窑常用保温材料主要用于窑顶保温，大断面隧道窑窑顶散热面积与窑墙散热面积之比最少为1∶1，有的甚至达到1.4∶1，所以窑顶保温显得尤为重要，保温材料的选取十分关键。隧道窑窑顶保温材料要求耐热温度高、导热系数小、密度小、施工方便等，尤其最下层材料，必须有较高的耐火温度。常用保温材料主要有：膨胀珍珠岩、岩棉、矿渣棉、硅酸铝纤维棉等。

一、膨胀珍珠岩

珍珠岩是一种火山喷发的酸性熔岩经急剧冷却而成的玻璃质岩石，这种岩石颗粒经过1000～1300℃高温加热后，其体积迅速膨胀4～30倍，称为膨胀珍珠岩。这种膨胀珍珠岩单位体积质量非常小，达到80～120kg/m³，耐火和绝热性能优良，可用于

600℃以下的中温环境。松散状态下的膨胀珍珠岩为白色颗粒，现场使用不方便。为了方便使用，在膨胀珍珠岩中加入无机粘结剂，再加工成各种形状的板或块，常用粘结剂有硅酸盐水泥、水玻璃、磷酸盐等。膨胀珍珠岩保温隔热制品的技术性能见表4-21。

表 4-21　膨胀珍珠岩保温隔热制品技术性能

项　目	指　标							
	200		250		300		350	
	优等品	合格品	优等品	合格品	优等品	合格品	优等品	合格品
密度 (kg/m^3)	≤200		≤250		≤300		≤350	
热导率 [25±5℃，W/（m·K）]	≤0.056	≤0.060	≤0.064	≤0.068	≤0.072	≤0.076	≤0.080	≤0.087
抗折强度 (MPa)	≤392	≤294	≤490	≤392	≤490	≤392	≤490	≤392
质量含水率 (%)	≤2	≤5	≤2	≤5	≤3	≤5	≤4	≤6

二、岩棉

岩棉，又称岩石棉，是矿物棉的一种。岩棉以天然岩石及矿物等为原料制成的蓬松状短细纤维。岩棉是以天然岩石如玄武岩、辉长岩、白云石、铁矿石、铝矾土等为主要原料，经高温熔化、纤维化而制成的无机质纤维。

岩棉起源于夏威夷。当夏威夷岛第一次火山喷发之后，岛上的居民在地上发现了一缕一缕融化后质地柔软的岩石，这就是最初人类认知的岩棉纤维。岩棉的生产过程，其实是模拟了夏威夷火山喷发这一自然过程，岩棉产品均采用优质玄武岩、白云石等为主要原材料，经1450℃以上高温融化后采用四轴离心机高速离心成纤维，同时喷入一定量粘结剂、防尘油、憎水剂后经集棉机收集，通过摆锤法工艺，加上三维法铺棉后进行固化、切割，形成不同规格和用途的岩棉产品。

岩棉制品密度小，一般为 80～200kg/m³，导热系数小，常温导热系数 0.03～0.0465W/（m·k），长期使用温度在 650℃以下，可以作为窑顶保温层上层的保温材料，也可作为窑墙外墙保温。

岩棉制品的耐火性取决于其中是否含可燃性添加剂，因为岩棉本身属无机质硅酸盐纤维是不可燃的。但在加工成为制品的过程中，有的要加入粘结剂或添加物，这些制品虽不自燃又不助燃，但耐火性则受到较大影响。按国家标准《绝热用岩棉、矿渣棉及其制品》（GB 11835）的规定，岩棉的最高使用温度即使粘结剂含量小于 3%，也定为 650℃；制品随密度不同，使用温度也不同。岩棉的技术性能见表 4-22。

表 4-22 岩棉制品的物理性能

密度 (kg/m³)	热导率 [W/(m·k)]	不燃性	纤维直径 (μm)	热荷重收缩温度 (℃)	渣球含量 (%,ϕ>0.25mm)	吸湿率 (%)	酸度系数	憎水率 (%)
80～200 (±10%)	0.0224～0.03	A_1级	4－7	≥650		<5	≥1.5	>98
100～150 (±15%)	≤0.041 ≤0.03	A_1级 A_1级	≤7 4－7	≥650	≤12	≤5.0	≥1.5	≥98
27～200	<0.035	A_1级	4－7	≥650	最大 4	最大 1	≥1.5	
80～200 (±10%)	0.025～0.035	A_1级	4－7	≥650		0.1～0.33	2.2～2. 5	>98

隧道窑常用岩棉制品为岩棉毡，岩棉毡是在岩棉纤维上喷覆水溶性酚醛树脂（热固型），然后经过成型，并在一定温度下加热固化而成。岩棉的技术性能见表 4-23（GB/T 11835—2007）。

表 4-23　岩棉毡的物理性能要求

<table>
<tr><th>密度
(kg/m³)</th><th>热导率［W/（m·k）
平均温度 70^{+5}_{-2}℃］</th><th>有机物含量
(%)</th><th>燃烧性能</th><th>热荷重收缩温度
(℃)</th></tr>
<tr><td>61～80</td><td rowspan="2">0.049</td><td rowspan="2">≤1.5</td><td rowspan="2">不燃</td><td>≥400</td></tr>
<tr><td>81～120</td><td>≥600</td></tr>
</table>

三、硅酸铝纤维棉

1. 硅酸铝纤维的性质与组成

硅酸铝纤维又称耐火纤维，是当前国内外公认的新型优质保温隔热材料。它具有质轻、理化性能稳定、耐高温、热导率低、热容量小、耐酸碱、耐腐蚀、热稳定性好、力学性能和填充性能好等优良性能，因此被广泛用于电力、石油、冶金、建材、机械、化工、陶瓷等工业窑炉的保温绝热封闭材料，是近代国内外大力发展的一类新型轻质高效保温隔热材料。

我国大断面隧道窑最早使用了硅酸铝纤维棉保温，近年来，随着平吊顶隧道窑的大量推广，硅酸铝纤维棉在隧道窑上的使用量也越来越大。

根据原料品种的不同，硅酸铝纤维按最高使用温度可分为低温型，长期使用温度为 900℃以下；标准型，长期使用温度1200℃以下；高温型，长期使用温度 1400℃以下。硅酸铝耐火纤维及制品技术数据见表 4-24。

2. 硅酸铝纤维的生产工艺及产品

硅酸铝纤维的生产方法主要有两种：一种是电弧炉熔融喷吹湿法生产工艺，以生产毡、板为主；一种是电阻炉熔融甩丝（喷吹）生产工艺，以生产针刺毯为主。

硅酸铝纤维原料的熔制包括电阻炉熔融和电弧炉熔融两种方法，纤维的成型方法可分为喷吹法、甩丝法以及甩丝－喷吹法等。成纤工艺包括选料、破碎、熔融、喷吹、制棉、集棉等工序。纤维成型后多用收棉室（叫集棉室）收集，收集后未经加工的纤维称为散棉。将散棉加入一定量的粘结剂，通过湿法挤压或

表 4-24　硅酸铝耐火纤维及制品技术数据

		普通型	标准型	高纯型	高铝型
分类温度(℃)		1260	1260	1260	1400
工作温度(℃)		<1000	1000	1100	1200
体积密度(kg/m³)		96～128	96～128	96～128	128～160
永久线收缩 (%，(保温 24h，体积密度 128kg/m³)		−2 (1000℃)	−3 (1000℃)	−3 (1100℃)	−3 (1200℃)
受热面温度下导热系数 [W/(m·k)，体积密度 128kg/m³]		0.09(400℃) 0.176(600℃)	0.09(400℃) 0.176(400℃) 0.22(1000℃)	0.09(400℃) 0.176(400℃) 0.22(1000℃)	0.132(600℃) 0.22(1000℃)
抗拉强度 (MPa，体积密度 128kg/m³)		0.04	0.04	0.04	0.04
化学组成(%)	Al_2O_3	44	46	47～49	52～55
	$Al_2O_3+SiO_2$	96	97	99	99
	FeO	<1.2	<1.0	0.2	0.2
	Na_2O+K_2O	≤0.5	≤0.5	0.2	0.2
产品尺寸(mm)	常用规格 7200×610×(12.5～50)				

真空成型法成型，可制成硅酸铝纤维毡；将散棉通过针刺冲刺成层状絮毯，使层与层之间互相交织，可制成硅酸铝针刺毯。隧道窑窑顶保温经常使用这两种制品，也有的把硅酸铝散棉直接铺到窑顶上，使用效果也很好。

第五章　隧道窑生产线工艺平面布置

第一节　隧道窑生产线工艺平面布置的重要性

很多隧道窑砖厂生产线产量低，主要原因不一定是窑炉，而是因为与窑炉配套的相关工序设计布局不合理，导致隧道窑有能力发挥不出来，所以整体产量低。隧道窑与关联工序之间的配合或联系方式称为工艺平面布置，工艺平面布置合理，整体产量高，产品质量好，而且遇到特殊情况如阴雨天、系统停电、成型或原料车间设备故障等问题时，对整体产量影响小，各工序产能裕量大，不至于因局部影响整体；反之，整体产量低，产品质量差，一旦某一工序出现故障，整体产量就要受到影响。所以一定要重视隧道窑与关联工序之间的布置方式。

与隧道窑生产相关联的工序有原料车间、陈化库、成型车间、存坯库、卸车线等。

按照设计原则：原料产量＞成型产量＞窑炉产量＞设计总产量，假设设计隧道窑砖厂的产量是6000万块/年，设计合格率为97%，那么窑炉总产量最少应该为6000÷97%＝6186万块；根据现场生产经验，成型产量应该比窑炉产量大10%～20%，即砖机产量最低应该是6186×110%＝6805万块；原料破碎产量应该比成型产量大20%～30%，即原料产量最低应该设计为6805×120%＝8166万块。相邻工序之间必须有较大的储备量，即原料与成型之间要求有较大的陈化库，标准设计是不少于3d的储备量，根据现场生产经验，陈化库应该尽量大一点，尤其对一些塑性较差的煤矸石或页岩，较大的陈化库能有效提高泥料的塑性；而且遇到阴雨天气影响生产时，陈化库的存料可以有效缓解生产压力。较大的陈化库可以缩短原料车间的开机时间，尽量使开机时间控制在供电谷段，避开峰段，这样可以降低很大一部分电费支出。同时，原料车间开机时间缩短后，为原料车间的设备检修提供了充足的时间，可以保证设备维修质量，从而更好地为生产服务。

成型车间与干燥窑之间存放坯车的工段称为存坯库或存坯车间或静停线、存坯线等，对于这个存坯车间业内有专家持否定意见，认为不但浪费了投资，而且在南方阴湿天气，因为空气湿度很大，有时几乎接近饱和（100%），存放在此处的砖坯不仅不能自然脱水，而且还容易吸潮，给后续的人工干燥增加了负担；在北方寒冷地区，存坯车间如果保温不好，会出现冻坯现象，这种冻坯进入干燥窑一旦遇到热风立即就塌坯，所以认为存坯线是多余的。

存坯车间确实存在以上问题，但并不是克服不了的顽疾，全国大部分地区还是适宜建存坯线的。在中部及广大北方地区，存坯线发挥了很好的作用，对提高产量和产品质量很有好处的。尤其春秋季节，湿坯在存坯线存放 24h 以后，含水率降低了很大一部分，进入干燥窑后可以快速出车。有人为了解决上述问题，在存坯线增加了热风炉，在寒冷的冬季为了防止砖坯被冻坏，把燃煤炉的热烟气通过风机送入管道，管道顺存坯线长度方向布置，在管道上开孔使热烟气溢出，提高存坯线的温度；有人把隧道焙烧窑冷却带的热风也通过这种方式送入存坯线，也起到了很好的作用。但燃煤炉增加生产成本，而且污染环境，从冷却带抽取余热也同样存在有害气体污染问题，而且用风机送热风，如果解决不好排潮问题，往往达不到目的。

近年来，在北方地区出现的恒温存坯库是个很好的办法，即在存坯线两侧砌墙，再用楼板盖好，在坯车和墙两侧安装暖气，利用隧道窑余热水箱产生的热水供暖，这样不管室外天气如何变化，都对存坯库的预干燥效果影响不大，而且很好地解决了南方砖坯吸潮和北方砖坯冬季易冻的问题，很有推广价值。

隧道窑外卸车线的布置也是个很关键的问题，卸车线应该尽量长一些，这样在阴雨天气建筑工地用砖量小时，可以缓解焙烧窑的压力，不至于因为长时间不能出车而导致产品过火甚至被迫

图 5-1 最下层砖急干裂纹

停产。而且长的卸车线在夏季可以延长砖车的降温时间，改善卸车劳动环境；而且还有一个最大的好处，窑车上层厚厚的耐火层经过窑内 900～1000℃ 的高温后，蓄积了大量的热量，必须有充足的降温时间才能把台面温度降下来，否则码放到窑车上的砖坯会出现急干炸裂，严重时最下边两层都会出现裂纹。炎热的夏天，有时最下层成品砖合格率 50% 都达不到（图 5-1）。有人为了解决这个问题，在回空车线上安装了强制降温车间，在车间内安装机械制冷设备，使车间温度降到－10°以下，然后把窑车推入车间进行强制降温。这也是个很好的解决方案，但需要增加电耗。

第二节 传统大断面隧道窑生产线工艺平面布置图解析

图 5-2（书后）为传统大断面隧道窑生产线工艺平面布置，这种布置方式的好处是简单紧凑，占地面积小，厂房面积小。这是一条设计年产 6000 万块 6.9m 大断面隧道窑生产线，原料为煤矸石，焙烧窑长度 153.05m，干燥窑长度 87.8m。

一、原料车间

本生产线设计了较大的储料大棚，90m×20m，原料大棚兼有存料、混料功能，这样阴雨天气不至于影响破碎生产。

板式给料机适合输送块状物料，粗碎锤式破碎机可以将大块物料破碎到要求的粒度，能有效减轻后续设备负荷，提高破碎效率。如果物料硬度不大或没有大块物料，可以直接设计一道破碎。本生产线设计细破为笼式破碎机，该破碎机曾在前苏联长期被用于破碎黏土，破碎效果好，因无筛底，出料方便，对物料含水率要求低。但最大的问题是维修频繁，用于破碎硬度较大或含砂岩较多的煤矸石时，维修量更大，转笼的笼棒每天都要补焊耐磨焊条。大约在 2000 年～2007 年期间，国内各大煤矿集团纷纷筹建全煤矸石制砖生产线，笼式破碎机被大量使用，但近几年很多已被淘汰。

本生产线破碎系统彻底淘汰了斗式提升机，利用胶带输送机输送破碎后的粉料（笼式破到电磁振动筛），这是一大进步。斗式提升机用于提升水泥熟料及其他基本不含水的干物料还是很有优势的，因是垂直提升，可以节省空间。但因为制砖原料自然含水率一般在 4%～8%之间，而且细粉料具有黏性，所以斗式提升起不适合用于制砖生产系统，现在已基本被淘汰掉。

电磁振动筛功率小，每台只有 2～3kW，节能效果好，筛分效率高，应该作为筛分系统的首选设备。

二、陈化库

本生产线陈化库长度 72m，宽度 18m，多斗挖掘机大架臂长为 9.5m，库容约 2800m^3，可以保证系统 4～6d 的用量。

三、成型车间

本生产线设计为人工码坯，厢式给料机保证均匀供料，二搅为带挤出功能的强力搅拌机，该搅拌机配置功率大，比传统的搅拌机增加了挤出碾练功能，所以对塑性较差的煤矸石或页岩提高塑性是很有益处的。砖机为 75 型硬塑挤出机，适应全煤矸石制砖。真空泵原设计为水环式，但夏季水温过高，因汽蚀导致叶轮经常损坏，所以运行一段时间后更换为油环泵，从目前整个行业看，油环泵的使用率比水环泵要高得多。虽然油环泵需要消耗油，但其电机功率小，节省的电费完全可以抵消油耗。

四、存坯线

本生产线是典型的传统大断面隧道窑设计工艺，所以存坯线较短。这是在一期生产线基础上做了改进。一期生产线从码坯皮带到干燥窑只能存8个坯车，本生产线比一期隧道窑多设计了2个车位，所以存坯线增加到10个车。这个环节是影响生产线产量的关键环节，只要成型车间设备出现故障，很快就会影响到窑炉产量，该生产线一期长期不达产，实际上主要是工艺设计不合理。

五、隧道窑

干燥窑长度为87.8m，外置式管道，窑墙为370单层墙，窑顶为120混凝土现浇板；送风方式为顶送和侧送相结合，送热风机为16D离心风机，最大风量124800m^3/h，最大风压1000Pa。排潮方式为集中顶排潮，设计了3台5.5kW10号轴流排潮风机，每台最大风量44000 m^3/h，最大风压为295Pa，生产时把电机更换为7.5kW。顶送风第一个送热风口在9号车位，侧送风第一个送热风口在4号与5号车位中间。投产第一年冬天出现塌坯，后来在6号车位顶部增加送风口，解决了塌坯的问题。

焙烧窑为外置式烟道，高温带窑墙结构（由里到外）：230耐火砖，230保温砖，70保温棉，370普通砖墙；窑顶为100厚耐火混凝土吊顶板，保温层约400厚；窑长度为153.05m，码坯高度1.4m。排烟风机为16D55kW，出车端窑门设计了4台冷却风机，每台风机风量为26500m^3/h，配套电机4kW。设计出车速度为100min/车，最快可以达到80min/车。设计砖坯热值450kcal/kg，运行初期热值380～420kcal/kg，运行5年后热值接近500kcal/kg。由于煤矸石含硫高，达到1%，窑顶吊板3年后开始脱落，主要是因为耐热钢钩被腐蚀断掉。排烟管道为直径1.2m钢管架空安装，由3mm钢板卷制焊接而成，结果仅半年多的时间钢管包括角钢支架全部腐蚀烂透，直接由3m的空中坠地。排烟风机叶轮最短使用时间为54d，打开机壳6mm厚的叶轮钢板被腐蚀到不见踪影。究其原因，设计部门认为排烟风机排出的烟气直接排空，热量没有利用价值，所以所有排烟管道都没有保温，SO_2的露点温度为150℃，热风从支管到主管逐渐降温，到排烟风机时已经降到100℃以下，冬季甚至更低，遇到水汽产生亚硫酸，加剧了金属件的腐蚀。后来把所有排烟支管和主管全部进行保温，而且要求风机处的排烟温度不得低于 150℃，这样有效地延长了排烟系统金属件的寿命。

由于窑体长度大，通风阻力大，排烟风机电机最初设计是 55kW8 极的，转速 730z/min，但运行中发现窑内正压过大，出车速度很难提高，一般维持在 90～100min/车。后来把电机更换为 75kW6 极的，转速提高到 960z/min，出车速度可以达到 80min/车。

六、卸车线

设计卸车线为 3 道，施工时增加了 1 道，成为 4 道 16 个车。但即使这样，当遇阴雨天气时仍然制约窑炉生产，而且这种布置方式，只能是先进的后出，后进的先出，由于回空车线较短，所以卸完的窑车没有自然降温时间，夏天底层砖坯裂纹严重，这个问题始终没有得到解决。

综上所述，本生产线制约生产的主要因素：（1）存坯线太短，砖坯存储量少；（2）焙烧窑稍长，出车速度慢；（3）卸车线短，窑车自然降温时间短，影响下一个循环生产。

第三节　典型小断面隧道窑生产线平面布置图解析

例一：图 5-3 为典型小断面隧道窑生产线平面布置图，设计两条 3.76m 隧道窑，年产量 10000 万块（标），使用煤矸石和当地黏土为原料，投产一年多，运行情况良好。

一、原料车间

设计了较大的储料大棚，确保阴雨天气基本不影响原料生产。两台高细锤式破碎机用来破碎煤矸石，每台锤破使用一台辊筒筛，这种辊筒筛价格低，筛分效果好；黏土使用辊式破碎机破碎，直接进入搅拌机。由于设计了两套破碎系统，破碎产量很高，每台工作 8～10h 就可满足生产需要，完全可以在供电谷段生产，即节省电费，又为设备维修提供了充足的时间。

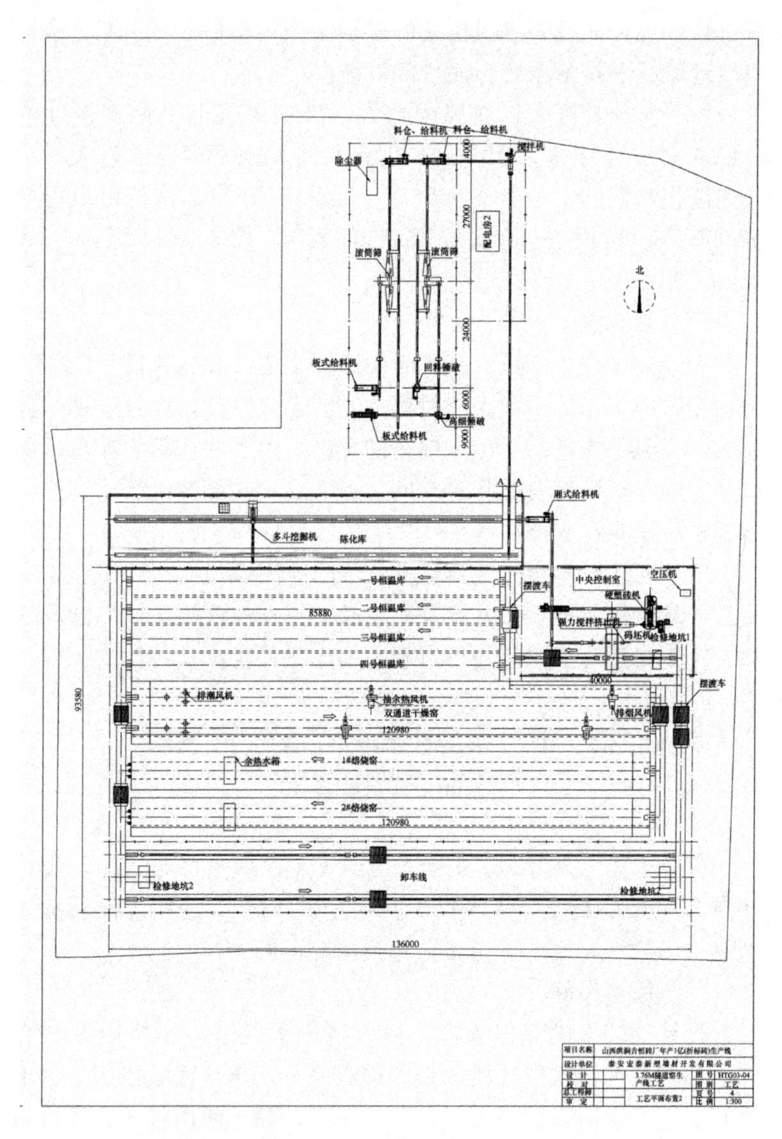

图 5-3　典型小断面隧道窑生产线平面布置图

二、陈化库

本生产线设计了较大的陈化库，长度 87m，多斗挖掘机大臂长度 10.5m，设计库容 3500m³，可满足生产系统 5～7d 的产量，使泥料有充足的陈化时间，对改善泥料性质有很大的好处。

三、成型车间

成型设备选用硬塑挤出机系列，砖机为 90 型，设计了自动码坯系统，节省了人工，降低了人工成本。

四、恒温库

在成型与干燥窑之间设计了双通道恒温库，恒温库类似隧道窑，两侧是砖墙，上覆楼板，两侧墙上安装了暖气，由焙烧窑余热水箱供热，确保外界天气变化基本不影响窑炉生产。两条恒温库可存放四十多个坯车，对缓解成型生产压力起到了很好的调节作用。

五、干燥窑

干燥窑设计颠覆传统理念，长度和焙烧窑等长，达到 124m，这样干燥时间相对延长，砖坯干燥残余含水率降到最低，便于焙烧窑快出车。烟道为内置式，两道 370 砖墙中间是 800 烟道，两条窑中间共用一道窑墙。送风方式为分散侧送风，送热风机为 16D75kW 离心风机，配套电机为 6 极，从焙烧窑冷却带抽取余热，最大风量 164150 m^3/h，最小风压 1526Pa；排潮方式为分散侧排潮，每侧设计 8 个排潮口，每个烟道设计一台排潮风机，风机为 12 号轴流，设计排潮量为 $77000m^3/h \times 2$，最小风压 500Pa。生产初期干燥窑出现塌坯，经分析是排潮风机达不到设计风量（后来证明是设备质量问题，不是设计选型问题），后更换为一台 16 号离心风机，解决了塌坯问题。

六、焙烧窑

焙烧窑为内置式烟道，高温带窑墙结构（由里到外）：230 耐火砖，370 普通砖，800 烟道，370 普通砖墙；两窑中间共用窑墙。窑顶设计为 75 厚耐火砖吊顶板，保温层约 400 厚；窑长度为 124.6m，码坯高度 1.6m。排烟风机为 16D75kW，配套电机 6 极，最大风量 $164150m^3/h$，出车端窑门设计了 3 台冷却风机，配套电机 5.5kW，每台风机风量为 $29000m^3/h$，设计出车速度为 50min/车，最快可以达到 40min/车。设计砖坯热值 450kcal/kg，因当地煤矸石资源丰富，建厂的目的是多消耗煤矸石，所以要求窑炉热值尽量高一点。

施工时为了简化程序，将窑顶变更为吊棉块（供货厂家直接施工)，运行一年多尚未发现问题。

七、卸车线

除顺全窑长度方向布置一道外，为减少阴雨天影响产量，在主体厂房以外又设计了 5 道卸车线，这样所有卸车线可存车 70 辆以上。在快速出车时，不会出现因成品砖降温难而无法卸车的问题，同时卸完车后的窑车台面又有充足的自然降温时间，保证了下一个生产循环的正常进行。

综上所述：该生产线设计比较合理，具备了快出车高产量的生产条件，现场实践也很有力的证明了这一点。缺点是：回空车摆渡车只有一台，因运行距离长，当出车速度小于 40min/车时，摆渡车很难在规定时间完成任务，有可能影响生产。

例二：图 5-4 为典型不规则场地小断面隧道窑生产线平面布置方案，设计 2 条 3.76m 隧道窑，设计年产量 10000 万块(标)，使用当地黄土和煤矸石为原料。

1. 原料车间

因场地有限，没有设计专门的储料大棚。一台主锤式破碎机破煤矸石，另一台副锤式破碎机专门用来破碎筛上料；黄土黏度小，可以直接过筛使用。

2. 陈化库

陈化库总长度 100m，多斗机大臂长度 10.5m，设计储存泥料 4200m^3，可供生产线 6～8d 的产量。

3. 成型车间

成型设备选用硬塑挤出机系列，砖机为 90 型，设计了自动码坯系统，节省了人工，降低了人工成本。

4. 恒温库

在成型与干燥窑之间设计了四通道恒温库，四条恒温库可存放八十多个坯车，能很好地调节成型与窑炉之间生产的矛盾，即便成型设备出现 24h 故障，也不影响窑炉产量。

5. 干燥窑

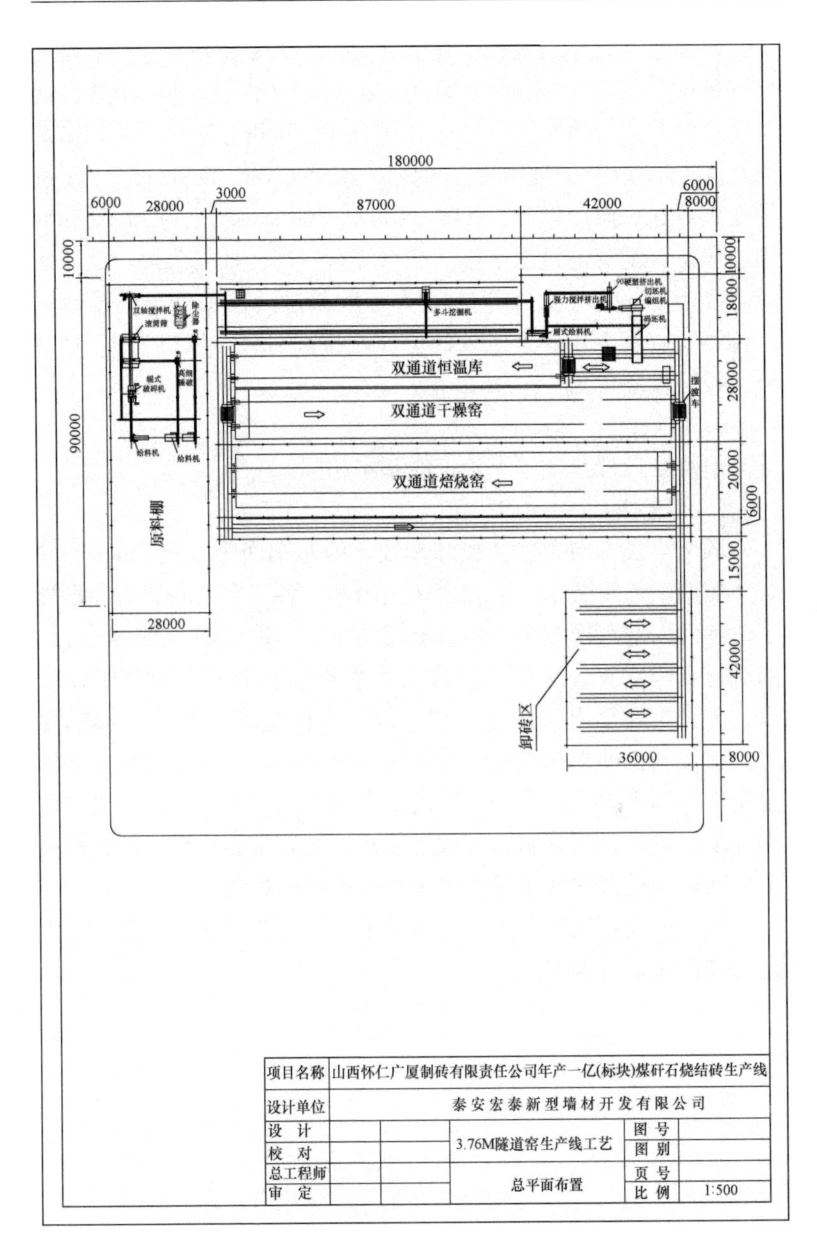

图 5-4 典型不规则场地小断面隧道窑生产线

干燥窑与焙烧窑等长，达到120m，较长的干燥窑对干燥是有好处的。烟道为内置式，两道370砖墙中间是1000烟道，两条窑中间共用一道窑墙。送风方式为两台风机分散侧送风，排烟风机为18D90kW离心风机，配套电机为6极，负责9～31车位的送风，送风温度设计为110～130℃；抽余热风机为14 D45kW离心风机，配套电机为6极，从焙烧窑冷却带抽取余热，设计送风温度为50～70℃；排潮方式为分散顶排潮，每个车位设计一个排潮口，在5-6号车位设计了3台排潮风机，风机为10号轴流，设计排潮量为$44000m^3/h\times3$。

6. 焙烧窑

焙烧窑设计与上一个生产线基本相同。

7. 卸车线

顺全窑长方向布置2道卸车线，两窑车间距接近7m，可同时并排两辆汽车装车。为确保快速出车，各工序之间的衔接设计了单独的回空车摆渡车，而且该摆渡车为一拖二型，即一次可以同时拖2个空车，这样可以大大节省空运行时间，提高工作效率。无论焙烧窑出车速度多快，都不会因拖车不及时而影响生产。在焙烧窑的出车端也设计了两台摆渡车，一台专门负责从恒温库出车到干燥窑，另一台专门负责从焙烧窑出车到卸车线，这样分工明确，各司其职，有效地缩短了摆渡车的行程，彻底解决了多通道隧道窑并联布置进出车相互影响的难题。

综上所述：该生产线场地略显不足，布置方案为目前行业内最先进模式，值得推广。

第六章　隧道窑关联工序——原料

第一节　制砖原料概述

我国传统的制砖工艺都是使用黏土，黏土颗粒细、塑性好、烧结温度低，所以其处理设备非常简单。但黏土造砖会破坏大量耕地，所以国务院早在1992年就下文要求禁止使用黏土造砖，鼓励使用工业废渣、页岩、江河淤泥、城市污泥等材料造砖，工业废渣主要有煤矸石、粉煤灰、铁矿渣、油母页岩灰、赤泥、炉渣等。

利用煤矸石和页岩造砖，在我国已有几十年的历史，但都是小型生产线，产量低、产品质量差，与现代化制砖生产线差异很大。20世纪末期为了大量利用废渣，我国建设的大型现代化生产线走了很多弯路，从工艺配方到机械装备都进行了很长时间的探索。

就目前国内制砖装备来看，只能达到或接近达到现有烧结砖国标要求，应该说我国现行的烧结砖国标质量要求还是很宽松的，和发达国家相比差距很大。即便如此，对于全煤矸石和塑性较差的页岩等原料，如果严格按照现行国标生产空心砖，我们的破碎设备也很难满足生产需要。欧美一些国家，砖厂原料破碎后最大粒度一般都在0.8mm以下，有的煤矸石原料破碎后最大粒度0.375mm，而我国原料破碎后粒度一般都在1.5mm以上，绝少有小于1.5mm的。

最初，我们推广大断面隧道窑生产线时，都对原料处理认识不足，当时原料破碎粒度都在2.5～3mm之间，对于一些塑性差的煤矸石来说，这样的粒度生产空心砖难度是很大的，即便通过提高砖机挤出压力使泥料勉强成型，也会带来很多问题，石灰石爆裂和欠火造成的粉化都在所难免，这样的教训比比皆是。近几年来我们已逐步认识到原料处理对制砖的重要性，破碎粒度从

2.5～3mm降低到1.8～2.5mm，产品质量也有了很大提高。但破碎设备还没有根本性的突破，绝大部分都是围绕着锤式破碎作文章，所以改进也是很有限的。

就工业废渣在制砖行业的使用比例来看，我国与世界各发达国家相比还是很落后的。如德国使用工业废渣生产的砖占总产量的70%，意大利占80%，瑞士、奥地利占75%，罗马尼亚占60%，而我国目前平均占到35%～38%，且东西部发展极不平衡。东部因限制黏土，废渣利用率高一点，尤其一些矿山企业基本上达到煤矸石利用率80%以上；而西部地区由于不限黏土，尤其黄土高原，仍然以黏土为主。西南地区页岩资源丰富，基本上以页岩为主。

对隧道窑来说，就如何推动工业废渣的大量利用也是需要我们研究的一个新课题，如西北富煤地区，煤矸石热值一般都在1000kcal/kg，就目前我们的隧道窑技术而言，这样的煤矸石只能利用50%，即热值500kcal/kg，这就需要在原料中掺加黄土或页岩来降低热值。

近几年在利用城市污泥、赤泥、铁矿渣、油母页岩灰等工业废渣方面也进行了很多研究，建设了十几条制砖生产线，但都是生产实心砖或普通空心砖为主，没有高档制品生产线。

粉煤灰利用率一般在30%～50%（质量比），因为粉煤灰本身没有塑性，要想通过挤出成型必须掺加塑性原料如黏土或页岩、煤矸石等，使掺配后的原料塑性适中，才能便于成型。

原料是制砖生产线的基础，原料好，对于制砖生产线的建设来说已经成功了一半；原料不好，生产线的建设和生产经营都要带来很多困难。国内很多现代化砖厂之所以举步维艰主要是因为原料没有选好，或没有处理好，但对质量本来很一般或很不好的原料进行处理（深加工），势必使生产成本增加，从目前制砖行业现状来看，困难是非常大的。所以对原料的选择一定要慎重，多考察调研，做好小样试验和大样试验是非常关键的。驾驶员有句话叫“事前预防总强于事后弥补”，对于砖厂原料的选择也很有借鉴意义。

原料粉碎与泥料制备是指原料进场，经过破碎、粉碎和加水搅拌成湿料后，卸入陈化库的工艺过程。泥料的制备是制砖生产的第一道工序，是制砖生产的基础工序，它关系到泥料粒度组成质量、泥料的最佳热值、泥料产量和陈化库中陈化的时间，以及泥料的水分等。其中有一个达不到指标，将给以后各道工序的生产带来一定的困难。例如，泥料粒度较粗，则塑性差，成型难度大，其制品表面粗糙；泥料热值低，焙烧窑烧成温度低，易产生制品欠火，而泥料热值过高，焙烧窑烧成温度过高，又易产生制品过烧；泥料产量低，成型生产时，泥料供不应求，不仅影响成型和烧成的产量，而且泥料的陈化时间短，塑料差，也会影响其产品质量。

总之，如果在第一道工序，即基础工序出现质量问题，将严重影响产品的产量与质量，则会造成重大的经济损失。

《烧结砖瓦工厂设计规范》（GB 50701—2011）对原料设计做了很详细的规定：

6.1　一般规定。

6.1.1　原料的选择应遵循就地取材、因地制宜的原则，根据当地资源情况合理优化配置。

6.1.2　厂址附近应有质量适宜、储量丰富的原料。

6.1.3　烧结砖瓦工厂的设计应根据原料质量、储量及原料工艺性能等因素确定产品方案和工艺方案。

6.1.4　烧结砖瓦的原料应由具有资质的实验室进行工艺性能试验，为工艺方案设计提供依据。

6.1.5　烧结砖瓦工厂严禁占用和利用农用地取土生产烧结砖瓦。

6.2　原料的质量要求

6.2.1　烧结砖瓦原料混合料的放射性核素限量指标应符合现行国家标准《建筑材料放射性核素限量》（GB 6566）的有关规定。

6.2.2　烧结砖瓦原料应测定矿物组成、物理性能和化学成分，综合分析判断原料制砖瓦的可行性、原料对产品的适宜性以及适宜的工艺。

6.2.3　烧结砖瓦原料可以选用2种或2种以上可行原料进行配比，也可采取工艺措施对原料性能进行优化。

6.2.4　含有料礓石、石灰石的原料以及可溶性盐类含量高的原料，应经试验后确定其可行性。

6.3　废弃物的利用

6.3.1　烧结砖瓦工厂设计宜利用或掺配废弃物作为原料，应利用含能工业废渣作为原料兼燃料，综合利用资源和能源。

6.3.2　废弃物的利用应满足产品方案和产品质量要求。

6.3.3　煤矸石工艺性能与产品要求相适宜时，宜以煤矸石为主要原料生产烧结煤矸石砖。

6.3.4　以煤矸石为原料生产烧结砖时，其排放烟气中硫的含量应符合环保要求。

6.3.5　以粉煤灰为原料生产烧结砖时，应加入粘结剂。

6.3.6　在有条件的地区，应利用建筑基坑土、污泥等作为原料。

第二节　制砖工艺对原料的要求

一、原料和泥料

原料是统称，即对用于造砖的煤矸石、页岩、黏土等物料的统称。泥料顾名思义是指破碎后加水搅拌成为湿料、准备用于生产砖坯的原料。为了便于区分，我们根据工序把陈化库之前的料称为原料，而把进入陈化库以后的料称为泥料。

二、原料的两化

熟化和陈化称为原料的两化。原料开采出来自然堆存过程中通过日晒雨淋使其部分理化指标发生变化的过程，称为熟化。原料经过破碎和粉碎加水后在陈化库内使其进一步进行改性的过程称为陈化。

三、泥料的两性

干燥敏感性和塑性称为泥料的两性。干燥敏感性用于衡量砖坯干燥的难易程度；塑性用于衡量泥料成型的难易程度。

1. 干燥敏感性

坯体在干燥过程中产生开裂的倾向性，叫做坯体原料的干燥敏感性。坯体的干燥敏感性用干燥敏感性系数 K 来表示。计算公式如下：

$$K = \frac{W_{初} - W_{临}}{W_{临}} \qquad 式(6\text{-}1)$$

式中　$W_{初}$——试样的成型含水率（干基）；

$W_{临}$——试样的临界含水率（干基）。

因为：

$$W_{初} = \frac{G_1 - G_0}{G_0} \times 100\% \qquad 式(6\text{-}2)$$

$$W_{临} = \frac{G_2 - G_0}{G_0} \times 100\% \qquad 式(6\text{-}3)$$

式中　G_1——试样初始质量，kg；

G_2——干燥收缩基本停止时试样质量，kg；

G_0——干燥至恒重时试样初始质量，kg。

将式（6-2）和式（6-3）代入式（6-1）式，即得：

$$K = \frac{G_1 - G_2}{G_2 - G_0}$$

干燥敏感性高的原料（或坯体）在干燥过程中容易出现裂纹，反之不易出现裂纹，因此，干燥敏感性低的砖坯可以采用较快的干燥速度，即干燥时间可以缩短些。

根据坯体干燥敏感性系数 K，确定干燥周期：

干燥敏感性系数（K）	干燥周期（h）
$K < 1$	$h = 12 \sim 20$
$K = 1 \sim 1.5$	$h = 20 \sim 26$
$K = 1.5 \sim 2$	$h = 26 \sim 32$
$K > 2$	$h = 32 \sim 48$

注意：干燥敏感性系数超过1的原料，干燥过程中裂纹几乎不可避免；通过调配原料使混合料敏感性系数降低是最好的工艺方案，后续解决方案投资大操作困难。

2. 泥料的可塑性

经过加水搅拌的泥料，在外力作用下能任意改变其形状而不发生裂纹，当外力移去后，又能保持已改变的形状，泥料的这种性能叫做可塑性。

可塑料性的高低可用塑性指数表示：

高塑性指数泥料的塑性指数：＞15；

中塑性指数泥料的塑性指数：7～15；

低塑性指数泥料的塑性指数：＜7。

黏土塑性指数较高，一般在10～15之间，甚至有超过18～20的；页岩塑性指数居中，一般8～15之间；煤矸石的塑性指数偏低，一般为7～10，但东北、西北等个别地区有些特殊煤矸石塑性指数最高能达18～20。为了既能保证成型的需要，又能满足工艺要求，一般选用中等塑性的原料制砖。如果黏土、页岩塑性指数偏高，可以掺入部分塑性指数较差的煤矸石或粉煤灰来调节，塑性较差的原料称为瘠性料。如页岩或煤矸石原料的塑性指数过低，则可采用增加其泥料的细度或掺入适量的高塑性黏土或页岩等措施来调节。

3. 敏感性和塑性的关系

一般塑性指数高的原料敏感性系数都高。

四、可塑性的表示方法及实际使用中的偏差

现在，我国砖瓦行业沿用的表述可塑性的方法是1911年由瑞典人阿特博格（A. Aterberg）提出来的，以黏土呈塑性状态时的含水量范围来表示，称为可塑性指数，其值等于流限和塑限之差。流限（flowlimit）又称液限，是黏土进入流动状态时的含水量；塑限（plasticlimlit）是指黏土刚能被滚搓成直径3mm细泥条时的含水量。根据这一方法，按可塑性指数将黏土分为：高可塑性黏土＞15%；中可塑性黏土7%～15%；低可塑性黏土＜7%。这种方法多年以来广泛用于土壤学、工程地质学等部门。

我国砖瓦行业虽说使用了多年，但仅是针对软质、分散的黏土原材料而言，对煤矸石、页岩这类靠颗粒尺寸减小而获得塑性的材料来讲，使用这种方法有着很大偏差。例如煤矸石、页岩这类原材料可塑性的高低，是依靠加工破碎，使其颗粒尺寸减小到一定程度，加入水分后颗粒的疏解（陈化）等来实现的，并在加工处理过程中是可变化的。如果将富含伊利石的硬质黏土质页岩或煤矸石磨细到足够细的程度（如水泥的细度），其可塑性指数有可能会达到很高的程度，成型含水量和干燥收缩有可能比常见的黏土材料还要大，这完全与普通制砖黏土不一样。普通制砖黏土所具有的可塑性指数是相对稳定的，而煤矸石这类依靠破碎加工处理时颗粒尺寸减小而获得可塑性的材料，其可塑性指数在加工处理过程中是可变的，例如某种煤矸石在实验室中全部粉碎到0.9mm以下时，按照土工实验方法，对其可塑性指数测定，可塑性指数仅为7.2%，但是加入40%的过火矸石后（基本上无可塑性），其混合料经加水搅拌、陈化、细碎对辊机碾练、真空机挤出后，其成型后小试样的可塑性指数竟达到了10.5%；又如其他的页岩，在试验中全部粉碎至0.9mm以下时，按土工实验方法测得的可塑性指数为8.4%，但是加入40%（质量比）的粉煤灰后，经加水搅拌、陈化、细碎对辊机碾练，真空挤出机挤出的小试样的可塑性指数竟达到了9.5%。按照土工实验方法经过再验证后仍是如此，这就充分说明了目前砖瓦行业沿用的土工实验方法不能正确地反映出煤矸石、页岩这类原材料在加工、处理成型中物料的特性。为了进一步证明页岩或煤矸石这类原材料依靠颗粒尺寸减小而获得塑性的事实，在实验室中对石家庄附近某地的硬质页岩分两组进行粉碎。一组为全部通过0.9mm筛；另一组为全部通过0.5mm筛。而这一同样矿物组成的页岩，仅因粒度不同，其可塑性指数的差异很大，一为4.8%(0.9mm)，一为8.9%(0.5mm)。为进一步验证这种现象，又将这两组分别粉碎的页岩原材料按不同比例掺和在一起，测定其可塑性指数、干燥线收缩率和干燥敏感性指数，测定结果见表6-1。

表 6-1 半硬质页岩不同粒度的混合料的物理性能

掺加比例（%，质量比）		液限（%）	塑限（%）	可塑性指数（%）	干燥敏感性指数（%）	干燥线性收缩率（%）
0.5mm	0.9mm					
10	90	17.3	12.3	5.0	0.47	1.94
20	80	17.6	11.7	5.9	0.68	2.06
30	70	18.3	12.1	6.2	0.66	2.12
40	60	19.0	12.7	6.3	0.76	2.32
50	50	19.8	13.4	6.4	0.87	2.34
60	40	19.0	11.8	7.2	0.85	2.66

从表 6-1 中可明显看出，随着混合料中 0.5mm 以下颗粒组分的增加，混合料的可塑性指数、干燥敏感性指数及干燥线性收缩率均有增大的趋势。这就充分说明了用土工实验方法不能够完全对页岩、煤矸石等依靠颗粒尺寸减小而使塑性变化的原材料的性质进行正确的评价。

从以上分析说明，可塑性的高低，与黏土矿物的颗粒尺寸的关系极大。例如，假设某种黏土中所含的黏土矿物种类和总量与某种页岩所含的黏土矿物的种类和总量完全相同的情况下，由于黏土中黏土矿物颗粒分散得很均匀，而且很小，用土工实验方法测得的可塑性指数就要高出页岩很多。如果将页岩充分地粉碎，使页岩中的黏土矿物达到像黏土中所含黏土矿物颗粒的细分散状态，有可能用土工实验方法测得的可塑性指数会与黏土的相同。但是实际生产中是无法做到的，从而使得煤矸石、页岩这类的原材料，在生产加工、处理过程中，可塑性的波动很大。究竟用什么方法来描述和比较这类原材料的可塑性呢？首先应对这类原材料破碎后的颗粒尺寸组成要有所限定，根据美国多年用页岩生产砖瓦的实践和研究认为：页岩粉碎后能够提供塑性的颗粒尺寸为 0.053mm（270 目筛）以上的颗粒。并认为页岩粉碎后应有三种级别的颗粒级配：(1) 饰纹性粗颗粒应占有：0～3%（颗粒尺寸一般为 1.2～2.4mm，有时可达到 9.5mm。不做粗颗粒饰纹时可不用)；(2) 填充型颗粒应占有：20％～65％(1.2～0.3mm，这部分颗粒的功能是限制坯体产生过度的收缩、裂纹、变形)；(3) 塑性颗粒应占：35％～50％(0.053mm 以下)。这就向我们指明：无论是页岩还是煤矸石，粉碎后小于 0.053mm 以下的塑性颗粒的最小限度。以往在设计中提出的小于 1mm，或是小于 0.5mm 以下的颗粒占多少，是一种很不准确的方法。假如将煤矸石全部粉碎成为 1mm 等径的颗粒，有可能这种物料就没有可供成型使用的塑性。对煤矸石、页岩等这类材料测定其可塑性前，应将原材料粉碎后测定小于 0.053mm 颗粒的含量，并应将这一组分的含量控制在 40％以上，这一限定数值，也可以用作工厂设计时设备选型的依据和产品质量控制的基本要求。另外，因这类依靠颗粒尺寸减小而获得塑性的材料，在生产过程中，经破碎搅拌加水、陈化、碾练、抽真空处理等，每经过一道工序，其颗粒尺寸都在减小，或因水的作用而颗粒疏解，其可塑性会得到逐步提高。因而对这类原材料可塑性的测定，除在粉碎后限制小于 0.053mm 颗粒组分大于 40％的情况外，应在挤出机出口处取样测定其可塑性，或是采用其他表述方法。

另一值得注意的情况是：在页岩和煤矸石等硬质或半硬质原材料破碎中，由于选择的破碎设备或工艺不当，使破碎后的物料的颗粒尺寸分布范围很狭窄。造成的直接后果是坯体强度差，或是成型困难，或是烧结后产品的抗冻性不好等。因为颗粒级配不合理时，导致了坯体中的颗粒不能达到最紧密的聚集状态。①

五、泥料粒度组成及临界粒度

1. 泥料粒度组成系指泥料中各种粒径范围的颗粒占总泥料的百分数。

2. 一般泥料的临界粒度＜3mm。但含 CaO 较高的泥料，其临界粒度要小，细粉宜多。

临界粒度就是指颗粒的上限(最大颗粒粒径)，临界粒度的尺寸，要根据制品的性能要求而定。如果临界粒度大，则制品的

---

① 湛轩业．矿物学与烧结砖瓦生产［J］．砖瓦世界，2007.

热稳定性差，这是因为 SiO_2 加热时，石英晶型转变会引起松散。所以粗颗粒含量高时，烧结过程中体积膨胀是制品发生松散以至开裂的基本因素。粗颗粒组成的砖坯烧成时的热稳定性差，它将导致制品的开裂。

3. 泥料粒度组成实例

目前，国内制砖行业对原料粒度要求没有统一的标准，现将部分砖厂原料的粒度组成汇总见表 6-2。

表 6-2　国内外砖厂原料粒度组成

公司名称	粒度要求（mm）						
法国赛力克公司	＞1	0.5～1	0.25～0.5	0～0.25			
	5%	10%	35%	50%			
法国西方公司	0.7～1	0.5～0.7	＜0.5				
	30%	20%	50%				
原四川吉祥煤矿砖厂	1.6～3	0.9～1.6	0.6～0.9	0.45～0.6	0.05～0.45	＜0.05	
	2.75%	16.75%	17.75%	4.75%	40%	6.25%	
双鸭山砖厂	＞2	1～2	0.5～1	0.25～0.5	0.1～0.25	0.04～0.1	＜0.04
	4.5%	10%	22.1%	20%	25.4%	16.2%	1.8%
七台河煤矿砖厂	＞2	1～2	0.5～1	0.25～0.5	0.1～0.25	＜0.1	
	9.75%	6.85%	21.35%	13%	12.95%	36.1%	
山东兖州杨村砖厂	＞2	0.9～2	0.3～0.9				
	0.2%	12.5%	30.5%				
山东新汶良庄砖厂	＞6	＞3	＞1.5	＞1	＞0.2	＜0.2	
	0.092%	2.19%	5.833%	2.476%	34.476%	54.571%	
山东鲁王砖厂	＞3	＞1.5	＞1	＞0.2	＜0.2		
	0.021%	5.015%	9.027%	33.701%	52.056%		

六、泛霜

烧结砖内的可溶性盐遇水后溶解，通过微孔结构被带到砖的表面，随着水分的蒸发，可溶性盐就会沉积下来，形成一层白色粉末状霜层，即叫泛霜。

可溶性盐最常见的是硫酸钙，其次是硫酸镁、硫酸钠和硫酸钾。

原料化学成分中如果含镁高，制品一定会泛霜。赤泥中含钾钠量高，制品泛霜很严重。

七、制砖原料的化学成分

1. 对一般制砖原料化学成分的要求范围（表 6-3）

表 6-3　普通砖原料化学成分

SiO_2	Al_2O_3	Fe_2O_3	CaO	MgO	SO_2	烧失量
55%～70%	15%～20%	4%～10%	0%～10%	0%～3%	0%～1%	3%～15%

2. 制砖原料的化学成分实例（表 6-4）

表 6-4　砖厂制砖原料化学成分

名称	烧失量（%）	SiO_2（%）	Al_2O_3（%）	TiO_2（%）	CaO（%）	MgO（%）	K_2O（%）	Na_2O（%）	Fe_2O_3（%）
岭子矿矸石	8.57	59.96	22.84	0.83	0.16	1.05	2.47	0.30	3.81
岭子电厂粉煤灰	36.17	29.90	20.31	0.32	2.95	0.61	0.55	0.32	8.68
王村宝山页岩	3.08	65.37	19.41	0.85	0.26	0.43	2.03	0.09	2.40
内蒙古满洲里砖厂	未检	68.90	19.90	0.698	0.91	0.74	3.68	1.16	3.28
广东佛山砖厂	3.08	64.70	15.84	0.82	3.68	1.16	1.36	0.36	6.48
泰安华丰砖厂	3.2	60.2	18.24	未检	3.6	3.65	3.02	1.23	6.62
平顶山宏基砖厂	17.37	52.65	21.42	未检	1.43	1.05	1.30	0.55	3.77

3. 各种化学成分对泥料与制品性能的影响

(1) SiO_2

含量高会降低泥料的塑性，并影响制品的抗压强度和抗折强度，焙烧温度要提高。如果其含量低于40%，则会降低制品的抗冻性能。

(2) Al_2O_3

如果含量低于2%，则会降低制品的力学强度；当其含量高于24%，虽然制品强度能增高，但要求烧结的温度较高，耗煤量因此而增加。

(3) Fe_2O_3

能降低制品的烧结温度，却可使制品的颜色变红，外观较好。

(4) CaO

其含量过高，将会缩小烧结温度范围，使烧成操作困难，而且制品极易变形。CaO的颗粒稍大，又易产生制品石灰爆裂。

(5) MgO

以含量少为佳，它会引起制品泛霜，影响其制品质量，严重泛霜将造成制品不合格。

4. 典型不合格原料化学成分

①内蒙古乌海某砖厂

该砖厂设计使用煤矸石和页岩为原料，但两种原料化学成分都不合格，主要是SiO_2和Al_2O_3含量都偏低，两种原料SiO_2含量都在30%～33%，Al_2O_3含量都在10%～12%左右，其他成分含量正常。但直到投产前都没有引起建设单位和设计部门的重视，投产后出现了重大事故：砖坯在干燥窑干燥很正常，但进入焙烧窑高温带后全部瘫软成为碎块，由于码坯高度在1.6m左右，碎砖把窑车和窑墙间隙全部塞满，使窑车寸步难行，不得不停产清理。这种情况主要是SiO_2和Al_2O_3含量偏低造成的，产品没有强度，下层砖在窑内就被压垮。后来为了改善原料化学成分，掺加了10%左右的当地细沙土，因细沙土中主要含SiO_2，所以混合料SiO_2增加后其烧结强度得到了很大的改善，产品完全可以满足国标要求。

②广东佛山某砖厂

该生产线设计用两种页岩原料，分别为黄色页岩和青色页岩，其化学成分见表 6-5：

表 6-5　原料的化学成分

名称	烧失量（%）	SiO_2（%）	Al_2O_3（%）	TiO_2（%）	CaO（%）	MgO（%）	K_2O（%）	Na_2O（%）	Fe_2O_3（%）
黄色页岩	5.67	56.97	11.23	1.00	0.45	0.51	1.58	0.24	18.42
青色页岩	5.86	54.28	17.01	0.99	3.52	0.85	3.93	0.64	6.15

黄色页岩含铁量太高，两种页岩按 1∶1 比例掺配，产品烧结温度在 800～840℃，中间极易过火，两侧极易欠火。中间温度适中时两侧欠火严重，两侧温度适中时中间过火严重，无法正常生产。为了解决这个问题，采取方案：黄色页岩尽量少用，以青色页岩为主，再在砖厂附近采购其他品种页岩，三种页岩掺配后使 Fe_2O_3 含量控制在 8%以下。按此方案基本解决问题，产品烧结温度提高到 900℃以上，烧结温度范围拓宽，两侧基本不再欠火，中间也无严重过火，产品质量符合国标要求。

八、制砖原料的矿物成分

制砖行业研究某种原料是否适合造砖，习惯于按照化学成分来分析，这种方法不能说是错误，但有时容易出现偏差，有些原料从化学成分分析适合制砖，但实践中却发现很多问题，有的甚至根本无法生产出合格产品。究其原因，相同或类似的化学成分，却有不同的矿物组成，有时候两种原料化学成分很相似，或主要化学成分相差不大，但矿物成分却差别巨大，这就造成了成品砖质量的差距。

原料中常见的矿物成分有：高岭石、蒙脱石、水云母（伊利石）、绿泥石、方解石、赤铁矿、钠长石等。

下面三种页岩化学成分基本类似，但其矿物成分却相差甚远，其物理性能相差也很大。

三种页岩的化学成分表对照表见表 6-6。

表 6-6 三种页岩化学成分 （%）

原料名称	烧失量	SiO_2	Fe_2O_3	Al_2O_3	CaO	MgO	SO_3	TiO_2	K_2O	Na_2O	总计
1 号页岩	8.89	56.84	5.92	16.03	6.82	1.15	0.04	0.91	2.13	0.64	99.37
2 号页岩	5.10	56.97	8.69	17.89	1.63	2.93	0.02	1.06	4.24	0.79	99.32
3 号页岩	5.50	60.62	6.96	18.70	0.90	2.38	0.02	0.90	2.54	0.80	99.32

三种页岩的矿物成分表对照表见表 6-7。

表 6-7 三种页岩的矿物成分

原料名称	伊蒙混合层	高岭石	伊利石	蒙脱石	透闪石	绿泥石	绢云母	石英	方解石	硬石膏	赤铁矿	菱铁矿	微斜长石	钠长石	铁白云石	锐钛矿	沸石	非晶相	未检出
1 号页岩	20	10	—	—	2	—	—	46	8	—	4	—	6	2	—	—	—	—	2
2 号页岩	30	5	—	—	—	—	—	43	4	3	6	—	—	6	—	—	—	—	3
3 号页岩	25	8	—	21	—	—	—	16	—	—	—	—	7	—	—	—	—	20	3

三种页岩原料的物理性能对照表见表 6-8。

表 6-8 三种页岩的物理性能

原料名称	普氏成型水分（%）	可塑性指数（%）	临界含水率（%）	干燥敏感性系数	干燥线收缩率（%）
1 号页岩	19.3	11.6	9.8	0.97	2.86
2 号页岩	15.9	8.1	10.4	0.53	2.16
3 号页岩	22.9	16.6	11.9	0.92	4.42

煤矸石原料也存在这种情况，下面是三种煤矸石化学成分、矿物成分和物理性能对照表。

三种煤矸石原料化学成分对照表见表6-9。

表6-9　三种煤矸石原料化学成分　(%)

原料名称	烧失量	SiO_2	Fe_2O_3	Al_2O_3	CaO	MgO	SO_3	TiO_2	K_2O	Na_2O	总计
1号煤矸石	12.86	52.93	4.66	25.32	1.10	0.72	0.24	0.91	0.18	0.36	99.28
2号煤矸石	32.68	40.81	2.42	19.28	0.91	0.69	2.40	0.87	1.30	0.33	101.69
3号煤矸石	18.98	44.96	5.88	25.57	0.42	0.63	0.14	0.89	1.37	0.58	99.42

三种煤矸石原料矿物成分对照表见表6-10。

表6-10　三种煤矸石原料物理成分　(%)

原料名称	伊蒙混合层	高岭石	绿泥石	石英	方解石	黄铁矿	微斜长石	钠长石	沸石	未检出
1号煤矸石	43	25	—	26	—	—	1	2	1	2
2号煤矸石	30	25	—	39	2	2	—	—	—	2
3号煤矸石	25	32	3	35	—	—	—	—	—	5

三种煤矸石原料的物理性能对照表见表6-11。

表6-11　三种煤矸石原料的物理性能

原料名称	普氏成型水分(%)	可塑性指数(%)	临界含水率(%)	干燥敏感性系数	干燥线收缩率(%)
1号煤矸石	18.0	12.3	9.40	0.92	3.20
2号煤矸石	16.7	7.9	10.2	0.64	2.62
3号煤矸石	15.8	7.2	9.30	0.69	2.62

原料的化学成分与其物理性能之间没有必然的联系，但原料的矿物成分与其物理性能之间却有规律可循。根据试验和实践经验，原材料中凡是含有较高比例的蒙脱石和伊利石的，其塑性指数大都偏高，干燥敏感性和线收缩率也偏高，尤其以蒙脱石的含量对这三项物理指标影响最大。塑性指数高一点有利于成型，但干燥敏感性和线收缩率过高却容易产生干燥裂纹，实际生产中也确实发现了这个问题。有些砖厂投产很长时间，一直解决不了产

品裂纹的问题，后来通过矿物分析，发现原料中蒙脱石含量很高。

根据经验，原材料中蒙脱石含量在3%以下时是有益的。若原材料中同时含有大量细颗粒且分布均匀的方解石时，则蒙脱石含量可允许达到10%。①

我国东北、内蒙古、新疆、宁夏北部、甘肃河西走廊、青海、西藏等地区的页岩、黏土、煤矸石等原材料中都含有一定量的蒙脱石，因此在这些地区建设隧道窑制砖生产线时，一定要对原料进行常规化学成分分析的同时再进行矿物成分分析，若发现蒙脱石含量超高，必须制定可靠的工艺方案，且不可盲目建线施工。

第三节 原料破碎设备的选型

目前，我国制砖行业普遍使用的破碎设备有锤式破碎机、笼式破碎机、辊式破碎机等。锤式破碎机和辊式破碎机属于传统破碎设备，锤式破碎机主要用于破碎含水率低、硬度较大的块状物料，如煤矸石、页岩等；辊式破碎机主要用于破碎含水率较高、硬度较小的松散性如黏土等物料；笼式破碎机二十世纪五六十年代曾被前苏联广泛用于破碎耐火材料，进入二十一世纪，随着大断面隧道窑生产线的推广，为了更好地破碎煤矸石和塑性差的页岩，我们曾大量使用过笼式破碎机，但笼式破碎机的维修量很大，所以近几年逐渐被锤式破碎机代替。

一、破碎机的选型

除极个别情况外，一般的页岩都比较好破碎，所以一般的破碎机都能适用，锤式破碎机是最经济实用的，除了定期更换锤头和筛板，平时维修量很小，这也是这类破碎机得以广泛使用的根本原因。但原料自然含水率应尽量低，这样既能减少磨损又能提高破碎效率，同时还能降低电耗。

---

① 赵卫虎，湛轩业．警惕烧结砖瓦原材料中的蒙脱石［J］．砖瓦，2009（10）．

煤矸石破碎设备的选型就比较复杂了，对于一些泥质页岩含量高、石灰石、砂岩含量较少的煤矸石来说，锤式破碎机就足够了，块头较大的原料最好使用两级破碎，第一级使用粗碎锤破，第二级使用细碎锤破。

煤矸石中石灰石、砂岩含量高，对破碎设备选型来说，是个很头疼的事，砂岩对破碎机的危害是最大的，增加电耗，增加磨损，而且凡是这样的原料，其塑性都差，需要对原料进行细化。

锤式破碎机是依靠锤头的冲击力使大块物料变成小块物料，物料受到锤头的冲击后获得动能，带有一定速度的小块物料之间相互碰撞或和篦板发生碰撞，然后再返回被锤头冲击，这样反复多次，大块物料变成了细粉料，从理论上说物料可以被破碎到极小的颗粒。但现实并非如此，较大块的物料其动能也大，和锤头篦板撞击后可以被破碎成次级小颗粒，但小颗粒的动能就要成倍地减小，其撞击力越来越小，当小到一定程度时，粉尘状的颗粒在破碎腔内部外排都很困难，它会随着破碎机锤头带动的风做圆周旋转，所以锤式破碎机锤头的线速度必须控制在一定范围之内，一般 60～70m/s，否则其破碎量反而降低。

锤式破碎机的工作原理决定了其破碎粒度，但就目前我国烧结砖的市场形势而言，一般锤式破碎机的破碎粒度也能满足生产线的需要，因为市场价格和市场需要决定了烧结砖的质量，要想提高质量就要降低破碎粒度，但生产成本也随之上升，而市场上优质烧结砖不一定有高的价格，所以这也是制约行业发展的痼疾。

通过较长时间的陈化来弥补破碎粒度的不足，也是一个很好的办法。

有的生产单位为了解决煤矸石破碎难的问题，采取了两套破碎设备，锤式破碎机用来作为主破，笼式破碎机作为副破，专门破碎筛上料，这也是一个弥补办法，但笼式破碎机的维修量确实让管理者头疼。有单位又采用了辊式破碎机来破碎筛上料，辊式破碎机采用的就是水泥磨的原理，有的用钢球，有的用钢棒，其破碎效果确实很好，但效率低，电耗高，而且对物料的自然含水率要求很严格。所以采取这种破碎方案之前，一定要多调研考察，结合当地建材市场价格，分析原料的破碎成本，千万不可盲目仿效。

掺加高塑性黏土或页岩来解决煤矸石塑性差的问题，是最简单最有效的方案。

美国斯蒂尔公司有一种典型的破碎方案，可供我们借鉴：

原料⟶双转子锤破⟶轮碾⟶电加热振动筛⟶搅拌机。

我国还没有砖厂把轮碾用于原料破碎（引进原装设备除外）。轮碾虽然笨重，但对细粉料的破碎效果可能要比锤破好，而且维修量小，对湿料的适应性也更好，而且因为旋转速度慢，产尘也少；装机功率比锤式破碎机也要小得多。

二、筛分设备的选型

筛分设备也是破碎生产环节重要的设备，目前比较先进的是电磁振动筛，这种筛子采用电磁振动原理，振动棒按一定的频率敲击筛网，而且每隔一定时间还要出现一次强振，振动频率在很短时间内一下提高几十倍，使粘着在筛网上的湿料振落，有效地缓解了湿料糊网的问题，而且装机功率很小，每台振筛只有2kW左右，非常节能。

上面提到美国的电加热振动筛是解决湿料筛分的好办法，国内只有引进的两家在用，还没有厂家推广。但即便使用了电加热振动筛，也只能对原料含水率高造成破碎生产困难而有所缓解，并没有从根本上解决湿料的破碎问题。目前国际上也没有更好的办法，只能靠加强管理，尽量使用含水率低的原料。

辊筒筛是传统的简易筛分设备，没有强力振动装置，只是依靠辊筒旋转进行筛分，为了减少湿料粘网，在转筛上方设置了一个小辊筒，把废旧三角带或长条形输送带固定在小辊筒上，小辊筒旋转的同时，三角带或输送带不断地抽打筛网，这样也能有效减少湿料糊网。

辊筒筛因装备简单，所以造价低，适合中小企业。但运行功率比振动筛大，一般一台装机功率为4kW或5.5kW。

三、搅拌机选型

搅拌机分双轴和单轴式，传统使用的搅拌机都是双轴的。双轴搅拌机比单轴的搅池容积大，搅拌叶片旋转直径大，搅拌更充分，所以应优先选用双轴的。

第四节　泥料的陈化

制砖过程中，原料经破碎加水进入陈化库存放到成型这一过程，称为泥料的陈化。陈化，也叫闷料困存，目的是使原料颗粒疏解，泥团松散，水分匀化，使颗粒表面的水分渗入到颗粒内部，使干湿不均匀或搅拌不充分的泥料通过相互渗透而达到水分均匀一致，便于挤出成型。所谓陈化效果好，即是泥料通过陈化后更加方便成型（塑性好、易成型、裂纹少、挤出压力低等），砖坯质量因此得到提高（砖坯表面光洁、密实度好、不易开裂等），成型合格率也相应提高（废坯率低）。

泥料陈化必须具备四个条件：粒度、水分、时间、温度。粒度越细，其陈化效果越好（颗粒越小，颗粒表面的水分越容易渗透到内部），而且通过陈化后，泥料的细粉料会有所增加，原因是部分较大的颗粒吸水后疏解成为更小的颗粒，图 6-1 是一个很有力的证明。

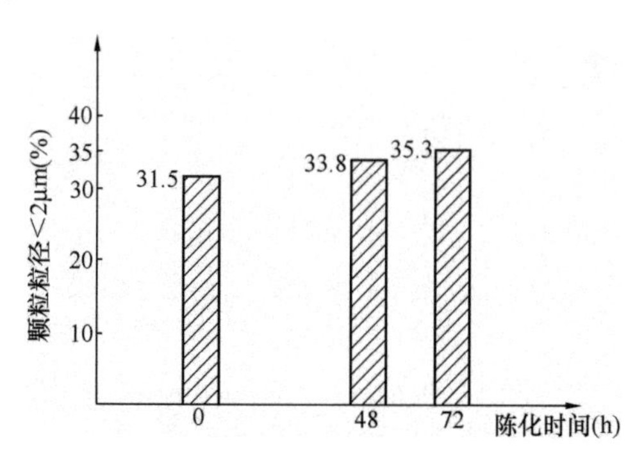

图 6-1　泥料陈化时间与细粉料含量

从图可以看出，经过 48h 陈化后，<2μm 的细粉料增加了 2.3%，而通过 72h 陈化后，<2μm 的细粉料增加了 3.8%。

页岩、煤矸石等块状原料的塑性是通过细化后才体现出来的，颗粒越细其塑性指数越高，根据美国多年用页岩生产砖瓦的实践和研究结果认为：页岩粉碎后能够提供其塑性的颗粒尺寸为0.053mm（270 目筛）以下的颗粒。尽管我们生产中没有使用270 目的筛子，但经破、粉碎的原料中肯定含有一定数量＜0.053mm 的颗粒，这种颗粒含量很容易测定，但其含量和塑性的关系目前还没有研究数据。

泥料的陈化离不开水分，在一定范围内，泥料的含水率越高，其陈化效果越好。但陈化库的泥料含水率是由成型含水率决定的，即其最高含水率应小于或等于成型含水率。尤其在硬塑成型工艺中，对泥料水分的要求更严格，因为一旦泥料的含水率过高，会使窑车底层砖坯变形。因此，生产过程中一般要求进入陈化库的泥料含水率接近或达到成型含水率为最佳。

时间是影响泥料陈化效果的又一重要因素。陈化时间越长，其效果越好。图 6-1 是说明陈化时间对泥料粒度的影响程度，陈化时间越长细粉料的含量会越高；而图 6-2 则是说明陈化时间对成型挤出压力的影响关系。

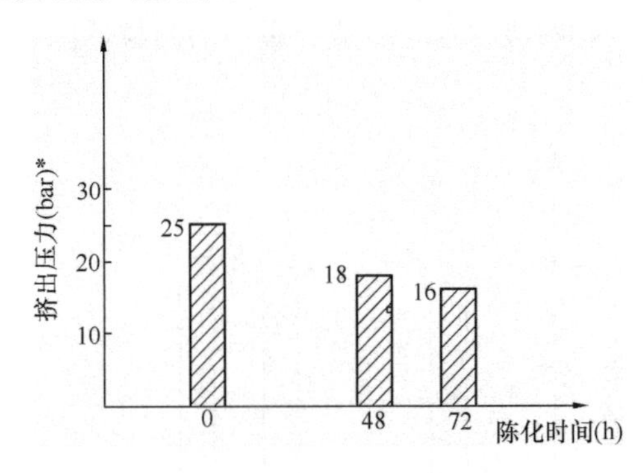

图 6-2　泥料陈化时间与挤出压力

* 欧洲常用 bar 表示压力。1bar＝1.02kg/cm^2＝1MPa

从图 6-2 可以看出，陈化时间越长，挤出压力越小，经过48h 陈化，挤出压力降低 28％，而经过 72h 陈化后，挤出压力降低了 36％。泥料经陈化后其挤出压力降低的原因有二：一是细粉料增加，较细的颗粒会降低摩擦阻力；二是水分渗透均匀一致，吸水后的颗粒经挤出机挤压后，水分会跑到颗粒表面来，所有颗粒的外表面都披上了一层“水外衣”，水分子在物料颗粒和耐磨材料之间能起到很好的润滑作用。从理论上说，陈化时间越长越好，但随着时间的延长，其陈化效果改善不再明显（或改善非常缓慢）。目前业界普遍认为陈化时间达到72h就可以了，但我认为这一时间还不够长，如有条件，在少量增加投资的情况下，使陈化时间能满足120h，则陈化效果肯定还要提高。

温度对泥料的陈化效果也起着非常关键的作用。目前虽然还没有温度与陈化效果的实验数据，但根据我们多年的生产经验，同一个厂的泥料，同样的陈化条件，夏天要比冬天好用（陈化效果好），一搅用热水搅拌的泥料比用凉水搅拌的泥料陈化效果要好得多（山东淄博鲁王建材常年坚持一搅用热水取得了很好的效果）。有的厂一搅用蒸汽搅拌效果也很好。所以，目前工艺设计中普遍要求陈化库环境温度不低于10℃是有道理的。

泥料陈化和面粉发酵有很好的可比性，小麦不能直接做馒头，是因为它的颗粒太粗，制砖用的泥料颗粒粗了也难成型；干面粉无法做馒头，是因为不加水它的塑性体现不出来，制砖泥料中含水率低了也会造成成型困难；面粉加水搅匀后要有一个发酵的过程，这就是我们制砖要求的陈化时间；而且面粉发酵还需要一定的温度，温度越低发酵效果越差，这就是我们制砖要求的陈化温度。

综上所述，在生产工艺选择时，应尽量使陈化库库容大一些，尤其对于以塑性较差的煤矸石和页岩作为原料，延长陈化时间是增加原料塑性的最好方案。陈化库只是一次性投资，而减小破碎粒度要增加电耗。假设延长3d的陈化时间和降低一个粒度等级对泥料的效果是一样的，增加陈化库库容需要一次性投资50万元，按该生产线年设计产量为6000万块（折标），按工业厂房15年折旧时间计算，那么每万块砖增加的折旧成本为5.56元；假设破碎电耗因此每吨料增加了2度电，0.7元/度计算，按每吨原料生产标准砖320块计算，那么每万块砖增加的电费为43.75元，是陈化库固定投资的7.9倍，这还没有计算因此而增加的配件费用。

陈化库传统的取料设备为侧挖式多斗挖掘机，这种设备从一诞生就存在着很多弊端，主要是这种形式的陈化库库容利用率低，一般都小于 30%。近年有厂家推出了半桥式挖掘机，就是把侧挖式挖掘机的一个轮子挪到陈化库最上边的布料皮带上去，这样陈化库的容积就增加了，库容率可以提高 10%～20%。

图 6-3～图 6-5 为半桥式挖掘机工作情况。

图 6-3　半桥式挖掘机

图 6-4　半桥式挖掘机工作情况

半桥式挖掘机是从国外引进的最佳陈化设备，不但库容利用率比传统的侧挖式陈化库提高了一倍多，而且泥料入库后基本处于全封闭状态，更有利于泥料的陈化，这是砖瓦行业陈化设备的方向。

图 6-5　陈化库用半桥式挖掘机取料

有些小企业为了节省设备，直接使用装载机取料。装载机的油耗要比多斗机电费贵得多，只是节省了初期陈化库部分投资。因为这种存料方式直接就在厂房地面上，不需要地下土建工程，其陈化效果也相对差一些。

《烧结砖瓦工厂设计规范》（GB 50701—2011）对泥料的陈化做了具体规定：

8.3.13 条规定：陈化库设计的主要工艺参数应满足下列规定：

1. 陈化时间不应低于 3d。

2. 陈化库的温度不应低于 15℃，相对湿度不应低于 70%。

第七章　隧道窑关联工序——成型

第一节　成型工序概述

砖厂生产砖和食品厂蒸馒头非常类似，原料破碎相当于把小麦磨成面粉，原料加水搅拌就是和面；泥料进入陈化库陈化就等于和好的面放在面盆里发酵；成型就是把泥料加工成需要的形状，和把发酵好的面团揉练做成馒头性质完全相同，只不过馒头用蒸汽蒸熟，而砖坯是通过高温烧熟的。

常见生产线工艺流程如图 7-1 所示

为了便于管理，一般把陈化库归入成型车间管理。厢式给料机的作用是均匀给料，防止料流忽大忽小。料流不均匀不仅影响砖机产量，而且影响砖坯质量，因为上级搅拌池后边紧挨着挤出段，这个挤出段和砖机的挤出料腔是连通的，为了保证砖坯的密实度，从这个料腔里把空气抽出来，称为抽真空。上搅的挤出段泥料与缸体挤压的越密实，抽真空的效果越好，真空度越高，这时砖坯的密实度就越好。但如果料流小，那么上搅挤出段泥料与缸体密封就差，真空度就低，砖坯的密实度也就差。

二搅是调节泥料的含水率进行再搅拌的中间环节，通过加水使泥料达到或接近成型含水率。二搅分两种，传统的二搅为双轴搅拌机，只起搅拌作用，适合于软塑和半硬塑挤出；单轴搅拌机都设置了挤出段，挤出段的目的是强化揉练，使泥料水分均匀，适合于硬塑挤出成型。

关于成型方式的划分，国际标准按挤出压力划分：(1) 实际成型工作压力为 0.4～1.8MPa（欧洲常用来表示压力 bar，1bar＝1.02kg/cm^2＝1MPa）为软塑成型；(2) 实际成型工作压力为 1.8～2.5 MPa 为半硬塑成型；(3)实际成型工作压力为 2.5MPa 以上，最高可达到 8.0MPa 为硬塑成型。

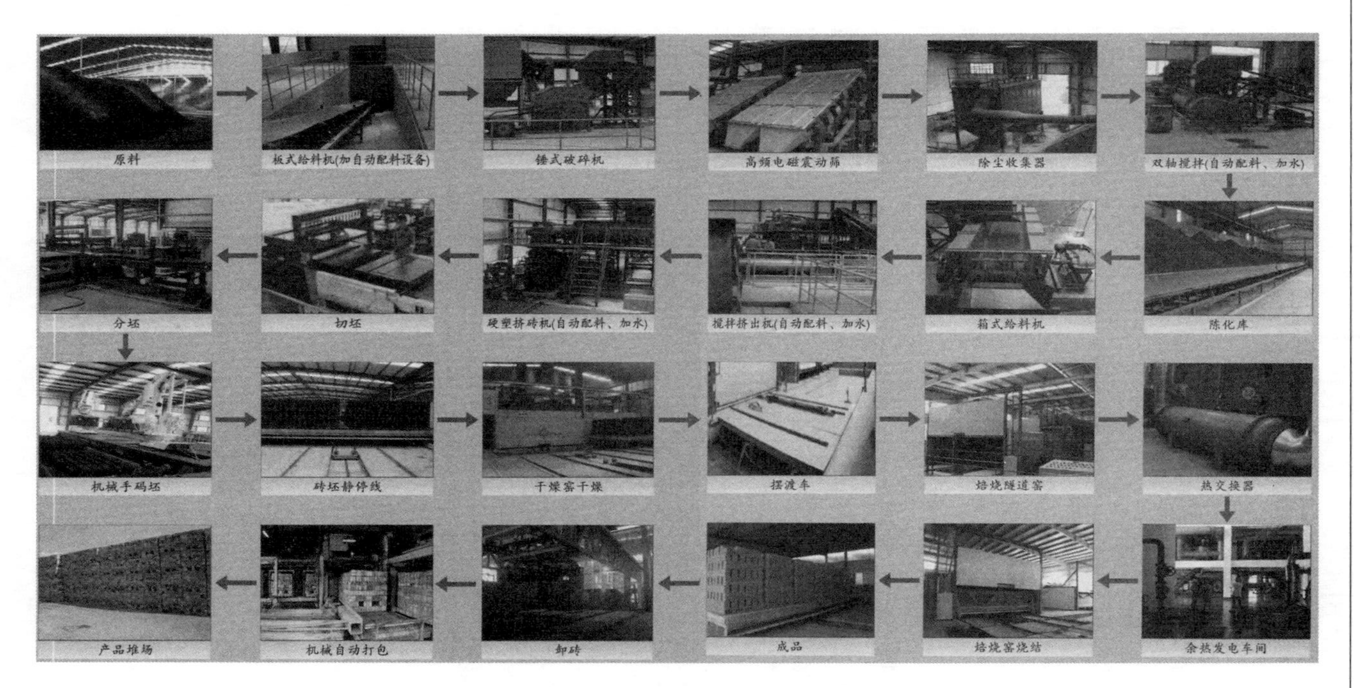

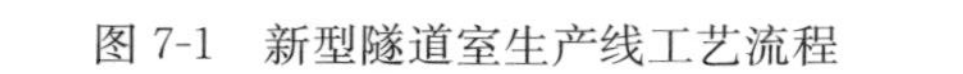
图 7-1　新型隧道室生产线工艺流程

有些国家习惯按照成型水分来划分。

美国划分方法：分为硬塑和软塑两种，①硬塑挤出：成型水分为12%～20%（湿基），成型后的砖坯有足够的强度，能码2m高而不变形，可实现一次码烧；②软塑挤出：成型水分为20%～30%（湿基），成型后砖坯强度低，只能二次码烧。

德国划分方法：①软塑挤出：成型水分为19%～27%（干基），实际成型压力为0.4～1.8MPa，砖坯贯入仪强度为2kg/cm²；②半硬塑挤出：成型水分为15%～25%（干基），实际成型工作压力为1.8～2.5MPa，砖坯贯入仪强度为2～3kg/cm²；③硬塑挤出：成型水分为12%～16%（干基），常用实际成型压力位2.5～4.5MPa，砖坯贯入仪强度≥3kg/cm²。

所谓湿基和干基是指同一种原料含水率的两种不同表述方法，设原料质量为M，含有的自由水质量为M_1，则M_1与M比值的百分率为湿基含水率，M_1与$M-M_1$的比值百分率为干基含水率。

我国目前还没有统一的划分标准。实际上按照压力划分成型方式是比较准确的，而按照成型水分划分有时候不一定准确。如黄河下游山东段的黄河淤泥，其自然含水率达到20%以上，不管其成型压力多高，其含水率不会随着成型压力变化，这种料用软塑砖机根本挤不出来。

湿式轮碾的作用一是降低泥料的临界粒度，二是增加揉练效果，使水分均匀，同时也起到进一步混料作用。

辊式破碎机的作用和轮碾是一样的，但其效果不如轮碾。

“轮碾”、“辊破”、“二搅”的作用都是为了使泥料更便于成型，但在原料成型中增加处理设备不如将原料提前处理，一是原料破碎后未进一搅之前属于干料，便于处理；二是在原料工序处理好后进入陈化库还有一个陈化过程，对泥料成型的好处更多。

砖机是成型的核心设备，在很大程度上决定了砖厂的产品质量。目前因为建筑市场对砖的质量要求低，所以行业对产品生产质量要求不是很高，产品档次也低，绝大部分还是以生产实心砖、普通多孔砖和空心砖为主，因此对砖机的要求也不高。尽管如此，也并不是所有的砖机都能达到要求。我国砖机生产企业的真正发展，是从20世纪末引进国外设备开始的，目前国内100多家砖机生产厂家发展很不平衡，起龙头作用的就是首先引进国外设备的厂家，因为他们直接消化国外的技术，所以质量还是有保障的。众多的中小设备厂家，缺少专门的研发人员，质量管理也不严格，生产出的设备质量很令人担忧。

按照德国一些先进公司的经验，每一种原料必须根据其特性来设计砖机。在生产之前，对原料进行多次试验和测试，通过计算机模拟系统模拟其挤出参数，然后根据这些参数设计挤出机的核心部分。通过这种方法生产的挤出机成功率基本达到百分之百，而且节能效果也是最好的。

我国目前无法实现这种要求，往往一套砖机走遍大江南北，所以就难免出现问题。当然这也是一个过渡期或发展期，随着对烧结砖质量要求的提高，砖机的质量也会越来越好，适应性也会越来越强。

码坯机在国内刚刚开始普及，对于实心标砖来说是没有问题的，但码多孔砖和空心砖还有很多问题需要解决。码坯机是砖瓦行业解放劳动力的主要设备，也是今后的发展趋势。

机械化码坯不仅解决了劳动力的问题，而且对提高产量和产品质量都有很大的好处。人工码坯不但成本高，而且很难做到整齐划一，火道前后很难一致，所以通风阻力大，产品质量也不稳定。而机械码坯可以做到整齐划一，前后一致，通风阻力小，可以提高出车速度，产品质量也容易控制。

第二节　成型设备的选型

成型设备的选型关系到整个生产系统的成败，所以一定要慎重。

一、硬塑挤出是主流

硬塑挤出对原料的适应性强，成型含水率低，砖坯硬度高，可以一次码很高，配套窑炉产量高，干燥排潮动力小，所以成为行业的主流。页岩、煤矸石、黏土等几乎所有能用来造砖的原料都适合硬塑挤出。但对于一些塑性较差的原料如高掺量粉煤灰砖、黄河淤泥砖等，不可一次码太高，适合二次码烧。

二、软塑挤出在我国已基本被淘汰

主要是因为一次码坯高度小，干燥负担重，二次码烧很难实现自动化。而且由于砖坯硬度低，密实度差，干燥收缩大，很容易裂纹，烧成后其质量和硬塑成型的产品相差很大，所以现代化生产线不可能使用软塑成型。

三、半硬塑挤出适合产品形状较复杂的产品

一些孔型复杂的产品，因为孔洞率高，孔壁薄，成型难度大，所以适合半硬塑挤出。

美国几乎所有的砖厂都是采用硬塑成型，而法国、意大利、丹麦、德国等一些欧洲国家半硬塑挤出很流行。

产品定位是成型设备选型的关键，一般多孔砖、非承重空心砖都适合硬塑挤出，孔型较复杂、孔洞率较高的空心制品宜选用半硬塑成型。

多孔砖宜采用平码，即码放时孔朝上，使大面（切割面）相互接触，这样砖的外形美观，而且砌墙时一般都是条面和顶面朝外，砌出的墙面也漂亮。因为平码需要翻坯，增加了工序，所以很多码坯机生产厂家为了减少麻烦就鼓动用户立码。

严格说来，只要各生产工序控制得当，平码和立码产品质量都能符合国标要求。但内燃砖在接触面或叠压面出现压花是不可避免的，如果热值控制不利或风量使用不当，都容易使叠码部分形成黑心，严重的黑心实际上就是没有达到烧结要求，俗称没烧透，即可燃物没有完全燃烧，这样的产品抗压强度、抗折强度都低，而且抗冻融性差，用于建筑容易增加安全隐患。国内有些地区要求不能立码，否则不允许销售，但绝大部分地区还没有重视这个问题。

机械手比码坯机灵活便捷，更换砖型非常方便，可以适应多品种砖型；码坯机更换砖型相对来说复杂一点，适宜品种少而且不需要经常变换的生产线。

码坯机码坯如图 7-2、图 7-3 所示。

图 7-2　机械手码坯现场图一

图 7-3　机械手码坯现场图二

第八章　隧道窑的施工管理

第一节　隧道窑施工前准备工作及施工程序

一、隧道窑施工前的准备工作

（一）施工准备内容

1. 施工平面布置图

施工平面布置图的内容主要是布置施工现场的临时设施、材料和辅助材料的仓库或露天堆放场地、运输道路、施工用的水、电来源与线路等。

2. 施工进度与施工劳动组织

在施工准备时，应根据建设单位对施工进度的要求，结合窑炉施工的特点和施工条件，制定合理的施工进度计划，然后再根据施工进度计划进行劳动组织的安排。

3. 材料供应计划

施工前，必须先按设计图要求做出所用材料的名称、规格和数量计划，以及各种材料的进场与使用时间，做到“兵马未动，粮草先行”，为施工提供充分的物质条件。

（二）材料和设备的验收入库与质量检验

材料和设备进场时，必须按合同要求验收入库，做到妥善保管。耐火材料进场后必须分品种、规格进行堆放保管；若露天堆放，必须有防雨措施。进场后的耐火材料要抽样送质量检验部门进行理化指标检验，未经检验合格的耐火材料不准使用，杜绝先使用后检验的做法。否则一旦使用的材料不合格，要进行返工、更换，这样不仅会影响工程进度，而且也造成浪费。

进场的设备首先要按合同要求和进货单进行验收，有些设备的关键零部件还要详细检验，不合格即要成批更换，否则在使用中出现问题会影响正常生产。有一砖厂已有这方面的教训：购置的窑车在进厂时只注意外形尺寸的检验而忽视了窑车轮的检验，窑车运行不到一个月，即有很多车辆发生了车轮边缘变形或轮辐断裂，严重威胁窑炉的正常运行。经检验才发现，设计要求的材质是45号钢，而实物是30号钢。

（三）预砌筑

预砌筑是在窑炉正式砌筑之前，对窑体结构复杂、质量要求严格的部位，以及某些典型砖砌体，选择其中有代表性的部分或全部进行试砌。预砌筑的目的是：

1. 检查耐火砖的外形是否能满足砌体的质量要求，或提供耐火砖的检验报告和各种不同公差的耐火砖的搭配使用要求。

2. 检查设计图纸及耐火砖的制作是否有错误。如试砌窑墙高度与耐火砖的皮数、泥缝厚度之间的关系，做到施工前心中有数，并制作皮数杆，供施工时作为工具使用。

3. 检查耐火泥的砌筑性能。要根据泥缝厚度和泥浆饱满度的要求调制泥浆的稠度。

二、隧道窑施工程序

1. 基础部分的施工

距离厂房基础较近的窑炉基础部分，应与厂房基础部分同时施工，以利于处理地下两部分基础之间的关系，也有利于基槽的开挖。

2. 厂房和窑炉的施工

先建窑炉厂房，然后进行窑炉施工。在室内进行窑炉施工进度快、质量好，在雨季施工时，又能保证窑体、保温层不被雨淋湿。

3. 隧道干燥窑和隧道焙烧窑轨道的铺设

在完成窑炉基础之后或在窑体砌筑之前，应先把窑车轨道安装好，并按规定要求调准轨道中心线、轨距和轨面标高，然后以轨道中心线和轨面标高为基准，按设计要求砌筑窑墙，以保证一次性施工成功。

4. 测温、测压管和加煤孔管的安装

在施工窑炉基础及窑顶时，要预留测温、测压管和加煤管孔，安装窑顶的测温、测压管和加煤管的程序是：必须先安装窑顶的测温、测压管和加煤管，然后再进行窑顶保温层的施工。切不可在窑顶保温层做好后再在预留孔上插管，以免因管的下部密封不严而漏风漏火。如果在正压处向外漏火会烧坏吊钩或承重梁与盖板，负压处则会向窑内漏冷风而降低窑内温度。

5. 风管等的安装

铺设承重梁上的钢筋混凝土盖板后，即可安装风管和测温、测压管线。

第二节　隧道窑各部位施工要点

一、基础工程施工技术要点

1. 钢筋混凝土基础

（1）基础标高应符合设计要求，其误差不得大于$^{0}_{-5mm}$，基础中心线与设计位置偏差不得超过 15mm，侧面垂直度全高不超过 5mm。

（2）混凝土浇灌时，应每 20m^3 做两组试验块。取样应有代表性，并有监督人员在场。

（3）混凝土基础上的预留孔洞要准确，不得事后开凿，混凝土应振捣密实，不得有蜂窝麻面出现，外露部分应覆盖养护。

2. 毛石基础

（1）毛石材料不得使用有石灰石质的，其抗压强度不应小于 300kg/cm^3。

（2）毛石的砌筑要做到上下压槎，不得出现直槎，并每隔 1m 左右砌一块拉结石。

（3）毛石砌筑应使用坐浆法，不得使用灌浆法，其预留孔洞要准确。

3. 砖基础

（1）基础墙的砌筑应砖缝交错，全高垂直度不超过 5mm，平直度不超过 5mm。

（2）基础墙上的预留孔洞要准确。

（3）砌筑基础后应在两侧同时填土，并应分层填实，其施工方法和施工顺序应保证基础不受到破坏或变形。

4. 灰土基础

（1）使用的土料不应有较多的有机物，并应打碎过筛，保证泥土颗粒不大于15mm。使用的石灰也应熟化后过筛，其粒径不应大于5mm，含水率不应过高。

（2）按设计要求配制灰土比例，并拌合均匀，灰土的含水率不应过高，以手抓成团，落地即碎为准。

（3）灰土应随铺随夯实，其虚铺厚度为：机械夯实不大于250mm，人工夯实不大于300mm。夯实后的灰土不得受水浸泡。

二、轨道与砂封槽的制作安装施工技术要求

1. 轨道安装施工

（1）轨道在安装之前应逐条进行检查调直，接头处应平齐。

（2）轨距中心线应与窑中心线吻合，其误差不得超过±0.5mm。

（3）轨道的水平标高用水准仪进行测量，以规定的工艺设计标高±0.000为基准，纵横向允许偏差±1mm，全长允许偏差不超过±2mm。

（4）轨道接头间隙应符合设计要求，其允许偏差$^{+2}_{-0}$mm。

（5）轨道的轨距应用轨道标准尺检查，其允许偏差±1mm。

（6）轨道安装固定后，如浇灌适当高度的混凝土时，则应进行保护和养护，在混凝土强度达到70%以后，方可允许施工车辆通过。

2. 砂封槽安装

（1）角钢砂封槽安装前要进行校正平直，钢筋混凝土或铸铁砂封槽安装前要进行质量检查，确认无缺陷后方可安装。

（2）铸铁砂封槽，其接头的楔口靠窑中心线的长边方向应与窑车运行方向一致。

（3）砂封槽口上缘标高的允许偏差±3mm。砂槽内壁距中心线间距允许偏差±2mm；接头处允许偏差±2mm。

三、窑墙砌筑施工技术要点

1. 砌筑窑墙用的耐火材料制品必须具有合格证，并经进场后检验和外观检选过的，否则不得使用，以保证达到设计要求。

2. 砌耐火砖应使用木槌或橡胶锤找正，禁止使用铁锤，严禁在砌体上凿砖。

3. 砌筑窑墙时，应在膨胀缝处树立样板，然后砌标准砖。

4. 窑体各部分的膨胀缝，应严格按设计要求砌筑。一般烧成带的黏土砖砌体每 1m 长的砌体内膨胀缝值为 5～6mm，因此，膨胀缝宽为 30mm，其两缝的间距不得大于 5m。也可每个车位（4.35m）留一道膨胀缝隙。工作温度低于 800℃的预热带和冷却带的窑体应根据设计要求或具体情况适当留设膨胀缝。

膨胀缝的位置应避开受力部位和窑体骨架，以免影响强度。窑体膨胀缝，其内外层间要留成封闭式的，互不相通；上下砖层中要留成楔口式的，互相错开，膨胀缝的留设示意图如图8-1所示。

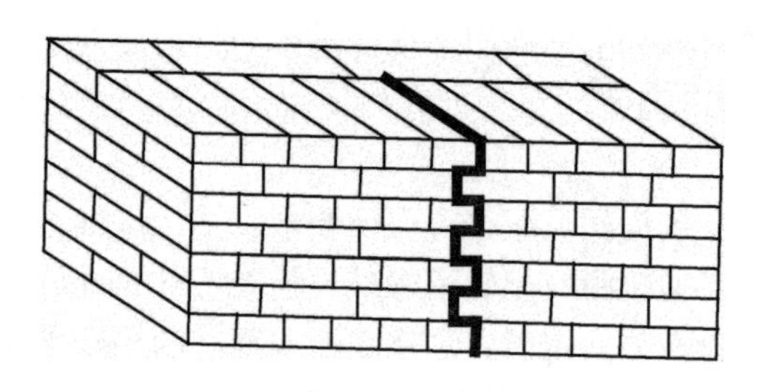

图 8-1　膨胀缝的留设示意图

膨胀缝宽度允许偏差$^{+2}_{-0}$mm，应随砌随清除落入的砂浆，然后用耐火纤维毡填塞。

5. 窑墙若用不同砖种的砖层组成，则砌筑到一定高度时，即黏土质耐火砖和黏土质隔热耐火砖约 4～5 层，黏土质隔热耐火砖和红砖 6～9 层时，要咬砌一层。

6. 砌体要平整和垂直。为了保证砖层水平，砌墙按拉紧的线绳进行。用水平尺和直尺检查砌体表面的水平度，用控制样板检查墙的垂直度。

内墙垂直误差，沿垂线对面的距离，量得上、中、下三点的数值之差不得超过 5mm。

窑墙表面平整误差，用 2m 长的靠尺检查，靠尺与窑墙面的间隙为：内墙不超过 3mm，曲封砖顶不超过 3mm。

7. 砌墙时，在同一砖层内的前后相邻砖和上下相邻砖层的砖缝应交错。

8. 砌墙中断时，应按墙的阶梯形退台砌砖法，留成阶梯退台。

9. 窑墙内埋直径 $\phi \leqslant 450$mm 的排烟管和抽热风管的孔洞，可先安装预埋管，然后再用砖逐层突出覆盖，预埋管 $\phi \leqslant 450$mm 孔洞的砌砖示意图如图 8-2 所示。

图 8-2　预埋管 $\phi \leqslant 450$mm 孔洞的砌砖示意图

10. 窑体各部位的对中和高程均应以窑内轨道中心线及轨面标高为基准。

11. 不得在窑的工作面采用有裂纹或者缺角掉棱的砖。加工砖要求加工面平整、光滑。窑墙表面禁止使用 1/2 砖。

12. 施工时应沿窑墙的整个长度水平向上砌筑，水平缝应平直，在任何部位以 10m 长的线拉在同一层灰缝上，其凸出或凹进线的砖棱不得超过 5mm。

13. 按Ⅲ类砌体规定，砖缝厚度不应大于 3mm。用塞尺检查耐火砖砌体砖缝厚度，塞尺宽度为 15mm，厚度等于被检查砖缝的厚度。如果塞尺插入砖缝超过 20mm 时，则判为砖缝不合格。在 $5m^2$ 的砖体检查面上检查 10 处，如超过 5 处时，则认为该砌体砖缝不合格。

14. 砖缝（平缝和竖缝）泥浆应饱满，在任何部位的砖层上选择连续10块砖，用百格网检查，如饱满度未达到90%的，则判为该部位砌体泥浆饱满度不合格。

15. 砌体纵向中心线从进车端到出车端用经纬仪测量，全长允许偏差为±1mm，各孔洞允许偏差为±2mm。

16. 窑体内断面尺寸的允许偏差为±10mm，高度偏差为$^{+5}_{-10}$mm。

17. 窑体内墙面与中心线的距离允许偏差为±5mm（测量窑体中间一层砖）。

18. 曲封砖与中心线的距离允许偏差为$^{+5}_{-2}$mm，曲封砖下缘标高允许偏差为$^{+5}_{-0}$mm。

19. 砂封槽底部与上缘及两侧窑墙顶面标高允许偏差±3mm。

20. 窑体表面平整误差（用2m靠尺检查，测靠尺与窑墙之间的间隙）：内墙面不超5mm，曲封砖顶面不超过3mm，外墙不超过5mm。

21. 外墙红砖砌体标高偏差不超过20mm。外墙灰缝厚度为7mm，允许偏差为±1mm。

22. 窑车台面的砌筑宽度和长度允许偏差为$^{+0}_{-5}$mm。

23. 窑体在冬季施工时，应有采暖措施，窑体周围环境温度不得低于5℃，并应符合国家冬季施工的有关规定。

24. 窑体砌筑工作结束后，应在内外墙面上标记车位号（外墙为永久性的），以便进行窑体总体质量检查。

四、窑顶施工技术要点

1. 窑顶吊板的承重梁钢筋混凝土结构件的断面要符合设计要求，尺寸允许偏差±3mm，安装位置应准确，允许偏差±3mm。承重梁安装前应在窑墙顶部钢筋混凝土圈梁上面标记梁安放位置的中心线，每条梁结构件端面也要标记中心线，以便安装时两中心线重合放准。

2. 安装承重梁时，可采用窑车金属架托运，并进行高度调整，严禁在窑墙上安放千斤顶用于升降承重梁构件，以免损坏窑墙。

3. 安装窑顶预制吊板前，应对吊板、吊钩和吊壶的质量进行检查，确认合格后，方可进行施工。切不可先安装然后进行理化指标的检验，以免因不合格而返工。

4. 安装窑顶预制吊板应注意：一是吊钩应垂直，不准斜拉；二是板缝填耐火纤维毡，应随安装吊板同时进行，毡的厚度应为板缝的两倍，以保证压紧塞实；毡的下部与吊板下面平齐，而上部则应高出吊板面不小于50mm；三是安放在窑墙顶面的吊板部分，其空间也应垫耐火纤维毡，毡厚也为间隙高度的2倍。

5. 吊板安装完毕后，要先安装测温、测压套管和加煤管，并将管与吊板孔的间隙用耐火纤维棉塞好，再用耐火涂料密封；然后再将所有吊板板缝上面的耐火纤维毡向两边压倒，同时用耐火涂料抹压；最后按设计要求覆盖窑顶绝热层，并在外露的测温、测压管和加煤管外包裹一定厚度的耐火纤维毡，用较粗的铁丝绑扎好。绝热层厚度不应超过耐热吊钩吊环以下的长度。经质量验收合格后，方可全面安装上部的盖板。

6. 窑顶吊板上安装的测温、测压管和加煤管，其下端应与吊板有20mm的间隙，均应以上部的盖板承重，以免吊板承受荷载而损坏。

五、设备安装施工技术要点

1. 风机安装技术要点

安装在窑顶上的排烟机和抽热风风机一般用螺栓固定在钢结构的支架上，因此，首先要注意钢结构机架的刚度要满足风机运行的要求，否则会因风机转速较高而振动。另外，钢结构机架不应与窑顶相连或接触，以免因机架振动而影响窑顶的使用寿命。

带有调频装置的风机可不必安装风机入口闸阀。位于风机之上的钢烟囱，应设置钢构支架承受烟囱的压力，以便维修更换风机壳时方便拆装。

风机叶轮轴承座的冷却水源，可在风机近处设一个$2m^3$的水箱，利用自吸泵供水。这样既能节约用水，又可避免铺设较长的供水管道。

风机安装的允许偏差和检验方法见表8-1。

表8-1　风机安装参数表

项　　目		允许偏差（mm）	检查方法
中心线移位		5	用经纬仪或尺量和拉线检查
标高		±5	用水准仪或水平尺、直尺、拉线和尺量检查
传动轴水平		0.2	在轴或皮带相聚180°的两个位置上用水平仪检查
联轴器同心度	轴向	0.2	在联轴器互垂直的四个位置上用百分表或测微螺钉及塞尺检查
	径向（$r<250$mm）	0.05	
	径向（$r<250$mm）	1.0	
皮带轮轮宽中心平面位移		1	在主、从动皮带轮端面拉线和尺量检查

2. 风管安装技术要点

（1）风管风温超过150℃，长度超过15m时应设膨胀节。

（2）经过窑顶上部敷设的风管，因质量较大和膨胀移运，应尽量不沿窑纵向中心敷设，尤其是焙烧带，以免窑顶承重梁因超载而变形或断裂。可铺设在窑两侧的窑墙上或在梁端的支架上，这样比较安全可靠。

（3）经过窑顶的风机管道要避免影响测温、测压管线的安装与检修。

（4）排烟烟囱顶部可不设防雨罩，但排潮管顶部必须设防雨罩。

3. 液压顶车机安装调试技术要点

（1）往复移运的顶车架，标高允许偏差为$^{+0}_{-5}$mm，以免因窑车移动后车轮直径变小而使车架与顶车架相碰。

（2）液压系统的管道与油箱安装时，必须清洗干净，未经清洗不准加油试车。

（3）调试时，要注意两个油压顶杆是否同步和推车顶块位置是否合适，视具体情况现场处理。

第三节　隧道窑施工验收

一、隧道窑施工质检与验收程序

窑炉施工时，应按下列程序进行质量监督检查与验收工作，未经验收合格和有关质量监督检查人员签字，不准进行下一道工序施工。

1. 第一次质量验收——基础地槽验收。基础地槽包括轨道基础与窑体基础的地槽。检验地基的地耐力是否符合设计要求。检验对枯井、回填坑、坟地等的处理是否合格。

2. 第二次验收——轨道基础验收。轨道基础验收合格后，方可进行轨道安装施工。

3. 第三次质量验收——轨道安装验收。检验轨道中心线位置、距离、轨面标高等是否符合设计要求。

4. 第四次质量验收——窑体基础验收。验收合格后，方可根据轨道中心线与轨面标高进行窑墙砌筑施工。

5. 第五次质量验收——曲封砖及以下墙体验收。是在窑墙砌筑至曲封砖以后验收。当窑墙砌筑至曲封砖后，要进行窑墙内两侧曲封砖顶面间距和曲封砖下缘标高的验收，合格后方可继续施工。

6. 第六次质量验收——曲封砖及以下墙体验收。曲封砖砌至窑墙的中间高度时，要进行一次对两侧窑墙间距、窑墙与中心线的间距、窑墙垂直度、平行度、砖缝和泥浆饱满度等项目进行验收，合格后方可继续施工。

7. 第七次验收——窑墙全面验收。窑墙砌筑至设计标高后，即对窑墙进行一次整体验收，所有指标达到设计要求后，方可再继续施工。

8. 第八次质量验收——吊顶安装验收。吊顶验收包括承重梁位置、吊钩垂直度、吊板标高、板缝与充填、测温、测压管和加煤管安装等项目，验收合格后，方可再进行窑顶绝热层施工。

9．第九次质量验收——窑顶保温层质量验收。窑顶保温层验收合格后，方可进行梁上盖板安装。

10．第十次质量验收——风机与风管安装验收。

二、隧道窑各部位的尺寸与标高允许误差质检表（表8-2）

表8-2 隧道窑质量检测项目及允许误差

编号	质量检测项目	允许偏差（mm）
1	基础标高	+0 −5
2	基础中心线与设计位置	15
3	钢筋混凝土基础侧面垂直度全高	5
4	砖基础的平直度	5
5	轨道中心线与窑中心线	±0.5
6	轨道标高：纵横 全长	±1 ±2
7	轨道的轨距	±1
8	砂封槽上缘标高	±3
9	砂封槽底标高	±3
10	砂封槽内壁距窑中心线间距	±2
11	砂封槽接头处间距	±2
12	窑墙膨胀缝宽度	+2 −1
13	窑墙垂直误差（沿垂线对面距离上中下三点数值之差）： 内墙 外墙	 5 10
14	窑墙表面平整误差（用2m靠尺检查，靠尺与砌体间隙）： 内墙 窑墙顶面 曲封砖顶面	 5 5 3
15	窑体纵向中心线全长	±1
16	窑内墙面与窑中心线间距（测量窑墙中间一层砖）	±5

续表

编号	质量检测项目	允许偏差(mm)
17	窑的内断面尺寸：宽度 高度	±10 +5 −10
18	内墙砖缝厚度 3mm，用宽 5mm 塞尺插入检查： 1）插入深度超过 2mm 的砖缝不合格 2）$5m^2$墙面内检查 10 处，超 5 处以上为墙体砖缝不合格	
19	砖墙孔洞距离	±5
20	曲封砖至中心线的距离	±1
21	曲封砖下缘标高	±5
22	窑墙顶面标高	±5
23	窑车台面宽度和长度	+0 −5

三、标准型耐火砖（230mm×114mm×65mm）砌筑尺寸(表 8-3、表 8-4)

表 8-3　砖缝厚度为 3mm 的砌筑高度表　(mm)

	1	2	3	4	5	6	7	8	9	10
0	68	136	204	272	340	408	476	540	612	680
10	748	816	884	952	1020	1088	1156	1224	1296	1360
20	1428	1496	1564	1632	1700	1768	1836	1904	1972	2040
30	2108	2176	2244	2312	2380	2448	2516	2584	2652	2720

表 8-4　砖缝宽度为 2mm 的砌筑长度表　(mm)

	0.5	1	1.5	2	2.5	3	3.5	4	4.5
0	116	232	348	464	580	696	812	928	1044
5	1276	1392	1508	1624	1740	1856	1972	2088	2204
10	2432	2552	2668	2784	2900	3016	3132	3248	3364
15	3596	3743	3828	3944	4060	4176	4292	4408	4524
20	4756	4872	4988	5104	5220	5336	5452	5568	5684
25	5916	6032	6148	6262	6280	6496	6512	6728	6844
30	7076	7192	7308	7424	7540	7656	7772	7888	8004

第九章 隧道窑烘窑点火及烟气治理

第一节 隧道窑的烘窑

一、烘窑的目的和意义

烘窑是点火之前，在焙烧窑内对窑体与窑顶进行加温干燥，以排除窑墙砌体和窑顶在施工中带进的水分，以及材料本身所含的自然水分，为点火投产的快速升温做好准备。干燥窑因为工作温度低所以不需要烘窑。

烘窑相当于汽车的磨合，一般轿车要求有 5000km 的磨合里程。汽车磨合是为了更好地发挥发动机的性能，烘窑也是为了使窑炉体现其最佳性能。耐火材料先经过低温预热，排出水分，然后缓慢升温，使其内部结构更稳定，高温适应性更强。烘窑工作做得好，窑炉使用寿命长，所以一定要重视烘窑工作。

二、烘窑时注意的问题

烘窑时，要特别注意的是不能用猛火烘烤，升温要慢，禁用大火直烧窑顶。最好的燃料是焦炭或木炭，这两种燃料的优点是火焰短，对窑墙，特别是窑顶不会造成猛火急剧升温而使窑顶的耐火混凝土吊板表面剥落。

烘窑时，可将烟气送到干燥窑内对砖坯进行干燥，最好能将隧道干燥窑内的砖坯干燥到含水率不大于 6%，以便为隧道窑的顺利点火投产打好基础。

烘窑使用专用灶车，如图 9-1 所示。点火时注意灶车内不要放过多的燃料，窑内点火时一定要在较大负压下进行，防止产生过量烟气而危及点火人员的安全。

三、典型窑炉烘窑方案

佛山大地环保建材公司隧道窑烘窑方案如下：

烘窑的目的是排除窑体施工时带进的水分和耐火材料本身因

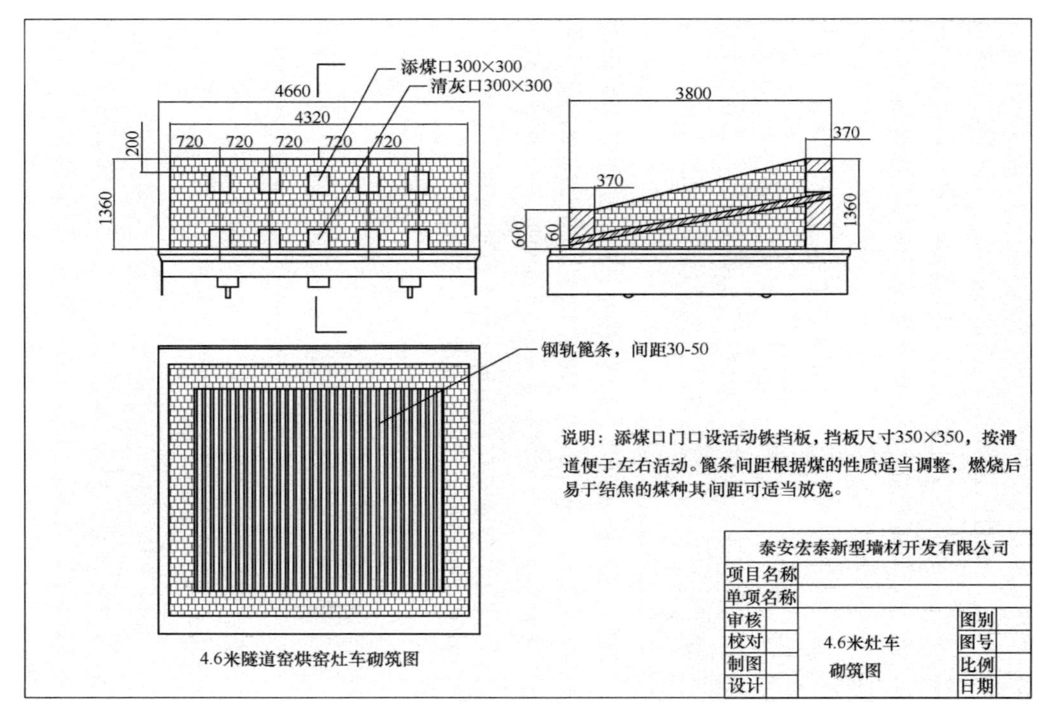

图 9-1　4.6m 隧道窑烘窑灶车图

存放而吸附的水分，烘窑工作直接影响到窑炉的寿命，因此必须一丝不苟地抓好。

1. 烘窑前必须对窑炉工程进行验收，确保工程质量符合标准要求，并将验收情况形成书面报告存档。

2. 烘窑前所有通风设备和窑炉设备必须进行试运转，试运转正常后将所有窑车按设计运转方向空运转两个循环，检查窑车和窑车之间、窑车和窑墙之间的配合情况，确保各配合间隙符合设计要求。

3. 烘窑前事先砌筑好灶车，并准备木柴 1t、碎煤 60t，灶车篦条之上放 50～100kg 木柴，并将灶车推至 4 号车位，灶车前紧跟砌筑好的窑车，这样在烘窑的同时对新砌筑的窑车也起到干燥作用；将烘窑用的木柴、煤等燃料事先存放在一辆空窑车上，并将该车推至 5 号车位。

4. 排烟支管闸阀开启 1-3 号车位共 3 对，其余支管闸阀关闭，启动排烟风机（进车端窑门事先落下，出车端窑门提起），频率控制在 25Hz，点火人员站在灶车后确保窑内风自出车端向进车端流动后（若感觉负压较小可以加大排烟风机的频率），可以点燃灶车，待灶车着旺后通过添煤口添加碎煤，注意火势不要过猛，严防大火直烧窑顶；加煤要少加勤加，确保火势旺盛，并要兼顾两边。

5. 每个车位烘烧时间为 24h，600℃以下低温时间 12h，600～750℃中温时间 6h，750～900℃高温时间 6h（砌筑窑体材料自然含水率高时，烘烧时间适当延长）。为方便温度测量，事先应准备一支能来回移动的热电偶（带补偿导线，能在温控室显示温度），灶车移到哪个车位就将热电偶移到哪个车位（高温带自窑顶投煤孔插入，预热带可直接放在灶车上，但要保护好补偿导线）。烘窑时，必须注意防止猛火直烧窑顶，升温时速度不要太快，要平稳升温。

6. 待一个车位达到温升要求后，可向窑内顶车，进行下一个车位的烘烤，注意：每前进一个车位，就要多开启一组排烟支管的闸阀。烘窑到 28 号车位就可以结束了。

7. 烘窑时必须保证灶车到窑尾轨道的畅通，烘窑用的煤和木柴要用空窑车由窑尾运进来，同时烘窑产生的炉渣也要通过空窑车运出去。

8. 烘窑结束后必须尽快组织点火工作，防止窑炉长期不用而二次吸潮。

泰安宏泰新型墙材开发有限公司

四、煤矸石烧结砖隧道窑的烘调方法

湖北黄冈市华窑中扬有限公司烘窑方案如下：

新建煤矸石烧结砖隧道窑的烘烤调试，与其他烧结砖窑炉烘烤调试有不同特点。作者根据诸多生产厂家的调查与亲身经验体会是，在烘窑过程中过火速度快，温度控制难度较大，稍不谨慎，会导致不可想象的后果。窑炉是生产厂家的热工心脏设备，很多生产厂家在烘窑调试过程中，将煤矸石烧结砖窑炉的调试方案同黏土、页岩、粉煤灰烧结砖窑炉的方案等同处理，一是造成了烘窑时间上的差异；二是出现问题后处理不当，造成烘调不必要的额外损失。所以，首先必须认识它的重要性，然后选择合理的烘调方案，使窑炉这个独立的热工设备能正常运行。

首先，分析烘调过程中不当后果的严重性。烘窑的主要任务是排除窑体内的水分。调试是达到窑炉在日常生产过程中，能适应生产产品的焙烧性能。窑炉在生产时，必须认清动态与静态的关系。生产时是动态，停窑不生产时是静态。窑炉关键一点就是，要在烘调过程中处理把握动态时的反映，随时注重处理方式。如果烘窑制度与调试方案不合理时，将会产生诸多不利的连锁反应，如窑体开裂、热工紊乱、窑体漏气，造成气密性差，窑炉使用寿命缩短，窑体结构变形，有时造成局部倒塌，或压力温度无法控制，调节性差等一系列不良反应，容易导致整条生产线瘫痪。为了使窑炉达到正常工作状态，必须做好以下几方面的工作。

1. 烘窑前的全面检查

在检查过程中分步骤进行。首先检查静止部分，然后检查动态及动力控制部分。

窑体内的隐蔽工程检查施工记录，是否达到设计图纸及有关国家规定的窑炉施工规范所达到的各项标准。

（1）检查窑体内外各部位的几何尺寸，运动部分与静态部分的配合位置是否吻合。

（2）各膨胀缝和结构缝是否有残余留物，全面清扫风道与烟道内的施工杂物。

（3）砂封槽是否有变形现象，接头是否严实，加砂管是否畅通，砂封槽内应装填不大于 3mm 的耐温细砂，装填高度一般以低于砂封板顶面 25mm 为佳。

（4）窑内轨道与窑车运载时的吻合检查，轨道接头膨胀缝是否有堵物，固定螺栓与压紧板、定位栓要进行紧固检查，窑车与轨道吻合面的检查。

（5）该窑操作时，窑顶与窑道内是工作面。因此，在窑顶和窑墙上标好运载车位号，有利于观察和检测。

（6）温控与压力检测点是否到位，检查线路是否有断路现象，安全防护措施是否到位。

（7）各操作面点的安全防护措施是否到位，消防措施是否达到规范标准。

（8）窑门密封及升降定位。要求密封好，运行灵活、平稳，定位要准确，摆渡车、拉引机要准确到位，液压顶车机的液压部分密封是否严密，顶车的行程是否到位和平稳。

（9）窑车装载物品时，要检查窑车接头是否均匀、严密、平稳，挡砂板与砂封槽的吻合尺寸是否一致，窑车要在窑内循环行走两圈。

（10）风机是窑上的关键设备，所以，对风机必须严格检查。风机运转时，一定要按照说明书的运作要求实施润滑油，水冷系统要畅通，要标明调节阀开闭方向，在试运风机时，空转必须达到 4h 以上，如无异常现象则转为满负荷运转 12h 以上，检查是否有噪音和漏油等现象出现。

（11）窑体上的紧固件立柱、拉杆、拱脚梁等是否安装到位，焊接点是否达到标准规范。这些必须做好全面检查。

2. 烘窑前的准备工作系统

（1）组织机构，成立烘调领导小组，全面指挥烘调工作。

（2）配备机械、电气、热工、勤杂等专业人员各负其责，对所负责的工作范围内的设施进行全方位的检查和维护。

（3）做好工作日志的记录。

（4）坯体生产，砖机每班生产量不能小于 5 万块普通砖。烘窑期间应严格控制原料内的发热值。

（5）点火时需要的材料和用具：

① 烧结好的普通红砖 3 万块；

② 火灶车 2 台（包括二次烘窑用）；

③ 劈柴约 $6m^3$；

④ 焦炭 5t；

⑤ 块煤（25～30）t；

⑥ 柴油 40kg 点火用；

⑦ 火钎 2 把（$\phi 8L=3000mm$）；

⑧ 火眼钩 4 把（$\phi 10$）；

⑨ 斗车 3 台（推煤、出渣等用）；

⑩ 应急灯 4 个；

⑪ 砖坯 KP120 万块；

⑫ 火把 3 个；

⑬ 铁锹 14 把；

⑭ 热电偶 1 支（0～1200℃）；

⑮ 保温棉 $1m^3$。

3. 烘调的步骤分为两个阶段

（1）低温烘窑阶段

① 低温烘窑室内温度为 0～600℃，属排水分阶段。首先关闭隧道窑的所有风机闸门，在点火前几分钟把排烟风机开到最大状态，调整前三组闸门为半开状态，将变频器开到理想位置。

② 从窑进车端 8 车位开始，火点燃后，缓慢推动窑车，对窑体进行小火烘烤，以排除湿气，在排潮风机前段 8 个车位时可

延长烘烤时间，烘烤方案为：0～8车位时间为8h～12h；9～12车位为4h～12h；13～23车位为20h～12h；24车位至尾端每车位为8h。

③ 启动排烟风机，使窑内处于微负压状态，风机闸板开启度以不向窑外冒烟为准。火灶车进入每一车位前后3h内温度不能太高，应控制在200℃以下，煤和焦炭掺合后使用，严防火灶车结焦。在火烘车的周围与窑墙的间隙用保温棉填塞，全窑最高温度控制在600℃以内。

（2）高温烘窑阶段

① 高温烘窑阶段从投煤孔加煤开始。加煤时必须用风机加以配合来调节窑温。砖坯也开始每隔一段时间进一车，并严格监视窑内烧成情况及按升温曲线来控制窑内升温速度。

② 当温度达到700℃时，开启车下风道中的稳压冷却风机，将窑门处鼓冷风机和抽余热风机启动，严格控制窑内压力平衡。

③ 当温度达到800℃时，开始向干燥窑送高温烟气，当坯车进入30车位时，向干燥窑送全部热源。

④ 当坯车进入28车位时，开始启动窑炉换热系统，即不投煤或少投煤，观察砖坯内燃及进车速度、风量是否合理，并进行合理调节，保证窑炉的正常运转使用调节窑炉运行。

⑤ 当温度达到1100℃时，烘调窑炉的全部过程即告结束。同时第一车砖也相应出窑（见表9-1）。

表9-1 高温烘窑制度表

序号	温度（℃）	时间（h）	累计时间（h）	升温速度（℃/h）	班次
1	0～200	1	1	66	3
2	200～300	2	3	18	6
3	300（保温）	1	4	0	3
4	300～350	1	5	18	3
5	350～450	4	9	10	12
6	450～600	1	10	50	3

续表

序号	温度（℃）	时间（h）	累计时间（h）	升温速度（℃/h）	班次
7	600（保温）	0.5	10.5	0	1.5
8	600～800	2.5	13	27	7.5
9	800（保温）	1	14	0	3
10	800～900	1	15	33.3	3
11	900～1100	3	18	11	9

4. 烘窑注意事项

（1）烘窑期间必须做到

① 防火灾。由于烘窑期间投煤、出渣要在窑内进行，特别是带火的窑车容易引起火灾。因此，要严加防范，指定专人看管，设置好灭火工具。

② 防煤气中毒。由于工人都是第一次参加烘窑，在工作中要加煤、出渣，检查窑内运行情况，容易发生烟气熏人事故。

③ 防机械碰伤。诸多机械配合工作、运转、人流、物流经常交叉，严防碰伤。

（2）严防烘窑期间的技术事故发生。

严格按照升温曲线进行升温，防止过快升温，以免造成窑体变形等意外事故。保持恒温时间，防止窑体内出现残留潮气，防止温度过高烧坏窑体。严格检查砖坯窑车情况，砖垛是否稳定、整齐。防止在窑内倒坯或擦窑墙。随时检查顶车机、拉引机是否平稳，要避免由于顶车、拉车等事故造成窑内倒坯现象的发生。严格把握进入窑内的砖坯水分，所含水分必须达到合理的要求，千万不能让含水率不合格的砖坯进入窑内。

第二节　隧道窑的点火

隧道窑关联工序原料和成型试生产正常后，砖厂就进入了正式生产程序，隧道窑的点火是砖厂由建设期进入生产期的标志。

一、选择点火位置的原则

1. 根据砌筑窑体和窑顶所用的材料在受热过程中的变化情况确定点火位置。

2. 根据制砖物料的升温要求选择点火位置，使砖坯温度升到烧成温度时，正好处于焙烧带。

总之，要根据砌筑窑炉的材料和制砖原料的化学成分、物理性能及其升温速度的要求，确定准确的点火位置，一般隧道窑的点火位置应位于预热带后部或预热带与焙烧带之间。

二、点火用火箱车的砌筑

火箱车是位于隧道窑点火位置，用于隧道窑点火和窑炉预热升温，以及引燃前面坯车上砖坯用的炉灶车。使用火箱车的目的是便于从窑顶投入的燃料充分燃烧。生产实践中一般使用烘窑灶车代替，不再另行砌筑。

三、燃烧空间的设置

燃烧空间是隧道窑投产时，在火箱车与第一辆烧成坯车之间预留的一定空间，作为火箱车内燃料燃烧的火焰与高温烟气流在坯车上能够均匀分布的空间位置。燃烧空间的长度，燃烧空间的设置，一般为0.5～1.5个车位，最多留2个车位。燃烧空间用空窑车充填。

四、拉火坯车的码坯方法

在燃烧空间后面，一般设2～3个专用的拉火坯车。拉火坯车的作用是能够将火箱车的火焰和高温热气气流更好地分布到拉火坯车的坯垛断面上，使后面的坯车能够得到均匀的加热。

拉火坯车的码坯方法、码坯原则与正常的码坯方法相同，只是再尽量稀码一点，即通风孔尽量大些，以利于高温热气流能够顺利通过拉火坯车向后流动，加热其他坯车。同时，采用上密下稀、边密中稀的码法，使高温热气流能够在坯垛的上、中、下均匀地分布。另外，还要注意坯垛顶部与窑顶间隙，以及坯垛两侧与窑墙的间隙尽量小些，以防大量气流从顶、侧两部分流走。还应注意对坯体缓慢加热干燥，以防由于快速加热而使拉火坯车的砖坯爆裂塌车，影响气流通过。

五、隧道窑内干燥砖坯

从点火位置的火箱车起到隧道窑的进车端，除了有 2～3 辆拉火坯车外，其他都是按正常生产码坯的坯车。刚建成投产的工程，由于隧道干燥窑内的砖坯没有正常热源进行干燥，所以，进入隧道窑内的砖坯的含水率较高。这时可以利用火箱车对砖坯进行干燥，砖坯干燥效果越好，对点火成功越有利。

六、点火程序

1. 开启排烟风机

点火时，应先开排烟机，使窑内形成负压。未开排烟机之前，严禁点火，以免火箱车向外窜火烧伤操作人员。

2. 点燃易燃的材料

用少量的柴油与棉纱点燃铺在火箱车燃烧室内的木柴。要注意少加柴，以防火势太猛。经过一段木柴小火之后，再加煤燃烧。

3. 适时调节风量

适时调节排烟机的风量和火箱车的进风闸板，保证火箱车的燃烧室内有一定的空气流入助燃。

七、点火后对火箱车操作的调整

1. 适时加大风量

逐步适时加大风量，加速燃烧，提升火箱车的温度。

2. 调整火箱车内的压力

点火时，火箱车内处于微负压状态，随着温度逐步升高，气体膨胀导致压力增高，有可能会出现正压。为此，要适时调整排烟机的抽力，维持火箱车内始终处于负压状态。

3. 适当加大排烟量

随着火箱车内温度的升高，燃烧强度的增加，需要大量的空气量，因而，要适当加大排烟机的风量，开大排烟管路上的闸阀。

4. 适当控制燃料量

要适当控制火箱车内的燃料量，要均匀添加燃料，确保窑炉的正常升温。

八、窑炉点火投产注意事项

1. 选择适当的烘窑升温速度

烘窑可以分两次进行，一是在点火投产前进行，其主要目的是将窑墙和窑顶的施工水分与自然水分尽量排掉，为点火投产作准备；二是在点火投产时控制升温速度，这不仅是为了更好地排除窑体的水分，更重要的是根据窑体材料的理化性能进行热处理。特别应注意耐火混凝土吊顶板，它是由硅酸铝水泥与不同粒度的耐火骨料配制而成的，它的制作与使用质量决定窑炉的使用寿命。就烘窑而言，耐火混凝土吊顶板在加热到100～400℃时，强度显著下降，在加热到1000～1100℃时，其强度仍然继续降低，只有再加热到1300℃时，由于耐火混凝土吊顶板被局部烧结而使强度显著提高。但是，耐火混凝土吊顶板在烧结砖隧道窑内的使用温度不可能达到其本身所需的烧结温度，所以，使用耐火混凝土吊顶板，特别在烘窑和点火投产阶段应制定合理的加热制度。应该知道，耐火混凝土吊顶板中的硅酸铝水泥用量越大，在烘窑点火投产后，对于不合理的加热制度的敏感性越强，对其强度的影响越大。

从理论方面讲，耐火混凝土吊顶板在预制后，应进行专门的热工工艺处理，使其在合理的加热工艺制度下最后被烧结，以达到较高的强度，提高使用性能。但是，在实际施工中，我们无法做到这一点。在烘窑点火投产时，要使隧道窑的耐火混凝土吊顶板达到合理升温是相当困难的，因此，我们只能在了解了该板的性能之后，在操作中注意用尽量避免不利因素发生的方法来解决。

2. 通风量的选择

通风量是决定隧道窑内升温快慢的一个重要因素。风量匹配适当，燃料能够充分燃烧，温度平稳，确保正常升温。否则，风量过大，不仅不能正常升温，严重时，还会吹灭火箱内的火。

3. 合理用闸

窑炉点火期间合理用闸很重要，因砖坯含水率较高，应使用倒梯式闸或倒桥梯式闸，否则，用闸不当可能会造成预热带塌坯。详见第十章有关内容。

4. 适时进行温度调节

适时进行温度调节是指按已确定的点火投产的升温曲线要求，运用窑炉配备的各种设备，对窑炉温度进行适当调节。

5. 及时进车

窑内温度的变化是随时间和空间（距进车端）的变化而变化的，当窑内温度升到要求的范围时，就应及时向窑内进坯车。要防止进车速度太慢而使坯车在4～5号车位即升温着火。

6. 搞好温度与压力的检测工作

搞好温度与压力的检测，就能正确指导升温速度与进车速度。当火箱车前面的坯车温度达到了制品的烧成温度时，其位置应正好处于焙烧带前端，这时前面的坯车已进入了正常的焙烧阶段，窑顶停止投放燃料。至此，点火操作就圆满完成了。

九、典型隧道窑点火方案（4.6米隧道窑）

宽城大正页岩开发有限公司
隧道窑点火方案

宽城大正页岩开发有限公司经过一年多的努力完成了年产6000万块烧结砖生产线的筹建任务和原料、成型车间的调试工作，顺利进入窑炉点火程序。根据生产线装备情况，确定产品为：KP_1型承重空心砖，240×240×115型、240×180×115型非承重空心砖，及以KP_1为基础模数开发之系列承重空心砌块，点火试生产初期以生产KP_1型承重空心砖为主。

（一）砖坯热值

要求第一批原料热值为450～500kcal/kg，数量为400m^3（约码26车），以后配料按照400～420kcal/kg为宜。

（二）码坯量

每车标准码坯量为KP_1砖4284块，折标260块/m^3。为便于点火，前10车砖坯尽量稀码（以2600～3500块为宜）。

（三）干燥窑进车

成型暂时按照一班制生产，码好的坯车尽量在干燥窑门口的存坯线上多放一段时间，利用环境温度使之自然脱水。两条存坯线全部存满后才能向干燥窑进车。注意：因设计排烟闸阀较少，为确保点火期间湿烟气不致造成干燥窑塌坯，1 号焙烧窑点火时，1 号干燥窑内不能进车，点火用的坯车必须经过 2 号干燥窑。进车前干燥窑内最少预留 10 个空车，向窑内顶入 4 辆坯车后即可开启排潮风机，利用自然风加速砖坯的脱水，排潮风机只开靠窑门的 2 台，频率 15～20Hz 即可。

（四）点火车的准备

2 号干燥窑第一辆坯车顶至 8 和 9 号车位时，在干燥窑门口顶出的 2 辆平板车作为点火车。在每辆点火车上放木柴 100kg、块煤 100kg，木柴直径为 100～150mm，长度为 1～1.5m，排放要保证稀疏，保证通风良好；块煤块径为 50～150mm，热值 5500kcal/kg；注意，块煤和木柴要间放，确保点火方便。

（五）焙烧窑进车和挡火车的准备

将布置好的点火车顶进焙烧窑，然后再顶进 4 个空车（这时第一辆坯车已经到干燥窑 13 号车位），当干燥窑内第一辆坯车到达 14 号车位时，干燥窑出车端顶出的空车作为挡火车，挡火车共布置 4 辆。挡火车的布置：在空车上码放烧好的标砖或 KP_1 型空心砖，每车码坯量为 KP_1 砖 2500～3000 块（折标 4250～5100 块），务必要稀码并确保码全高和全宽。稀码的目的是保证通风良好，同时便于升温时窑顶投柴和投煤；码全高全宽的目的是挡火，防止急火使湿坯爆裂。

将挡火车依次顶进焙烧窑，然后再顶进 4 辆坯车，焙烧窑已具备点火条件。焙烧窑内车位布置：1～4 号为坯车，5～8 号为挡火车，9～12 号为空车，13～14 号为点火车。

（六）点火材料和人员的准备及时间安排

在以上工作准备的同时，必须将点火材料准备齐全，并将点火人员安排到位。

点火材料：碎煤 30t，热值≥5000kcal/kg，含水率≤6%，块煤 30t，热值≥6000kcal/kg，块径 10～60mm，含水率≤6%；

木柴 6t，直径≤80mm，长度≤1000mm，棉纱 10kg，柴油 10kg，废机油 50kg，加煤铲 15 把，小推车 1 辆。点火前必须将 3～5t 煤和 2t 木柴运至窑顶，其余所有物料必须全部运到提煤机处。

注意：运至窑顶的材料必须分散存放，严禁集中堆放，防止压坏窑顶主梁，以排放在窑顶投煤区两侧为宜。

点火人员安排：参加点火的人员分三班，每班不得少于 15 人，并且分工明确（微机监控、窑顶加煤、运煤运柴、顶车等），各小组要有负责人，每班必须有一名厂级领导带班。

点火时间：点火时间按照 72 小时组织，前 48 小时为窑体预热和砖坯烘干期，后 24 小时为升温期。

（七）点火

提起出车端窑门，落下进车端窑门和端门，开启排烟风机，频率 20～25Hz，确保投煤区形成负压，点火过程中视火情变化再随机调整。

排烟闸阀的调整：排烟闸阀只用 1～4 号，并按照倒梯式闸调整，其余闸阀全部关闭，以后每进一辆车就开启一对近闸而关闭一对远闸，即点火期间始终保持 4 对闸运行，并且始终是倒梯式闸；开启 7 号闸时要同时开启送热风机，将湿烟气送入 1 号干燥窑，同时开启 1 号干燥窑的排潮风机（开启 1 台即可），将烟气排出窑外。5 号闸阀关闭时同时关闭排烟风机。排烟闸阀只开至 9 号，10 号和 11 号平时不用（正常生产时作为放热闸用）。

点火时间安排在上午 7～9 点为宜。

点火：将少量棉纱蘸柴油或废机油后从投煤孔投入 13 号和 14 号点火车上，将 6 根火把（白蜡杆 600～1000mm 长，一端绑棉纱，直径 60～80mm，并蘸好柴油）点燃，由投煤孔分别投入点火车上，待点火车上的木柴和煤引燃后，开始逐渐向这两辆车上投入木柴和煤，注意少投勤投，确保燃料完全燃烧。

点火前 48h 烘窑目的是使窑炉缓慢升温和烘干砖坯，因此投入燃料不要过急，保证有两辆窑车着火就可以了。此 48h 内，每班交接班时顶进一辆坯车，点火车向后移动后，为保证点火位置基本不变，可以在新顶过来的平板车上投煤投柴。当坯车进入10号车位时，点火就进入了升温阶段。

（八）升温

升温的目的是点燃砖坯，由外燃料燃烧转入内燃料燃烧，使砖坯达到所需要的烧结温度，使窑炉进入正常生产状态。

升温时需要投入大量的煤和木柴，因此时间尽量安排在白天，这样人员精力相对集中，有利于组织管理。

升温时尽量向挡火车上投煤和木柴，根据预热带温升情况确定进车时间，原则上3～4个小时进一车，当第一辆坯车进入投煤区后可以直接向坯车上投煤和木柴。当窑内温度达到950℃左右时可以停止投放燃料。

当高温带和预热带温度都达到设定温度时，点火便告成功。这时排烟闸阀开启量应逐步增加，按每班增加1对，仍按倒梯式闸运行，每关闭一对排烟闸阀，随即关闭一对预热带的闸阀。

（九）干燥窑的进车

当焙烧窑第一车砖到达17号车位时，以后焙烧窑每顶进一车砖坯，1号干燥窑也随之顶进一辆坯车，1号干燥窑顶进3辆坯车后，便可开启两台排潮风机，当焙烧窑内砖车到达24号车位时，便可开启送热风机，运行频率25～30Hz，看高温带温度情况适当开启预热带10号或11号闸阀，将热风送入干燥窑。干燥窑送热主管只开启离排潮风机最近的2对侧送风和顶送风。视干燥窑内温度情况确定顶车速度，当排潮温度低于25℃时切不可顶车，只有当排潮温度达到30℃以上时才能进车，进车速度3h/车。当焙烧窑各带温度都达到正常温度时，才能逐步提高送热风机的频率，干燥窑的送热风口才能逐步打开。

注意：当高温带温度不稳定或偏低时，严禁开启10号和11号闸阀。

待1号干燥窑烘干后的砖坯残余含水率≤2%时，焙烧窑排烟闸阀才能逐步调整为桥式闸或桥梯式闸，这时，所有窑炉点火工作全部结束，窑炉进入试生产阶段。

泰安宏泰新型墙材开发有限公司

第三节　隧道窑烟气污染治理

隧道焙烧窑焙烧普通砖、多孔砖、空心砖和空心砌块主要采用内燃烧成型工艺，但有时也需要补充少量的外燃，其内燃热值一般为350～500cal/g，因而，排放的大量烟气中含有烟尘和SO_2，造成严重的环境污染。《砖瓦工业大气污染排放标准》（GB 29620—2013）第4条“污染物排放控制要求”规定：

自2014年1月1日起至2016年6月30日止，现有企业执行表9-2规定的大气污染排放限值。自2016年7月1日起，现有企业执行表9-3规定的大气污染排放限值。自2014年1月1日起，新建企业执行表9-3规定的大气污染排放限值。企业边界大气污染物任何1小时平均浓度按表9-4执行。

表9-2　现有企业大气污染物排放限值　mg/m^3

生产过程	最高允许排放浓度				污染物排放监控位置
	颗粒物	二氧化硫	氮氧化物	氟化物	
原料燃烧及制备成型	100	—	—	—	车间或生产设施排气筒
人工干燥及焙烧	100	850(煤矸石) 400(其他)	—	3	

表9-3　新建企业大气污染物排放限值　mg/m^3

生产过程	同上				车间或生产设施排气筒
	颗粒物	二氧化硫	氮氧化物	氟化物	
原料燃烧及制备成型	30	—	—	—	
人工干燥及焙烧	30	300	200	3	

表 9-4 现有和新建企业边界大气污染物浓度限值 mg/m^3

序号	污染物项目	浓度限值
1	总悬浮颗粒物	1.0
2	二氧化硫	0.5
3	氟化物	0.02

近年来，各地环保部门对炉窑烟气治理抓得很紧，已把砖瓦企业的窑炉烟气治理列为环保工作重点，部分大城市将限期取消轮窑生产烧成工艺，关闭轮窑生产的砖厂，而隧道焙烧窑也必须限期安装烟气除尘、脱硫设备和遥控监测装置。环保不达标就要限期整改，如整改后还不达标，则责令停产。现行国家有关环保法规：

1.《砖瓦工业大气污染物排放标准》(GB 29620—2013)

2.《大气污染物综合排放标准》(GB 16297—1996)。

3.《环境空气质量标准》(GB 3095—2012)。

4.《袋式除尘器安装制作技术要求与验收规范》(JB/T 8471—96)。

隧道焙烧窑烟尘浓度不高，一般不必专设除尘装置，在脱硫的过程中即可解决，而重点是解决烟气脱硫。现介绍一种双碱法烟气脱硫工艺。

1. 双碱法烟气脱硫工艺概况

双碱法烟气脱硫工艺是将焙烧窑内的烟气通过排烟机送入脱硫塔，烟气在塔内旋转上升与塔内喷淋的碱金属盐类如 NaOH、Na_2CO_3、$NaHCO_3$、Na_2SO_3 等水溶液充分接触后与烟气中的 SO_2 反应，然后在石灰液反应池中将吸收 SO_2 后的溶液再生，再生后的吸收液循环使用，而 SO_2 则以石膏的形式析出，生成亚硫酸钙和石膏，脱硫实际消耗的是 $Ca(OH)_2$。双碱法烟气脱硫工艺，脱硫反应是在脱硫塔中完成，而固硫是在循环水池中进行的。

2. 化学反应原理

(1) 在脱硫塔内吸收 SO_2

$$SO_2 + H_2O \longrightarrow H_2SO_3$$

$$2NaOH + H_2SO_3 \longrightarrow Na_2SO_3 + 2H_2O$$

$$Na_2SO_3 + SO_2 + H_2O \longrightarrow 2NaHSO_3$$

$$Na_2CO_3 + SO_2 \longrightarrow Na_2SO_3 + CO_2$$

(2) NaOH 再生

将吸收了 SO_2 的吸收液送石灰反应池中，进行吸收液的再生和固体副产品的析出，如以钠盐为脱硫剂，用石灰对吸收剂进行再生，则在石灰反应池中会进行下列反应：

$$NaHSO_3 + Ca(OH)_2 \longrightarrow Na_2SO_3 + C_aSO_3 \cdot 1/2H_2O \downarrow + H_2O$$

$$Na_2SO_3 + Ca(OH)_2 + H_2O \longrightarrow 2NaOH + CaSO_3 \cdot 1/2\ H_2O \downarrow$$

3. 双碱法烟气脱硫工艺的优点

(1) 用 NaOH 脱硫，循环水基本上是 NaOH 的水溶液，在循环过程中对水泵、管道、设备无腐蚀和堵塞，有利于设备运行与保养。

(2) 吸收液的再生和脱硫渣的沉淀发生在脱硫塔外，减少了塔内结垢的可能性。

(3) 脱硫效率高，一般可达到 85%以上。

4. 双碱法烟气脱硫工艺流程简图（图 9-2）

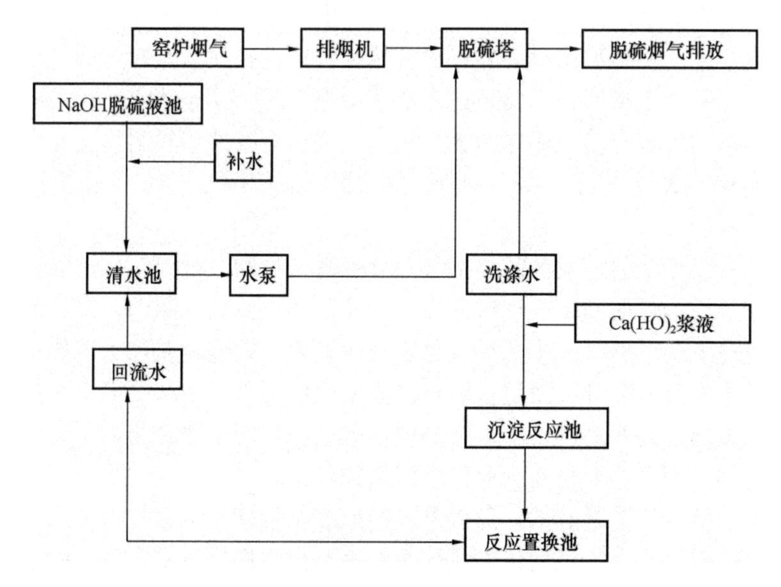

图 9-2　双碱法烟气脱硫工艺流程简图

第十章　新建隧道窑砖厂管理与技术经验

第一节　新建砖厂投产前职工培训和投产后技术服务的重要性

随着国家“禁实”政策的进一步推动实施，全国各地一大批新型墙材厂如雨后春笋般应运而生。虽然有国家政策扶持，但要想达到盈利的目的，绝大多数厂家仍然要经历一番艰难困苦的奋斗过程，从投产到全面达标达产要经过一段相当长的时期，短则两三年，长则四五年。尤其个别煤矸石砖厂，达产时间更长。在一些新型墙材价格偏低的地区，有的煤矸石砖厂投产七八年还处于亏损状态。众所周知，砖瓦行业属于微利行业，要想赢利，就必须在保证产品质量的前提下最大限度地提高产品产量，以量取胜。因此，新型墙材厂要想尽量减少亏损就必须尽快达产。

一个新型墙材厂要想达产必须具备三个条件：稳定的市场，丰富的管理经验，成熟的生产技术。这三个条件相互制约又互为前提，缺一不可。本书只阐述后两个条件：管理经验、生产技术。

新型墙材厂投产前要招收部分管理人员和大批新工人，因新型墙材推广时间短、地域性强、人才基本不流动等原因，招聘的管理人员和新工人中几乎百分之百是生手，管理经验和生产技术基本都是零基础。要想依靠自己摸索而使管理水平和技术水平达到成熟，是相当困难的，不是说不能达到，而是要经历相当长的时间，而且企业也要为此付出沉重的代价。

捷径当然是有的，那就是投产前组织管理人员和技术工人进行岗前培训，投产后请专业化技术服务公司提供技术支持，借鉴别人的管理经验和技术力量使自己尽快成熟，缩短成长期，这样企业可以减少几百万甚至上千万的损失。要知道，丰富的管理经验和成熟的生产技术也是通过几百万甚至上千万的损失才总结出来的。所以投产前管理人员和技术工人的培训是非常重要的。

个别投资者不重视管理经验和生产技术，认为造砖很简单，把现代化大型生产系统等同于农村家庭小作坊，投产前派几个管理人员和生产骨干到别的厂家走马观花看一圈就算是岗前培训；有的甚至根本不派人参加培训，一是基于对现代化大型生产系统的无知，二是个别人认为十几万的培训费太贵，想通过自己摸索节省这部分费用。殊不知这正应了我们常说的两句俗话：“捡了芝麻丢了西瓜”，“大处不算小处算”，最后企业付出的是惨重的代价。

据我所知，近几年最少有三家砖厂因缺乏操作经验而造成隧道窑烧塌窑顶事故，少则损失几十万，多则损失上百万。有一家砖厂因没有对工人进行岗前培训，工人缺乏安全意识，刚投产半个月就发生了一起人身事故，给企业造成严重的经济损失和政治影响，最后是厂长撤职，企业停产整顿，教训十分惨痛。

其实，早就于 2001 年颁布实施的《中华人民共和国安全生产法》对企业职工上岗前的安全培训已做出了明确的规定：

第二十条规定：生产经营单位的主要负责人和安全生产管理人员必须具备与本单位所从事的生产经营活动相应的安全生产知识和管理能力；

第二十一条规定：生产经营单位应当对从业人员进行安全生产教育和培训，保证从业人员具备必要的安全生产知识，熟悉有关的安全生产规章制度和安全操作规程，掌握本岗位的安全操作技能。未经安全生产教育和培训合格的从业人员，不得上岗作业。

第二十二条规定：生产经营单位采用新工艺、新技术、新材料或者使用新设备，必须了解、掌握其安全技术特性，采取有效的安全防护措施，并对从业人员进行专门的安全生产教育和培训。

第二十三条规定：生产经营单位的特种作业人员必须按照国

家有关规定经专门的安全作业培训，取得特种作业资格证书，方可上岗作业（砖厂的配电工、维修电工、电焊工、挖掘机司机、装载机司机等都属于特种作业人员）。

第三十六条规定：生产经营单位应当教育和督促从业人员严格执行本单位的安全生产规章制度和安全操作规程；并向从业人员如实告知作业场所和工作岗位存在的危险因素、防范措施以及事故应急措施。

第五十条规定：从业人员应当接受安全生产教育和培训，掌握本职工作所需的安全生产知识，提高安全生产技能，增强事故预防和应急处理能力。

对法律责任也做了明确规定：

第八十二条规定：生产经营单位有下列行为之一的，责令限期整改；逾期未改正的，责令停产停业整顿，可以并处二万元以下的罚款。

未按照本法第二十一条、第二十二条的规定对从业人员进行安全生产教育和培训，或者未按照本法第三十六条的规定如实告知从业人员有关的安全生产事项的；

特种作业人员未按照规定经专门的安全作业培训并取得特种作业操作资格证书，上岗作业的。

由此可见，投产前不积极组织职工进行培训，不仅是对企业和职工不负责任的表现，同时也是违反了国家法律的违法行为。

因此，生产线投产之前必须组织管理人员和技术工人进行岗前培训。

培训的主要内容：

1. 安全管理常识，安全生产知识，有关安全生产条例；

2. 生产工艺流程，烧结理论；

3. 设备（包括窑炉）操作规程和操作技术；

4. 砖瓦设备维修基础。

培训的主要目的：

一是通过培训提高管理人员的管理水平，让他们明确知道怎样管理有利于安全生产、怎样管理有利于提高产品质量和产量，用正确的理论去指导生产；

二是通过培训提高维修人员的理论水平，明确知道如何保养和维修设备，如何尽快处理设备故障从而缩短事故影响时间；

三是通过培训提高操作工人的安全意识和操作技能，让他们明确知道如何操作，杜绝违章作业，有条件时可以让他们亲手操作，找找感觉，总结经验。

但岗前培训时现场操作很难实现。凡是生产经验丰富的老厂都有严格的生产定额，现场的生产人员都不愿意叫学员操作，因为学员操作可能会影响产量和质量，甚至引起短时间的生产不正常，这会影响他们的收入。培训方的管理层在这方面也是很保守的，他们同样是出于安全和效益的考虑。

岗前培训主要是理论方面，要让一个刚刚参加培训一个月回来的新工人熟练地操作设备，实际上也是不现实的，就像一个刚从医学院毕业的大学生，到医院上班第一天就让他主刀动手术，这肯定是不切实际的，无论他掌握了多少理论知识，都必须给他一个通过实践来总结提高的过程，否则医疗事故在所难免。国产制砖设备的自动化程度比较低，绝大部分设备的操作还要凭操作者的操作经验，否则很难达到理想的效果。比如生产系统中的搅拌机，目前国产搅拌机绝大多数没有配备自动加水系统，泥料的含水率全靠操作者的经验来保证，硬塑砖机要求泥条的含水率为11.5%~12.5%，否则泥条太硬就会造成裂纹或干脆挤不出来，严重的挤烂芯架、机口或泥缸，甚至有可能发生人身事故；而太软又不符合一次码烧要求，砖坯码到窑车上会严重变形而成为废品。要想让一个新上任的搅拌机司机完全靠眼和手使泥条达到所需要的含水率，肯定是不可能的。所以这类设备的操作工没有半年以上的操作经验是很难胜任的。因此，投产后聘请专业化技术服务公司给予技术支持也是非常重要的。

如果说投产前的培训是“走出去”的话，那么投产后的服务就应该叫做“请进来”，即请专业化技术服务公司派管理水平较高和技术成熟的“老师”到现场，帮助管理人员指导生产；让请进来的熟练工亲自操作设备，带一带新工人，并且把他们多年生产过程中总结出来的“小窍门”、“小绝活”传授给新工人，缩短操作工的“成手”时间；让请进来的具有丰富维修经验的维修“老师”现场教给新维修工如何维修、保养设备，教给他们在什么情况下、怎么样更换设备易损件，教给他们什么样的设备容易发生什么样的故障、并且怎样在最短时间内排除，以缩短对生产影响时间；这样通过“传、帮、带”，无论管理人员的管理水平还是技术工人的操作水平都会有大幅度提高，新投产的企业会大大缩短达产时间。

另外，关于新型墙材厂的达产时间我们还有不同的看法。达产的概念：达产是指新投产的生产线在一定时期内所生产的合格产品的数量达到了设计的产量。“一定时期”指“设计产量”所采用的时段，不是“月”，也不是“半年”，而是“年”，即新生产线最起码在一年内达到了设计产量，才能说这条生产线达产了。因为我们所说的设计产量是以“年”为计时单位的，没有说以“月”或者“半年”为计时单位的。为什么以“年”为计时单位呢？因为我们制砖企业的生产受天气影响非常严重，冬季的严寒和夏季的酷暑都会不同程度地影响产量，雨季影响产量更甚。只有适应了不同天气变化带来的影响，总产量或平均产量达到了设计要求时，才能算这条生产线达到了设计产量。而这个天气变化的周期最少应该是一年，所以，所有设计产量都是以“年”为计时单位的。有的生产线春秋季节产量很高，但一到冬季或雨季，产量就骤减，甚至停产，这种情况绝对不能称之为达产。目前有部分设计部门和施工单位提出新生产线可在三个月或半年之内达产，这是严重脱离实际的空谈。实践证明，即便是新型墙材厂设计合理、管理得当、技术过关，能在一年之内达到设计产量的也是为数不多的。

新型墙材厂的达产是一项复杂的系统工程，任何一蹴而就的想法都是不切实际的。本章开头所提出达产的三个条件缺一不可，仅管理和技术这两个条件，没有三五年的时间想达到成熟，是绝对不可能的。

总之，新型墙材厂投产前的培训和投产后的服务都是非常重要的，别人的经验和教训是自己最好的老师，聪明的投资者会把钱花在最恰当的地方。

第二节　现代化制砖企业生产管理制度导论

作者在一家矸石砖厂当过多年的管理者，总结出了一套行之有效的生产管理制度，对生产管理起到了良好的推动作用，现将其以导论的形式汇总如下，以便相关制砖企业参考。不当之处敬请批评指正。

例：某砖厂的生产规模：两条 6.9m 隧道焙烧窑（6.9×144.35＋6.9×153.05），年设计产量 5000 万块＋6000 万块（折标），两台主机（硬塑）60Y＋75Y 。

生产工艺如下：

煤矸石＋页岩、黏土（各 6%～8%）──→装载机掺配──→原料大棚──→漏斗──→电振给料机──→锤式破碎机（粗碎）──→笼式破碎机（细碎）──→电振筛──→一搅（筛上料回笼破）──→陈化库（72h 陈化）──→多斗挖土机──→厢式给料机──→二搅（搅拌挤出）──→主机──→切条切坯机──→人工码坯──→干燥窑──→焙烧窑──→卸车线人工卸车──→货场。

宗旨：

一个好的企业首先应该具备一套好的管理制度，检验管理制度好坏的唯一标准就是：该管理制度是否促进了生产（经营）发展。因此一套新的管理制度必须达到下列效果：

1. 确保安全生产；
2. 促进管理人员的管理水平的提高；
3. 有效调动职工的工作积极性；
4. 在确保产品质量的前提下最大限度地提高产量；
5. 所有人员都能自主控制成本（主动节支降耗）；
6. 促进创新发展，达到人人参与，月月有创新成果；
7. 确保形成一支骨干技术力量，使企业技术水平始终处于行业前沿；

8. 最终目标：达到“管理上台阶、技术上水平、产量创新高、质量创品牌、职工增收入、企业增效益”的目标。

一、安全管理

“安全第一、预防为主”，这是国家安全管理的原则，也是企业进行安全管理的通则。要做到“预防为主”，就必须首先牢固树立“安全第一”的思想。要通过宣传、教育、培训等手段，让所有的管理人员和职工明白：安全是企业最大的效益，安全是职工最基本的生存保障。一个大规模的现代化建材企业，因现场设备多、劳动环境差，给安全管理带来了很大的难度，因此要实现长治久安，就必须抓好以下几点：

1. 提高职工安全意识，通过班前会、安全大课、安全专题报告会等形式，强化职工安全教育，从自我做起，人人讲安全，达到“个人保班组，班组保车间，车间保全厂的”安全目标。

2. 强化各级管理人员的责任制，明确三级管理人员的责任：班组长是本班组安全生产的第一责任者；车间主任是本车间安全生产的第一责任者；生产厂长是全厂安全生产的第一责任者。让每名管理人员明确自己的安全责任，变压力为动力，主动抓安全。

3. 建立安全责任追究制度，发生事故要组织有关人员分析原因，要追究有关责任人的行政责任，轻者罚款、降级，重者撤职、开除，达到“处罚、挽救、教育”的目的。

4. 建立安全奖罚制度，每月预留部分工资总额，作为安全基金，月底根据各车间班组的安全考核情况进行奖罚。

二、行政管理

行政管理制度是确保全厂政令畅通的关键，要明确界定各级管理人员的权利范围，只有让管理人员充分发挥自己的权利，才能要求他们恪尽职守、出色完成各自的目标任务。

1. 厂长（总经理）

厂长（总经理）直接对董事长负责，对生产全过程负全部责任。有权对副厂长等班子成员进行考核奖罚，有对班子成员任命或撤换的建议权，并应得到董事长的积极支持；有权自主任命、撤换车间主任；有对全厂整个生产过程指挥调度的绝对权利。

2. 车间主任

车间主任直接对生产厂长负责，对本车间生产全过程负全部责任，有权对本车间内的班组长、工人进行奖罚或撤换，有权对本车间工资进行分配，有权制止或处罚全厂所有工人的违章作业。

3. 班组长

班组长直接对车间主任负责，对本班组生产全过程负全部责任，有权对本班组工人进行奖罚或撤换，有对本班组工资进行分配的权利，有制止或处罚本班组工人违章作业的权利。

三、定额管理

工资分配制度是调动职工工作积极性的最有效手段，可以说在目前市场经济年代，职工 90%的积极性来自于工资分配，要形成“能者多劳、劳者多得”的良好机制，最大限度地调动广大职工的工作积极性。

建材企业最好的工资分配制度就是采用定额管理，利用明晰、准确的定额来分配职工的工资，各班组每天下班后立即填写工资记录单，让每个职工明确知道自己当天的劳动报酬，充分体现“多劳多得、少劳少得、不劳不得”的分配机制，让职工自我约束、自我加压，为高产、稳产打好基础。

定额由厂部会同考核人员根据各岗位工作难易程度、劳动强度、劳动环境、技术含量等因素共同测定，制定完后，以文件形式向全厂职工公布，让每个职工明确自己所在岗位的定额情况，积极监督工资分配。定额一旦公布即作为一项严格的制度执行，任何人不能随意更改，执行过程中发现有不当之处，由厂部进行调整。

定额管理牵扯量的考核，量的考核准确性是定额管理的关键，因此必须抓好这项工作。为防止营私舞弊，最好采用工序产量结算法，既货场与窑炉车间结算，窑炉车间与成型车间结算，成型车间与原料车间结算，这样通过相互制约监督，能有效地杜绝虚报产量，最大限度地体现定额的真实性。

四、设备管理

设备管理是现代化制砖企业的管理核心，因为全部采用流水线作业，机械化程度高、设备多，管好设备就等于成功了一半，而要想管好设备就必须严格遵循“谁使用谁维护”的原则，明确车间主任是本车间设备管理的第一责任者；将所有设备包机到人，完善各类日检、巡检记录，做到有据可查，尽量减少设备事故；杜绝设备失修，设备检修要做到有计划和预防性；对突发性设备事故要形成抢修制度，要求厂级领导、车间主任、班组长三级管理人员必须盯在现场，尽量缩短影响时间；建立设备事故追究制度，对事故影响要及时组织分析原因，以便采取针对性措施，对事故责任人要严肃处理，并联责车间主任和厂领导。

设备备品备件要供应及时，易损件必须有一定库存量，杜绝因缺件而造成的生产影响。每月由车间主任上报一份配件计划，由采购部门采购。一旦发生缺件影响要分析原因，追究有关责任人的责任。

设备维修用的工具要配备齐全，俗话说“三分手艺、七分工具”，再高明的维修工没有工具也只能“望洋兴叹”。常用工具由车间管理，不常用工具如 50t 以上千斤顶、10t 以上手拉葫芦、水平仪、电锤、电钻等可由配件库统一管理，作为全厂的公用工具，车间使用时到配件库借用，用完后及时归还，借用要有手续和记录，以便发现损坏及时分清责任。所有工具要建账管理，厂部对车间管理的工具要经常检查核对，防止丢失，发现丢失责成责任人赔偿。

五、成本管理与质量控制

对砖厂的生产管理而言，可控成本只有三项——工资、材料、电力，而工资直接牵扯到职工切身利益，为防止影响职工工作积极性，不可能把工资降得太低，因此生产管理部门的可控成本只有两项——材料和电力。

1. 材料主要指维护设备、窑炉而发生的非工资性费用，一般占总成本的10%～15%左右，虽然比例不大，但若管理不善，其浪费也很惊人。控制材料投入比较好的措施是实行定额承包制，即将合理的费用指标承包到车间和班组，让车间主任、班组长、维修工的工资与材料费用挂钩，按一定比例节奖超罚，当月工资兑现，这样能有效地调动维修工和管理人员节约材料的积极性，只要措施得当、考核严格，他们会千方百计减少材料投入，并主动修旧利废。

2. 电力控制　电力占生产成本的20%～25%左右，节约空间较大。电力单耗主要与装机容量有关，现代化矸石砖厂一般每万块KP砖电耗1000kW·h左右，控制不好也可能达到1400～1600kW·h/万块，措施得当也可能控制在800kW·h/万块左右，具体措施：

（1）实行单耗考核，电量单耗与各车间主任工资挂钩，根据考核指标节奖超罚，当月工资兑现。

（2）生产班组单耗竞赛，主要针对原料和成型车间，因他们是耗电大户，两车间耗电量占全厂总量的80%以上，而且都是两班制，便于对比考核。按甲乙两班，如甲班当月单耗高于乙班，则甲班全体职工人均罚款一定数额用于奖励乙班，反之亦然，班组长按工人平均奖罚额的两倍计算，这样能有效调动全员节电意识。

（3）维修工工资与全厂单耗挂钩，制定指标，节奖超罚，调动他们的节电积极性。

（4）增加就地补偿，提高功率因数，同时起到保护电机的作用。

（5）优化设备配置，杜绝大马拉小车现象，根据日常运行电流测定实际所需功率，更换部分大电机，减少空耗。

（6）按照峰谷分时，尽量在谷段生产，峰段检修，降低平均电价。

质量管理是一项复杂的系统工程，要求全员参与，制定一系列的考核细则，并用强有力的行政手段监督实施。

1. 原料车间

（1）考核铲车掺配料情况，要求热值合适，否则罚铲车司机。

（2）考核原料粉碎的粒度，要求小于0.5mm的细粉料不得低于65%，并不得有大颗粒，否则罚生产班班长。

（3）考核一搅水分要求10.5%～12%之间，否则罚一搅司机。所有罚款均应按20%～30%联责班长和车间主任。

另外还要对购进原料的热值、含水率、石灰石含量进行考核，防止购进不合格原料。

2. 成型车间

（1）考核真空度不得低于-0.088MPa，否则罚生产班班长，属维修班责任的罚维修班班长。

（2）考核砖坯硬度不得低于3.2MPa，否则罚上搅司机、机口工。

（3）考核砖坯孔洞率（制定相关品种砖坯的孔洞率，可以折算为湿坯质量考核），否则罚维修班长。

（4）考核砖坯外观质量（无裂纹、裂角、裂芯），否则罚机口工。

（5）考核砖坯成型尺寸，不合格的罚生产班长。

（6）考核码坯质量，达不到质量要求罚码坯班长。

以上所有罚款均按20%～30%联责班长和车间主任。

3. 窑炉车间

（1）考核干燥质量。要求残余含水率不大于0.5%，否则罚微机监控人员。

（2）考核烧成质量（无欠火过火），否则罚微机监控人员。

六、改革创新

改革创新是一个企业持续发展的不懈动力，只有不断改革创新才能促进企业健康发展，因此必须鼓励职工革新创造，充分利用他们的聪明才智，对现有设备、工艺等不合理之处进行改造，从安全、节能、质量、利废、效益等方面着手，本着“少投入、快见效”的原则，广泛发动群众，人人参与，迅速掀起改革创新的热潮，只要奖励政策及时兑现，会收到意想不到的效果。

成立创新小组，设立技术创新基金（每月3000～5000元），由厂部工程师任组长，各车间主任、班组长为成员，每月由车间主任以书面形式上报本月创新成果，由创新小组组长组织有关人员鉴定，根据鉴定情况上报厂长后确定奖励数额和受奖人员，当月工资兑现奖励，让参与改革创新的职工尝到甜头，鼓励他们的创新热情。

以上导论作为现代化制砖企业制定管理制度的参考，而篇首的最终目标才是企业制定管理制度的真正目的。

第三节　大中型砖瓦企业生产设备的维修组织管理

大中型砖瓦企业系指设计生产能力为年产 6000 万标块（含 6000 万标块）以上的砖厂。大中型砖瓦企业的生产设备维修组织管理是砖瓦企业实现机械化大生产的重要问题。已建成的机械化大中型砖瓦企业生产线投产后，能否达到设计生产能力和整套机械设备能否一直正常运行，这就要依靠生产设备维修组织管理来保证。机械设备投入运行生产后，总要经过正常机械磨损和受到所处环境的影响，产生机械设备故障是不可避免的，这就必须建立健全结合砖瓦企业生产需要的生产设备维修组织管理体系，强化生产设备维修管理，及时排除设备故障来保证生产设备正常运行。

大中型砖瓦企业生产设备维修组织管理可分为两种模式，即企业集中统一维修和按车间分散专业维修两种模式。淄博鲁王建材有限公司生产设备维修组织管理是将全厂集中统一管理改为按车间分散专业维修管理的。现将按车间分散专业维修管理模式详述如下，以供大中型砖瓦企业加强生产设备维修组织管理参考、交流与探讨。

淄博鲁王建材有限公司是于 1999 年建成投产的设计生产能力为年产 6000 万标块的生产线，主要生产设备：原料车间装有一台粗碎锤式破碎机、三台笼式破碎机、5 条 B500 皮带机、两台 D300 斗式提升机、一台双轴搅拌机和两台电磁振动筛；成型车间装有 6 台 B500 皮带机、一台箱式给料机、一台带搅拌挤出机、一台JZK60硬塑挤出机和辊筒式切坯机；烧成车间建有两条断面宽为4.6m的吊平顶隧道窑及与其配套的干燥窑和排烟风机、送热风机，还有120台窑车、4台顶车机等。这些生产设备除B500皮带机、箱式给料机、风机和隧道焙烧窑正常维修量较小外，其他设备因正常磨损或机械碰损需要及时维修，而且专业性强、维修量大。由于采取了按车间分散专业维修管理模式，并建立健全了设备维修管理制度，例如，生产班次与维修时段的合理安排、生产设备配件的自制与易磨损件修复和备品备件的管理、设备维护与巡检等，因而，该生产线投产至今已连续运转10多年，年产量突破设计生产能力，而且连续两年实现年产7000万标块，2008年年产量突破7200万标块。这一事实有力证明了生产设备维修组织管理的重要性和产生的企业经济效益。

1. 生产班次与生产设备维修时段的合理安排

生产班次与生产设备维修时段的安排原则：原料车间和成型车间既要保证每天有一次足够的设备维修时段和两班制生产时间，又要保证每天只进行一次设备维修就能确保两个生产班次的正常生产；烧成车间因窑炉常年连续运转，因而生产设备的维修时间只能安排为白班8小时工作制，而且频繁、最大的工作量是窑车台面的维修。

原料车间和成型车间的设备维修时段为每天的7：00～10：00（包括成型车间更换机口和芯具的时间）；原料车间和成型车间每天两个生产班次时间为10：00～18：00和22：00～6：00。这种安排的目的：每天只安排3小时的生产设备维修与维护时间，完全能保证生产设备正常运转两个生产班次，而且维修人员又有5小时的自制备件和易磨损件的修复及对运转设备的巡检时间；两个生产班次不连续安排的意图是为了确保每个生产班次的成型砖坯能够完成当班的产量定额，即窑炉12小时的最低进车车数。因该砖厂属于传统设计工艺，码坯皮带到干燥窑门口存坯线较短，两条线只能存16车，窑炉出车速度稍微慢一点或者砖机绞龙挤出速度处于最快阶段，都会使存坯线爆满而影响成型生产。如果因故不能在8小时内完成产量定额，则也有加班生产的时间，以此保证窑炉能满负荷正常生产，完成全年的产量指标。原料车间每个班也有产量定额，如遇连续阴雨天气，原料含水率高，破、粉碎机生产效率低时，为了完成产量定额也必须进行加班生产。既然用班产量定额控制生产时间，那么生产条件比较好时，不到 8 小时即完成了当班产量定额，也可提前下班。例如，干旱天气原料含水率低，破、粉碎机生产效率高，一般只需要 6 小时即可完成当班的原料产量定额；成型挤出机绞龙挤出速度分三个阶段：第一阶段，新绞龙表面粗糙、阻力大、挤出速度由慢变快；第二阶段，绞龙表面磨光滑后挤出速度最高；第三阶段，绞龙被严重磨损挤出速度又逐渐下降。当挤出速度最快时，成型车间不到 8 小时就能完成产量定额而提前下班，然而绞龙进入磨损严重挤出速度下降阶段，可能需要几天的加班才能完成产量定额。企业规定：当成型挤出速度降低到每分钟只出 8 条坯条时，就必须更换新绞龙，否则，成型车间为了完成产量定额而加班时间太长，这时的加班生产既浪费电不经济，又不利于职工身心健康。

这种两班制生产班次中间加 3 小时的设备维修时段的设备维修管理是一种设备计划预维修与维护保养的管理方式，维修工只上白班，工作条件好，事半功倍；而 3 班制生产班次只能安排班中设备故障维修，维修工要分散跟班维修，定员总人数要相应增多，这种维修一般是无准备的被动故障维修安排，少数维修工仓促应对，多数生产工人停产等待，事倍功半。3 班制生产班次因有生产班中的设备故障维修，据了解一般平均每天的生产时间不足 16 小时，而两班制生产则每天保证有 16 小时的生产时间，还可以根据需要加班生产，以确保完成产量定额。

2. 生产车间设立生产设备维修组好处多

生产车间设立生产设备维修组，并根据生产设备维修确定专业维修人员，这种管理模式与企业集中统一维修管理模式相比，更有利于加强大中型砖瓦企业生产设备维修管理和提高生产设备的完好率，确保生产任务的顺利完成。其优越性，一是车间主任最了解本车间的生产与生产设备情况，设备维修计划性强，完成设备维修计划率高；二是各车间设备维修专业性强，本车间的设备维修人员在长期的设备维修工作实践中能积累许多经验，有利于提高维修效率与质量，也有利于开展设备改造与技术革新工作；三是有利于自制备件和易磨损件的修复工作；四是有利于在生产中对设备的巡检与维护保养工作；五是有利于加强车间经济核算工作；六 是避免了集中统一维修管理的计划性不强，造成车间之间维修任务安排的矛盾冲突，也减轻了生产经理的繁杂工作量，更有利于加强全厂的生产管理。

砖瓦企业的生产设备虽然比较简单粗放，但也具有一定的专业特点，例如，原料车间的锤式破碎机的锤头和笼式破碎机的笼棒极易磨损，车间维修工必须每天在维修时段内检查与维修、更换，并要及时自制备件或进行易磨损件的修复，否则在生产中出现故障停机维修，就必然要影响生产。又例如，窑车的台面是由耐火砖和绝热材料砌筑的，在运转过程中，因受温度环境变化的影响或机械碰损，及易松动、变形或损坏，如不及时进行修复，则易造成坯垛码放不稳而发生倒垛，也极易造成窑车台面碰擦窑墙而降低窑炉的使用寿命。窑车台面的维修对于具有瓦工技能的工人是一件很容易的事，如果临时安排一般人员维修窑车台面，则不仅工作效率低，而且维修质量差。车间应设专职维修人员，即使是非瓦工人员，他们只要经过一段维修工作实践之后，也会掌握维修技术而圆满完成任务。鲁王建材有限公司的 120 台窑车的台面至今没变形走样，诀窍就是有 3 名固定的专业维修人员。有些砖厂不设专职窑车维修人员，而是隔几个月组织一大批人员进行一次突击维修，其结果是大部分窑车台面修好了，而窑墙也早被碰坏了，周而复始，不仅影响了产品质量，而且大大缩短了窑炉的使用寿命。鲁王建材有限公司两条隧道焙烧窑至今运行 10 年未进行停产检修，其中专职窑车维修人员的及时精心维修功不可没。

3. 生产车间设立生产设备专用备品备件仓库，实行定额管理

通过几年的生产实践证明，全厂设一个大仓库统一管理易耗

品、各种物资、尤其生产设备的备品备件，并不完全适应生产设备维修的需要，也不利于设备备品备件的定额管理。该企业在各个车间设立了设备备品备件仓库，将本车间专用的备品备件直接领入车间备品备件仓库，由车间主任实行建账管理，这一改革不仅方便了生产设备的及时维修，也有利于加强车间的成本经济核算工作，同时减轻了大仓库保管人员（兼职）的工作量，使设备备品备件的管理工作更加细化，这对于生产任务的顺利完成起到了一定的作用。

4. 组织设备维修人员进行技术培训和开展设备改造与技术革新工作

组织设备维修人员进行技术培训是提高维修人员技术素质的最好途径，只有 提高设备维修人员的技术水平，才能提高设备维修效率与质量，有利于降低设备维修费用和提高设备完好率，为开展设备改造与技术革新奠定基础。我国大中型砖瓦生产企业与其他工业企业相比，员工的基本情况是文化水平低、技术力量薄弱，要在现阶段实现砖瓦生产机械化，就必须立足现实抓好员工在生产岗位上边干边学和干什么学什么的技术培训。

我国砖瓦生产历史悠久，但采用机械化大生产方式只是近10多年的事，国产的生产设备存在着质量不过关、生产效率不高和不配套等诸多问题，因而已建成的生产线达产十分困难，边生产边改造的事例相当多。就是投产比较顺利的生产线，其生产设备也或多或少地存在一些问题。另外，从国外引进的砖瓦生产设备还有一个适应我国生产条件的问题，因此，砖瓦企业一定要抓紧抓好设备改造与技术革新工作。开展设备改造与技术革新工作，首先是发动一线生产员工在生产中发现一个问题就解决一个问题。也可以借鉴水泥和耐火材料行业原料生产工艺与生产设备的成熟经验，对砖瓦泥料生产的工艺和破粉碎设备进行改造与革新，例如，两种或两种以上原料的共同粉碎与泥料均化处理工艺、破碎设备等。现在砖瓦企业泥料的生产条件差，气候的影响尤其严重，只有针对各种不利因素对设备进行改造与技术革新，才能解决影响生产线达产的泥料生产关。

第四节 隧道焙烧窑低热值稀码快烧工艺实用操作技术

隧道焙烧窑内燃烧成工艺一般可分为两种操作技术：一种是超热焙烧工艺操作技术；另一种是常规热值焙烧工艺操作技术。超热焙烧工艺操作技术，主要用于以高热值煤矸石为原料生产全煤矸石砖的焙烧工艺。由于煤矸石原料中含煤量较高，因而，泥料的热值超过一般烧成工艺所需要的热值，不得不采用超热焙烧工艺操作技术，否则会因升温太快和烧成温度太高而使制品裂纹、黑心、过烧，甚至会发生倒窑事故。常规热值焙烧工艺操作技术是大多数煤矸石砖厂采用的焙烧工艺操作技术，一是由于选用了适合于焙烧工艺需要的热值的煤矸石作为制砖原料；二是采用较低热值的煤矸石原料再掺加适量的页岩和劣质煤而调配成常规热值，以满足正常焙烧工艺的需要。

在常规热值焙烧工艺中，大多数厂家又常采用“密码低温长烧”工艺方法。本文针对目前滥用超热焙烧工艺而存在的产品质量差、产量低、耗能大、成本高等问题，提出了“低热值稀码快烧”工艺操作技术，以提高制品的产量和质量，降低生产成本，增加企业经济效益。

一、提出“低热值稀码快烧”工艺操作技术的原因

2000 年前，全国乡镇和个体小煤井崛起，使全国煤炭属于长线产品。2000 年后，由于国家加大了对煤炭安全生产的管理力度和严禁滥采而破坏煤炭矿产资源的行为，关闭了一些无生产措施和不合法的小煤矿，因而，煤炭转为卖方市场。在煤炭处于长线产品时，煤矸石中含有较多的煤炭，因制砖的泥料热值高，所以不得不采用超热焙烧工艺或低温长烧工艺操作技术。当煤炭处于短线产品后，煤矸石中的煤炭含量减少了，热值降低了。特别是个别煤矿，在经济利益的驱动下，把一些含有煤炭的矸石掺入煤炭中，剩余的矸石其热值不足 200cal/g，不能满足煤矸石砖生产所需要的正常热值。由于这种矸石原料塑性差，不得不添加

部分页岩以提高其塑性指数，解决成型困难的问题。这样，就使泥料热值更低，因此不得不采取掺加适量的原煤以调配成焙烧工艺所需要的热值。原来制料不用煤，现在不得不每月花上万元购买煤炭，大大提高了制砖成本。

煤矸石原料的热值由高转低，但有些焙烧工的操作方法没有改变，因而要求原料掺配时掺加的煤炭含量不断增加，其泥料热值高达 600cal/g 以上，月产 250 万块（KP_1）的砖厂，一月之内竟掺加了价值 5 万多元的煤炭。因此，降低泥料热值，减少煤耗，是降低生产成本的重要措施，这就是提出低热值烧成工艺的主要原因。

另外，采用较高的热值或密码的烧成工艺易产生黑心砖，而采用“低温长烧”工艺虽然能减少黑心砖，但存在烧成周期长、产量低的问题，增产又是降低单砖成本的最有效措施。

综合上述诸多原因，经过理论分析，并通过部分砖厂的生产经验证明，“低热值稀码快烧”工艺符合当前以热值偏低的煤矸石为原料的煤矸石烧结多孔砖生产的需要，节能增产是完全能办到的。

二、“低热值稀码快烧”焙烧工艺的含义

低热值是与超热焙烧的热值相比较而言。根据焙烧工艺的操作技术水平，将泥料的热值控制在 380～500cal/g 范围内。当矸石原料的热值较低时，可用少量加煤的方法达到焙烧所需要的热值，尽量降低泥料制备成本；当矸石原料的热值较高时，也可以适当多掺加一些页岩，以降低泥料的热值，达到稳定烧成制度的目的。

稀码是相对于密码方式而言，即降低码坯密度。与密码相比，稀码能减少窑内气流的阻力，保证坯垛内气流均匀畅通，避免因密码坯垛内通风不良而产生过火和黑心砖，提高产品质量。

快烧是相对于“低温长烧”制度而言。根据窑炉的运行情况，一般应将进车速度控制在 90min /车，根据成型的能力，也可缩短到 80min /车，但最慢应不低于 100min /车，即两条 4.6m 断面的焙烧窑日进车辆为 28.8～32 车。当成型产量能满足烧成能力时，两条焙烧窑的日进车能力应达到36车。按这样的进车速度计算：实际能力为6000万标块/年的两条4.6m断面隧道窑实际年生产能力（合格率95%）应分别为5800万标块、6400万标块和7200万标块 。而一条6.9m断面隧道焙烧窑的年产量应分别为4300万标块、4800万标块和5400万标块。快烧即缩短烧成周期，加快进车速度。这是提高产量、降低单砖生产成本的最有效措施。

三、"低热值稀码快烧"工艺操作技术要点

1. 码坯

码坯质量直接影响到砖坯干燥质量。合理的码坯方式与码坯密度，能使干燥热风在干燥窑断面上进行合理的流量分配和形成适当的流速，以保证砖坯干燥的均匀和提高干燥热风的利用率。

码坯又是焙烧的基础。烧成工艺强调"七分装码，三分焙烧"，说明码坯在烧成中的重要性。码坯形式确定之后，实际上也就确定了码坯密度，从而不仅关系到窑内气体运动阻力与风速、风量的大小，而且也确定了窑内热源的多少及其在窑内断面上的分布，最终影响到烧成制度。因此，烧成工艺必须根据窑炉的技术性能、烧成制度、砖坯的热值、砖坯的品种等综合因素，选择合理的码坯方式。

码坯密度是指窑内空间每立方米所能码放的砖坯块数。为了便于考核对比不同品种的码坯密度，砖坯的块数用标准砖（240mm×115mm×53mm）或KP_1砖（240mm×115mm×90 mm）的块数即可。要使在同一条窑内烧成的不同品种码成相同或相近的密度，以确保烧成制度的稳定，提高产品质量。

根据大中断面平顶隧道窑采用"低热值稀码快烧"的工艺要求，码坯方式与码坯密度主要取决于砖坯坯垛横断面上的通风率、坯垛横断面通风总面积与顶隙和侧隙面积之和的比数为：$\frac{\Sigma S_n}{(\Sigma S_{d+s})}$，以及坯垛横断面通风总面积与窑通道横断面积的百分比$\frac{\Sigma S_n}{(\Sigma Y)}$，详见表10-1。

表 10-1　4.6m 一次码烧隧道焙烧窑码坯技术参数表（KP_1 平码 12 层）

序号	成品公称尺寸（mm）	坯垛通风率（%）	$\frac{\sum S_n}{\sum S_{d+s}}$	$\frac{\sum S_n}{\sum Y}$（%）	码坯密度（KP_1 块/m^2）	单车数量（KP_1 块/实块）
1	190×190×90	34	1.9	28	140	3470/2656
2	190×90×90	37	2.0	31	140	3470/5608
3	190×140×90	34	1.9	28	140	3476/3612
4	240×115×90	37	2.0	31	156	3888/3888
5	240×240×115	37	1.8	27	190	4736/1776

表 10-2　6.9m 一次码烧隧道焙烧窑码坯技术参数表（KP_1 平码 12 层）

序号	成品公称尺寸（mm）	坯垛通风率（%）	$\frac{\sum S_n}{\sum S_{d+s}}$	$\frac{\sum S_n}{\sum Y}$（%）	码坯密度（KP_1 块/m^2）	单车数量（KP_1 块/实块）
1	190×190×90	32.73	4.96	31	164	5823/4452
2	190×90×90	35.52	5.38	33	148	5259/8488
3	190×140×90	32.96	5.00	31	150	5331/5532
4	240×115×90	37.10	5.62	35	166	5904/5904
5	240×240×115	31.70	6.75	30	180	6369/2374

从这两表看出，两窑 $\frac{\sum S_n}{\sum S_{d+s}}$，相差较大。主要原因是窑顶间隙不同，即 4.6m 断面窑顶间隙为 136mm，而 6.9m 断面窑顶间隙为 40mm。因此，两窑的性能亦有一定差异。

码坯时还要特别注意的一点是，要根据窑炉的宽度，设置 1～2 道纵向坯垛的收缩缝，其缝宽为 10～30mm 即可。用 1～2 道收缩缝将坯垛横向分为 2～3 小垛，以防止砖坯在干燥与烧成收缩时把个别砖坯拉裂。在密码或超热焙烧工艺中，为了防止砖垛中部的制品过火而设置的 1～2 道纵向火道（通风道），亦代替了坯垛的收缩缝。在一次码烧工艺中，边密中稀的码坯原则难以实施，而通过设置纵向坯垛收缩缝和纵向火道，也是一个很好的补救措施。

2. 干燥

“低热值稀码快烧”工艺的实施缩短了干燥周期。为了保证干燥质量，原料的选择在不影响成型质量的前提下，以泥料的塑性指数越低越好。因为干燥敏感性低的砖坯在干燥过程中不易产生干燥裂纹，所以可加快干燥速度，缩短干燥周期，为“快烧”提供条件。

要稳定干燥窑“0 压”点的位置，一般应将“0 压”点稳定控制在距离进车端为干燥窑总长度的 2/3 左右的位置。例如，有 16 个车位的干燥窑，其“0 压”点可控制在 10＃车位前后。由于泥料性质的差异，“0 压”点的具体位置可通过实验确定。“0 压”点确定之后，只要泥料的性质没有变化，就不要随便改变其位置。因为“0 压”点前移，会使排潮温度提高，易产生砖坯急干裂纹；而“0 压”点后移，一是由于产生严重的热气流分层现象而使坯垛底部的砖坯干燥不好；二是会降低排潮温度，产生很大的湿度，使坯垛凝露塌车。后一种现象在严寒天气（－10℃左右）很容易发生，应多加注意。

干燥热风温度（热风机出口温度）要稳定在 120～130℃，排潮温度为 45～50℃，空心砖坯出干燥窑的残余水分＜1％。

3. 焙烧窑温度控制要点

最高烧成温度控制在烧成温度范围的中间偏下即可，具体可根据砖垛底部和两侧无欠火砖来确定。因为，微机上显示的各车位温度都是窑顶部气流的温度而不是砖的真实烧成温度，砖的温度大于仪表显示的温度，特别是坯垛内部的温度更高。但是风速较大部位（顶、侧部位）砖的表面温度接近气流温度。所以，一旦仪表显示的温度稍低于烧成的温度，则必然出现部分制品表面欠火而内部烧结的现象。内部烧结就说明砖内温度高于砖表面温度，这也是内燃烧成的特点。

为了实现“快烧”的目的，必须从工艺上分析砖坯烧成过程中允许的升降温速度。

按窑内温度来划分，焙烧窑可分为三带。温度低于 600℃的地段属于预热带。砖坯在预热带主要是缓慢升温，排除残余水分，并防止砖坯产生裂纹。砖坯进入预热带后，在200℃以前是排除残余水分（自由水）阶段。若入窑砖坯的临界水分≤1.5%，就可以快速升温而不会使制品裂纹。因此，实现“快烧”就要严格控制入窑砖坯的残余水分。根据多孔砖与空心砖的生产实践，一般窑车顶部的砖坯残余水分在0.2%～0.3%，窑车底部的残余水分<2%，这为“快烧”提供了有利条件。

在200～500℃阶段，是排除砖坯结构水（化合水）的阶段。$Al_2O_3 \cdot 2SiO_2 \cdot 2H_2O$的分解是属于一级化学反应，温度每提高100℃，其分解速度就可加快一倍，而制品不会产生裂纹。因此了解了这个阶段允许的升温速度，也为“快烧”提供了依据。

当砖坯预热升温到573℃石英晶型转化（β-石英-α-石英）温度时，产生体积膨胀。但是研究发现，其相变时反应非常快，一般只需几分钟就结束了。因此，这时只需窑温均匀，使砖坯各部分的膨胀一致，就不会产生制品裂纹。573℃相变阶段的关键是控制窑温均匀，只要温度均匀，就可快速升温而不致坯体开裂。但是，预热带负压较大，易产生分层现象，没有一定的措施，很难保证窑温均匀。所以，在此阶段还是要特别注意慢速升温，以防产生制品裂纹。

另外，还要特别注意制品在冷却带的冷却速度。一是制品从烧成带进入冷却带后，由于有窑尾鼓风和抽热风，所以制品的冷却速度很快。当制品在573℃时，因为α-石英相变为β-石英的同时又产生体积收缩，故在此阶段必须缓慢冷却，以避免制品产生裂纹；二是制品在400℃以下，虽然可以快速降温，但是在230℃时，又因为石英产生快速体积收缩，所以这时冷却过快，制品即会产生裂纹、哑音。

4. 焙烧窑“0压”点位置的控制

“0压”点位置的控制标志着压力制度的控制与调节。压力制度决定窑内气体流动的状态，从而影响着窑内的热交换，影响着砖坯燃烧所需要的空气量的供应及所产生的烟气的排出，影响着窑内温度分布的均匀性。合理的压力制度是保证窑内温度和火焰性质的重要条件。

大中平顶断面隧道焙烧窑，按码坯高度为12层砖坯设计，一般窑炉的码坯有效断面高度≤1.2m，扁长的窑内横断面不会产生较大的上下温差，只要操作方法得当，就不会产生砖坯周边或底部制品欠火的问题。因此，可以采取大部分焙烧带处于负压烧成状态，即把“0压”点可以稳定控制在焙烧带后部。例如，12＃～22＃车位属于焙烧带，则“0压”点可以稳定控制在20＃～21＃的范围内，以从这个范围内的加煤口能观察到“0压”点为原则。切忌“0压”点移到冷却带而发生抽热倒流事故。

“0压”点靠后的最大优点是可以防止高温部位处于正压。当高温部位处于正压时，很容易发生向窑顶密封保温薄弱部位窜火而烧塌窑顶的事故。但是，由于大部分烧成带处于负压状态，因此要注意因窑底压力大于窑内压力或因加煤孔盖密封不严而向窑内进冷风，影响烧成温度。

正压烧成也易使大量热气体散失到周围环境中，从而增加了热量的损失，影响烧成温度，因而也给“低热值稀码快烧”工艺的实现造成一定的困难。较大的正压烧成也易使窑内高温气体向窑车下部或窑顶窜火而造成窑车轴承化油，严重时发生轨道或钢制砂封槽变形而停产，或因向窑顶窜火而烧塌窑顶的重大事故。

5. 风量的控制

窑内风量的供应是由排烟机的抽吸和窑尾鼓风机的鼓入来实现的。进入窑内风量的大小，应能满足制品冷却和抽热风的需要，还要满足砖坯燃烧需要，并有一定过剩的空气量，以及满足产生大量的烟气将预热带的湿气带出窑外的要求。如果风量小于上述要求，则烧成不能正常进行，烧成带形成还原气氛，就达不到烧成温度或升温很慢。但是，风量过大又会使冷却很快，热风温度降低，从而影响干燥温度和烧成温度；风量过大，也增加了排烟量，使大量的热量从烟囱排掉，窑内热量大量损失，因而“低热稀码快烧”工艺也不可能实现。

风量的大小要以焙烧的需要量来确定。其原则是应能满足氧化焰烧成的需要，即空气过剩系数控制在$\alpha=1.3$左右。

6. 排烟温度的控制

排烟温度的高低，标志着同样的烟气排出量从窑内带出的热量的多少。排烟温度过低，一是风机抽力减小，排烟量不足；二是易使预热带产生砖坯凝露塌车事故或砖坯回潮裂纹。排烟温度过高，说明窑内有大量的热量损失，造成能源浪费。因此，排烟温度应控制在≤120℃。应注意的一点是，如果预热带抽窑底风系统连接在排烟系统上，则排烟机的排烟温度包括窑底小于100℃的风量的风温，那么，这种情况下，其排烟温度还要低一些。

7. 排烟闸阀的使用与调节

隧道焙烧窑的排烟支管道一般设5～7对，每一支管的入口都设有闸阀，用以调节各排烟口排烟量的分配，以获得窑内适当的烟气流速和总排烟量。总排烟量和烟气流速关系到窑炉的烧成制度和预热带砖坯残余水分及有害气体的排出。而排烟口的排烟量的分配又直接关系到预热带的升温预热的热量在各车位上的分配量，从而影响到预热带各车位的预热干燥效果与升温速度，以及烟气热利用率大小的问题。

以7对排烟支管闸阀为例，其用闸方式可分为三种形式，即梯式闸、桥式闸和桥梯式闸。

为了便于说明闸阀的位置和开启程度的大小，我们以闸阀距离焙烧带的远近来说明闸阀所处的位置，再以闸阀开启大小来说明开启程度的大小。

(1) 梯式闸

梯式闸的开启应采用近小远大的操作方法。以距离烧成带最近的一个闸阀叫做首闸或近闸，近闸开启最小，以后各闸依次开大，末闸（远闸）开启最大，故称近小远大、逐步开大的阶梯形式叫做梯式闸，如图10-1所示。

近小远大操作方法的顺阶梯式闸，其优点是能够充分利用烟气的热量，使预热带升温平稳，火速快，产量高。其缺点是因烟气的流程长，逐渐降温增湿，如果入窑砖坯的残余水分较高，则易产生凝露。故砖坯干燥不良、残余水分较高时，应慎用此闸。

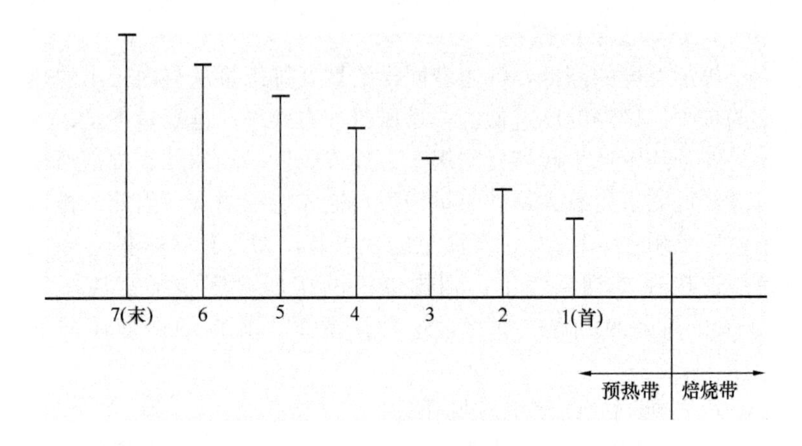

图 10-1 梯式闸示意图

（2）桥式闸

桥式闸是中间位置的闸阀开启最大，而其前后各闸阀则依次开小，形似拱桥，故称桥式闸，如图 10-2 所示。

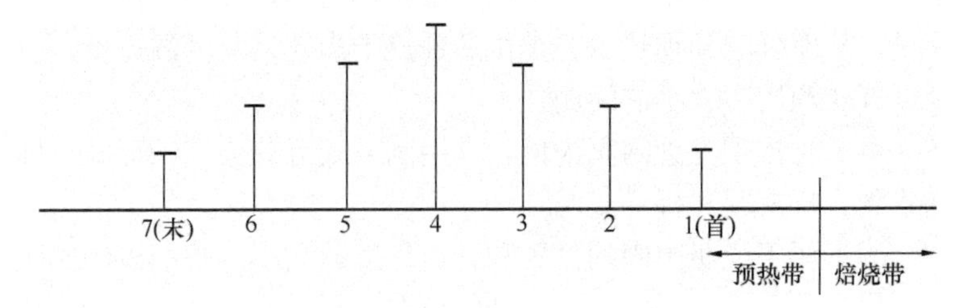

图 10-2 桥式闸示意图

由于桥式闸的中间位置的闸阀开启最大，可以把预热带中段的高湿烟气就近提前排出窑外，可有效防止凝露回潮，使升温平稳，有利于提高产品质量。但由于桥式闸较大地开启了中间闸和近中闸，增加了此处的抽力，提高了烟气的排出温度，这就增加了窑内热量的损失。排烟温度越高，损失的热能越大，因此，不利于“低热值”烧成工艺的实施。

（3）桥梯式闸

桥梯式闸的操作方法是，闸阀随着焙烧带由近及远其开启的程度由小到大依次变化，及至最后两闸阀时，大幅度减小开启程度至末闸，使最后两个闸阀的开启成为倒梯形，如图 10-3 所示。

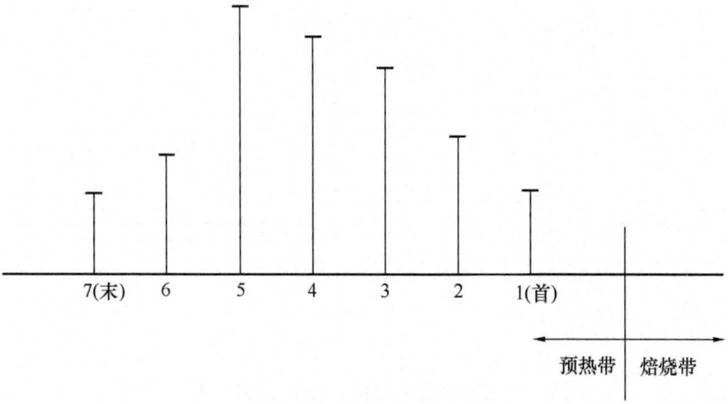

7(末) 6 5 4 3 2 1(首)

预热带 焙烧带

图 10-3　桥梯式闸示意图

第 1、2 两对闸阀的开启大小要根据第 1 对闸阀后面第 6～7 个车位的升温速度而定。一般这两个车位的温度在 700～900℃ 范围内，在此阶段的升温速度应控制在≤50～60℃/h。

桥梯式闸保持了梯式闸和桥式闸的优点，同时又克服了梯式闸和桥式闸的缺点。特别是在热能利用方面，它比桥式闸的热量利用率高，排烟温度低，加快了火行速度，更有利于“低热值稀码快烧”工艺的实现，有利于提高产品产量，降低单砖成本。因此，推荐使用桥梯式闸的操作方法。

排烟闸阀的使用与调节应注意以下事项：

（1）排烟闸阀的开启原则是“近小远大”。严禁采用“近大远小”的倒梯式的操作方法。因为这样会使大部分烟气没有通过更多的预热带的坯车即由近闸进入排烟机排出窑外，热量大量损失，坯体预热不佳，“低热值稀码快烧”工艺不可能实现。倒梯式闸如图 10-4 所示。

这种倒梯式闸的操作方法在某砖厂使用了很长时间，其结果是煤耗高，烧成温度低，欠火多，进车速度慢，产量低。例如，在砖坯泥料热值高达 695cal/g 的情况下，在焙烧窑进车过程中采取在窑顶向两个高温车位加煤的措施后，最高温度才保持在

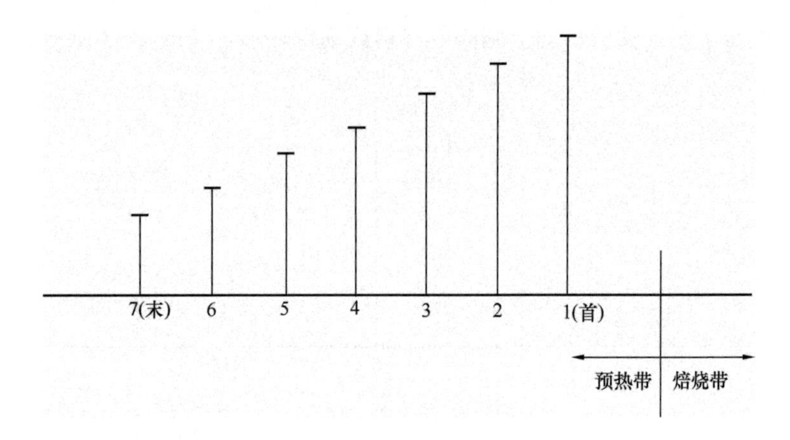

图 10-4　倒梯式闸示意图

964℃。对此，焙烧工要引以为戒。

（2）在调节排烟闸阀时，即有些闸阀要开大，有些闸阀要关小的时候，必须先开后关，稳开稳关，循序渐进。切忌大开大关，以免气流急剧波动，影响烧成制度的稳定。

（3）排烟闸阀的开启大小，应掌握窑的两侧对称和每对支管对称，以免出现窑内两侧烟气流速不一致而使两侧的火行速度不一致。如出现两侧火行速度不一致时，应开大慢侧的远闸，加大该侧的烟气流速，促其赶上。

8. 焙烧窑进车的规范操作和预备室不停车

为了更好地实施“低热值稀码快烧”工艺，必须执行规范的进车操作方法。即进车时，提起第一道窑门，使从干燥窑过来的坯车进入焙烧窑预备室，随后即落下第一道窑门，然后开启第二道窑门，接着再次进车，进车完毕即落下第二道窑门。采用这种操作方法，才能减少进车时从窑头向窑内进入大量冷风，也避免了因进车而较大地影响排烟机的排烟量。

预备室不停坯车的原因是：尽管窑头设置了两道窑门，但由于排烟机设在窑头附近处，对窑头的抽力最大，冷风很容易从门缝经预备室进入窑内，冷风经过预备室停放的坯车，会降低坯车的温度，被降低温度的坯车在进车后，需经重新加热，这就降低了预热的效果，增加了窑内热量的消耗。因此，不利于“低热值稀码快烧”工艺的实现。

9. 窑底风温的控制

窑底风温的控制可通过对抽窑底风管道的风温检测来实现。这里的风温一般控制在70～90℃范围内，夏季室温高达40℃时，其窑底风自然要高一点。控制窑底风温的目的，除了不使温度过高造成窑车轴承化油外，还要监控因窑内与窑下压力不平衡造成的窑下冷风漏入窑内而降低窑内温度，给“低热值稀码快烧”工艺的实现造成困难。

窑底风温检测的最简便方法是，在抽窑底风的管道入口处设一支“工业双金属温度计”，即可检测。

为真实反映窑底风温，必须设法使窑头的冷风不能从窑车底部进入窑底，从而进入抽窑底风的管道而降低抽窑底风管道内的风温。因为抽窑底风的管道入口离窑头很近，所以对窑头底部的抽力很大。最简单的方法是，在进车完毕后，用棉毯将窑门下部空隙堵严密。

第五节　成品砖裂纹成因及其防治

成品砖裂纹是影响产品质量的一个关键因素，轻者影响产品质量等级的评定；重者危及用户，销售困难；严重的甚至造成大批产品报废，给经营者带来不可挽回的经济损失。

有的砖厂投产多年一直受成品砖裂纹的困扰，究其原因，主要是没有找准裂纹的成因，无法对症下药，所以问题也得不到根治。

我单位专门从事砖厂的技术服务工作，曾成功处理过十几家砖厂产品裂纹的问题，积累了一定的经验，现总结如下，以便业界共同交流，也请专家们多提批评意见。

成品砖裂纹按生产工序划分，主要有四大成因：

（1）原料原因造成的产品裂纹；

（2）成型原因造成的产品裂纹；

（3）干燥原因造成的产品裂纹；

（4）焙烧原因造成的产品裂纹；

一、原料原因造成的产品裂纹

1. 原料本身特性造成的产品裂纹

（1）干敏系数过高

干燥敏感性系数用来衡量产品裂纹倾向性的大小，干敏系数越高，产品形成裂纹的倾向性越大，反之越小。当干敏系数大于1时，裂纹几乎不可避免；当干敏系数小于1时，产品一般不易形成裂纹。

这种类型的裂纹在一些黏土砖厂和一些黏土掺量高的砖厂最为常见。

防治措施：

① 建厂前必须事先对准备使用的原料进行化验，慎用干敏系数高的原料。

② 适量掺加瘠化剂，炉渣、煤矸石、粉煤灰、铁矿渣等都是很好的瘠化剂。

（2）塑性太差

原料塑性太差会造成成型困难，成型时裂纹严重，即便勉强成型，因坯体质量差、机械强度低，抵抗裂纹的能力就差，在干燥、焙烧过程中就容易产生裂纹。这种情况就好比有的人身体素质差，一遇天气变冷就容易感冒，而身体素质好的人抵抗气温变化的能力强，遇冷就不容易感冒。

防治措施：

① 砂性黏土可掺加增塑剂，如膨润土、高塑性黏土、造纸黑液等。

② 煤矸石、页岩等可降低其粒度增加塑性，也可采用掺加增塑剂的方法。

（3）泥料的颗粒级配不合理

所谓颗粒级配，即指泥料中各种粒径颗粒所占的比例。一般要求有三种粒径：细粉料（也称塑性颗粒，0.053mm以下），填充性颗粒（0.053～1.2mm），粗骨料（饰纹性颗粒，1.2～

2.4mm)。细粉料的含量决定了泥料的塑性，一般应占 35%～50%；填充性颗粒应占 20%～65%，这部分颗粒的作用是限制坯体产生过渡的收缩、裂纹、变形；粗骨料应占 0%～30%，不做粗骨料饰纹时可不用。

生产内墙砖时一般只要求前两种颗粒（细粉料、填充性颗粒）的比例，若这一比例失调，生产出的砖可能会产生裂纹。

使用河、湖淤泥时经常会遇到这样的问题。

防治措施：使用两种以上的原料，调整粒径组成，确保颗粒级配合适。

2. 管理原因造成的产品裂纹

(1) 生产工艺不合理（主要是掺混不匀）

两种或两种以上的原料用来造砖时，如果掺混不均匀会造成产品的裂纹。因为两种原料的干燥和焙烧收缩不可能一样，很容易形成内应力，干燥和焙烧后产生裂纹就不可避免。

防治措施：

改进工艺，设法掺混均匀。最好在进破碎机之前按比例掺混好，这样再通过破碎机、筛分、搅拌三道工序掺混后，原料的掺混效果会更佳。两种以上的原料单独破碎、筛分，再到搅拌机后掺混，很难达到理想的效果，而且原料的比重差别越大，其掺混效果越差，产品产生裂纹的可能性就越大。

(2) 陈化条件不充分

陈化条件不充分即陈化效果不好，也会造成产品的裂纹。

陈化，也叫闷料困存，目的是使水分充分渗透、泥料疏解、松散匀化。陈化必须具备四个条件：粒度、水分、时间、温度，这四个条件缺一不可。粒度越小，陈化效果会越好；进陈化库时的水分以达到成型水分为最佳；时间必须保证 72h 以上；陈化库环境温度也应该尽量保持在 10℃以上（温度越低需要的陈化时间越长）。

我们在生产中都有这样的经验：停产检修前存下的泥料，下次再生产时特别好用，这是因为陈化时间延长的原因；同样的泥料，夏天比冬天好用，这是因为夏季气温比冬季高的原因。

二、成型原因造成的产品裂纹

1. 设备原因

(1) 设备本身缺陷

由于设备本身某些参数设计不合理会造成产品裂纹，如搅拌机设计或制作不合理造成搅拌不匀、搅拌强度不够、搅拌时间短等。曹世璞在其讲义中曾举过这样的例子：同样的泥料搅拌2min，挤出砖坯的干燥裂纹为4%，而搅拌到3min以上，在同样的干燥条件下，干燥裂纹只有1%。

挤出机绞龙、机头（俗称机脖子）、机口等如设计不合理或加工不合格也会造成产品的裂纹。

防治措施：合理选择设备。

(2) 模具不合格

生产空心砖时由于模具不合格会造成砖坯裂纹，轻者形成隐形裂纹，到干燥或焙烧后才会显现，严重时直接影响成型。

防治措施：

选购合格的模具。空心砖的模具最好不要自己加工。个别砖厂为图省钱，自己加工空心砖模具，看似省钱，其实得不偿失。因为自己加工的模具运行阻力大、调试时间长、砖坯废品率高、产量低，综合算起来还是买专业制造厂家的省钱。

2. 真空度太低

根据试验测试结果，成型前泥料中空气的含量一般为10%～12%（体积比），成型时要用真空泵把这些空气尽量抽出来。因为不可能达到绝对的真空，所以总有一部分空气滞留在砖坯中。试验表明：真空度在50%～85%时砖坯最容易分层（75%时分层最严重），而且真空度低的砖坯密实度差，这样的砖坯干燥过程最容易产生裂纹。

生产过程中真空度应该越高越好，目前国外设备的真空度已经达到了96%～98%（即0.096%～0.098MPa）。真空度越高，砖坯密实度越好，机械强度越高，抵抗裂纹的能力也就越强。

有的专家说，真空度不能太高了，太高了影响干燥，实际上这是不切实际的。这种说法和“原料不是越细越好”的观点是出于同一个理由：那就是过分密实的坯体，原料颗粒会堵塞水分子的通道，造成干燥困难。其实水分子的直径为 2.8×10^{-10}m，而原料颗粒最小也不过是微米级（即 10^{-6}m），假设泥料的颗粒直径全部是 1μm（实际上是不可能的），那么它仍然是水分子直径的 3571 倍，即相当于直径 3m 多的大石头挤在一起，不管这些石头挤得多紧，小蚂蚁仍能从它们的间隙里进出自如，这就是俗话说的“山大压不死老鼠”。所以说“坯体密实度高影响干燥效果”的说法是不正确的。

当然，泥料粒度越小，其比表面积越大，和水结合的能力越强，成型含水率越高，干燥难度会有所增加。

防治措施：

合理选择真空泵，加强管理，防止挤出机漏气，确保真空度在 85%以上。

3. 润滑不正常

硬塑挤出机机口处的润滑非常重要，润滑不好会使泥流速度不一致，造成砖坯裂纹。生产空心砖时尤为明显。

防范措施：加强管理，确保润滑正常。

三、干燥原因造成的产品裂纹

1. 急干

（1）送风温度太高

一般干燥窑送风温度为 105～130℃，如果送风温度太高，会造成砖坯急干裂纹。因砖坯外层接触热空气，吸热快，温升比内部要快得多，其脱水速度也就相应的比内部快得多，造成内外收缩不一致从而产生裂纹。

防治措施：调整送风温度。

（2）干燥窑预热段太短

即便送风温度合适，但如果预热段太短，砖坯内部还没有达到相应的温度，内扩散与外扩散速度差别太大，这时如果砖坯被强行送入送风段，砖坯仍然会产生急干裂纹。

防治措施：调整预热段长度，一般应占干燥窑总长度的 30%左右（冬季适当缩短，夏季适当延长）。

（3）通风量太大

如果干燥窑通风量太大，即便送风温度和预热段长度都符合要求，砖坯仍然会产生裂纹，这种裂纹也是急干造成的。因为预热段的作用是加热砖坯而不是排除水分，当然这只是理想状态，实际上是不可能的。但我们可以控制预热段砖坯的脱水速度。砖坯脱水速度的快慢跟空气的相对湿度成反比，即空气的相对湿度越高，砖坯的排水速度越慢，反之越快。如果保持预热段前端空气的相对湿度尽量大（90％～95％），砖坯的脱水速度就会很慢，我们的目的就基本能达到。但过高的通风量会带走大量的水分，会使窑内空气的相对湿度变小，砖坯就会加速脱水，从而产生急干裂纹。

防治措施：在排潮口按湿度计，确保排潮口湿度保持在90％～95％之间。

（4）窑车台面温度过高

一次码烧隧道窑，由于窑车担负干燥和焙烧双重任务，经过焙烧窑后的窑车台面储存了大量的热量，如果卸完车后冷却时间过短，大量的热量散发不出来，这样的窑车码好砖坯后，底层砖坯往往因急干造成严重裂纹，尤其夏季最为明显。

防治措施：窑车台面施工时尽量使用绝热效果好的耐火材料，延长空车线长度，增加散热降温时间。

2. 凝露（也叫回潮）

凝露的主要原因就是干燥窑预热段湿空气产生饱和（即相对湿度达到100％），砖坯表面吸收空气中的水分后膨胀，从而产生网状裂纹。造成预热段湿空气饱和的主要原因有三项：

（1）预热段太长

预热段一般设计为干燥窑总长度的30％，太长的预热段容易使湿空气产生饱和。

（2）送风温度太低

送风温度太低会造成排潮温度低，预热段湿空气很容易产生饱和。

③通风量不足

热风带走水蒸气的能力是有限的，$1m^3$ 100℃的热风在标准状态下能带走水蒸气588.17g，而$1m^3$ 30℃的热风在标准状态下只能带走30.36g水蒸气。如果通风量太小（送风量太小或排风量太小）会使预热段湿空气产生饱和。

防治措施：针对以上三项采取相应措施。

3. 砖坯收缩拉裂

砖坯在干燥过程中要产生收缩，含水率越高，收缩量越大。坯垛中间的砖坯要受到相邻砖坯的收缩拉力，当收缩拉力大于其机械强度时，砖坯便被拉裂。

防治措施：增加砖坯的机械强度（采用硬塑成型、提高泥料塑性、提高真空度等）。

4. 压裂

坯垛中下层砖坯要承受上层砖坯的重力，层数越高，下层砖坯承受的重力越大，当砖坯承受的重力超过其自身强度时，砖坯便会断裂。当窑车台面不平整时，这种现象尤为严重。

防治措施：增加砖坯的机械强度（同上），加强管理，确保窑车台面平整。

四、焙烧原因产生的裂纹

1. 预热带急干炸裂

干燥后的砖坯进入焙烧窑后仍有两种水分需要缓慢排除，一是自由水，即干燥后的残余水分；二是原料各化合物中的化合水。如果砖坯在预热带升温过急，急剧膨胀的水蒸气会把砖坯撑裂，从而形成急干裂纹，严重时砖坯会断为数块，俗称爆坯。主要原因有两项：

（1）用闸不合理

用闸太少使砖坯在低温阶段得不到预热，直接进入中温阶段（400～800℃），一般轮窑用闸不低于4个，焙烧窑设计的闸应尽量用全。

防治措施：合理用闸，确保预热带缓慢升温。

（2）轮窑揭纸挡不及时

轮窑预热带的纸挡必须及时揭掉，否则热风抽不过去，砖坯得不到预热，等纸挡被自然烧穿时，热风温度已经高达400℃以上，其后果和用闸太少造成的后果一样。

防治措施：及时揭纸挡，闸用到哪里纸挡就揭到哪里。

2. 急火

急火，即预热带升温过急。预热带中后部若升温过急，砖坯也会产生裂纹。制砖原料中的石英在573℃和870℃时要发生晶型转变，转变的同时伴随着体积的膨胀，573℃时由β-石英转变为α-石英，体积膨胀4.64%；870℃时由α-石英转变为α-磷石英，体积膨胀13.68%。若升温过急，石英膨胀速度太快，会把砖坯“撑裂”。尤其是573℃～870℃时的晶型转变，因其体积膨胀率大（13.68%），最容易产生裂纹。所以，这一阶段的升温速度最好控制在60～80℃/h。

防治措施：适当延长预热带，中后部升温速度不要过急。

3. 冷却过急

经过高温焙烧的砖坯进入冷却带后要缓慢降温，若冷却过急，制品表面急剧降温，而内部仍处于高温状态，由于收缩不一致，势必产生内应力，内应力超过砖坯的机械强度时，制品便产生裂纹。

冷却过程伴随石英晶型转变带来的体积收缩也会造成成品的裂纹（石英晶型转变过程是可逆的，但因其体积膨胀产生的后果是一样的）。

主要原因：轮窑打门过早，隧道窑设计太短或在冷却带开急冷风口。

防治措施：轮窑严禁早打门（冷却带不能低于15m）；

隧道窑设计长度不能太短（根据不同原料性质确定窑的长度，最短不应低于85m）；

隧道窑冷却带不要开急冷风口，冷却风机应安装在出车端窑门处。

4. 预热带凝露

预热带用闸不合理，使湿烟气流程过长，容易导致湿空气产生饱和，使砖坯回潮产生裂纹（性质同干燥窑凝露）。

防治措施：合理用闸，及时排出湿空气（用桥式闸或正桥梯式闸，参见本书第八节）。

综上所述，成品砖裂纹的成因还是比较复杂的，为了直观起见，我们可以借鉴安全管理中事故树的模式，把成品砖裂纹的成因以框图的形式画出来，这样分析起来就简单多了（图 10-5）。

我们在生产过程中，往往产品出现了裂纹，却很难查找到成因。如何根据裂纹的性质判断其成因呢？下面根据经验简要说明一下。

成品砖的裂纹，根据其性质可以分为两大类，即显纹和暗纹。显纹是指一眼就能看到的裂纹，暗纹一般用肉眼难以看到，但可以通过仪器来辨别，也可以用敲击的方式通过听声音来判断。如果一块没有显纹的砖，用金属敲击其声音沉闷、不清脆（俗称哑音），则证明有暗纹存在（欠火砖除外）。成型时出现的暗纹和显纹，在干燥和焙烧后会明显扩大，大部分暗纹会变成显纹。

原料原因（陈化条件不充分、干敏系数过高、塑性太差、掺混不匀、颗粒级配不合理）产生的裂纹只有在后续工序中才能发现，因为这些原因处在生产工序的上游，所以判断较为困难。比较简单的办法就是邻近砖厂之间互换原料做试验，如甲厂生产的砖裂纹严重，而乙厂生产的砖质量较好，两厂可互换部分原料做试验，若乙厂的原料在甲厂生产的砖不裂纹，而甲厂的原料到乙厂做的砖仍然裂纹，则可以判断甲厂砖裂纹的是由于原料原因引起的。同样的办法可以很快判断成型、干燥和焙烧方面原因引起的裂纹，查到原因后就可以采取针对性的措施。

成型主机绞龙、模具、润滑等原因造成的裂纹，最大的特点就是规律性强，裂纹的深度、位置、方向基本一致，其他原因产生的裂纹则规律性不强。

凝露产生的裂纹一般呈网格状，称为网状裂纹，都发生在砖坯的表面，深度较浅；干燥过程中发生的网状裂纹出干燥窑就可以发现。

干敏系数过高产生的裂纹多在迎风面和边棱处，有的在存坯线上就可以发现。

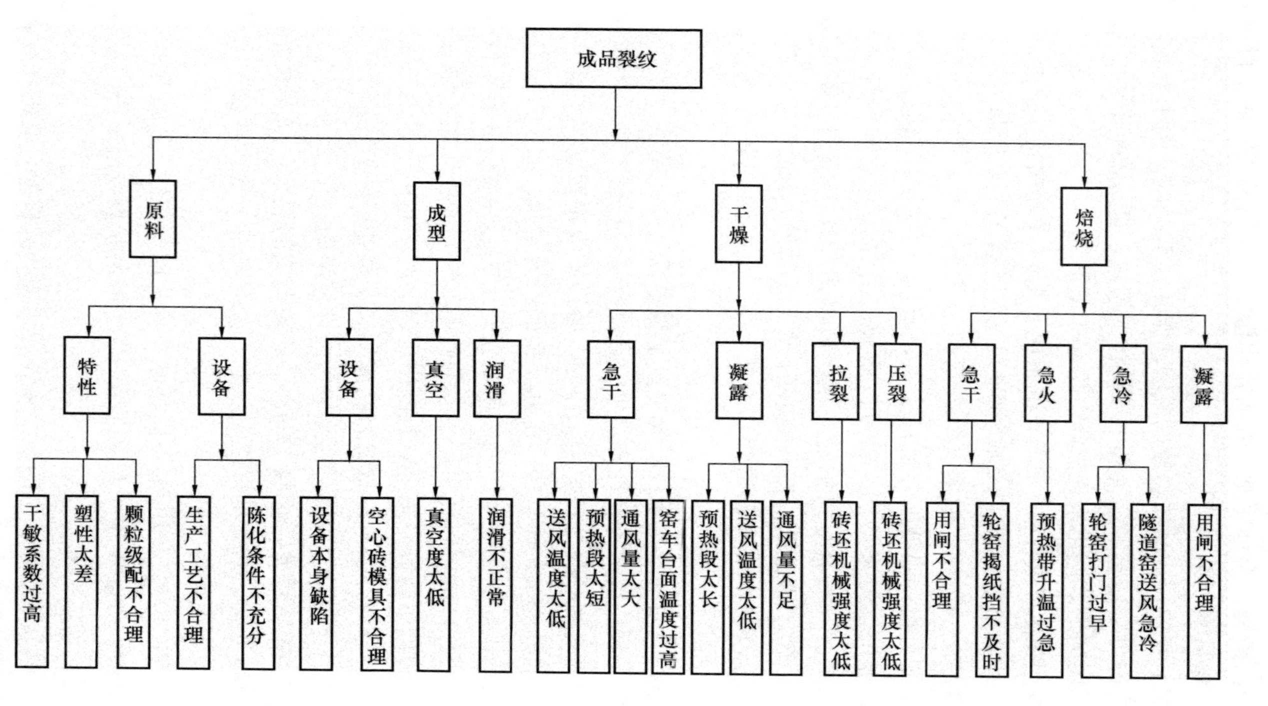

图 10-5 成品砖裂纹成因框图

干燥窑内产生的急干裂纹多发生在坯垛的迎风面和边部，背风面和中下部相对较轻。

干燥收缩产生的拉裂发生在坯垛中下部，为纵向裂纹。

压裂多发生在坯垛的中下部，横向和纵向都有，底层、窑车台面不平处尤为明显。

焙烧窑预热带产生的炸纹多发生在砖坯的大面、中部，裂纹处粗糙，深度大，坯垛的背风面、中下部最严重。

冷却过急产生的裂纹较细、较直（也称发纹），裂纹处比较平滑，有的外观不明显，属于暗纹，敲击有哑音，坯垛边部、迎风面较其他部位严重。

第六节　隧道窑常见故障及处理方法

隧道窑在生产过程中经常容易出现过火、欠火、裂纹、塌坯等故障，根据我们单位多年的生产实践和技术服务经验，现将隧道窑常见故障及处理方法汇总如下。

一、大火

窑内大火即是窑内高温点温度超高、高温带明显延长。

主要原因是热值过高、码坯方式不当造成的。

当高温点温度超过正常温度 30℃以上时，成品就容易过火，超出正常温度越高，产品过火越严重。

但正确的操作方法可以减少或者避免过火造成的损失。

当发现窑内高温点温度超过正常温度 30℃以上或高温点温度虽无较大变化但高温段长度比正常情况明显延长时，必须立即采取措施减少过火损失。

1. 快进车

快进车可以缩短砖的烧结时间，可有效避免过火。这种方法叫做“高温快烧”。

2. 加大通风量

砖坯热值高，其燃烧所需要的氧气量就要大，窑内的通风量就要相应增加，否则，成品砖除过火外还有可能产生黑心；另外，大风量可以带走更多的热量，可以相对减少过火程度。有些人采取“闷窑”的办法，就是减少窑内通风量，使窑内处于还原气氛。其实这是很不恰当的，这种办法不仅降低了产量，而且会使窑车坯垛中间严重过火，成品砖黑心严重，影响产量和产品质量。

3. 负压烧成

调整窑内压力，确保高温带处于负压状态。当高温点温度超过正常温度 50℃甚至更高时，不仅会使成品砖严重过火，操作不当还会造成烧塌窑顶、烧坏窑车的恶性事故，因此窑内高温带必须处于负压状态。因为正压时大火直烧窑顶，而负压可以减少高温对窑顶的威胁，同时窑内负压可以使窑外冷风通过投煤孔间隙和窑体密封薄弱的部位进入窑内，起到保护窑体的作用。

4. 打开投煤孔盖，让冷风进入窑内

在确保投煤孔处于负压状态时，可以打开投煤孔盖，这样冷风顺着投煤孔进入窑内，不但可以减少高温对窑顶的威胁，对减少成品砖过火也有很大的好处。

当投煤孔处于正压状态下，打开孔盖放出部分热空气，对降低窑内温度、减少成品砖过火也是有益的。轮窑大火时经常采取这个办法。但这个办法不如使投煤孔处于负压状态下效果明显，而且如果窑炉处于密闭窑棚内时会造成热污染和空气污染。

冷却带若设有急冷风机，可以开启风机向窑内送入冷风，这样效果较好。

5. 改变用闸方式，及时放走部分热量

预热带排烟闸一般设计 7～9 对，也有设计 11 对的，排烟闸越多、闸的位置距离高温带越近，对调整窑内大火越有好处。

正常生产一般采用桥梯式闸或桥式闸，当窑内出现大火时，可以采取改变用闸方式的办法放走部分热量，用闸方式可调整为：倒桥梯式闸，倒梯式闸，如图 10-6、图 10-7 所示。

倒梯式闸的放热量大于倒桥梯式闸。放热时必须实时监控排烟风机进风口的温度，防止烧坏风机叶轮（一般叶轮的耐热温度为 250℃）

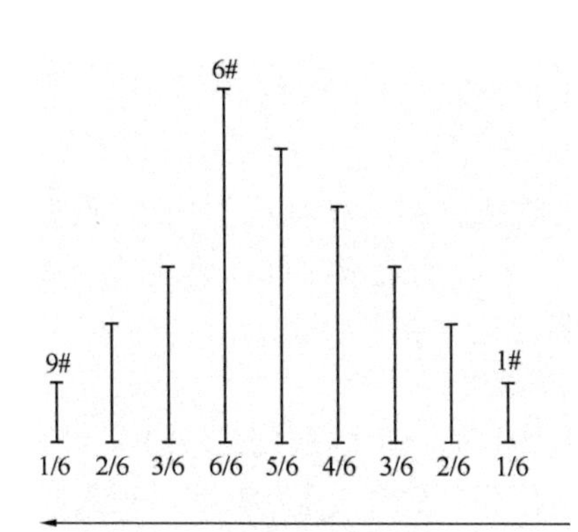

图 10-6　倒桥梯式闸

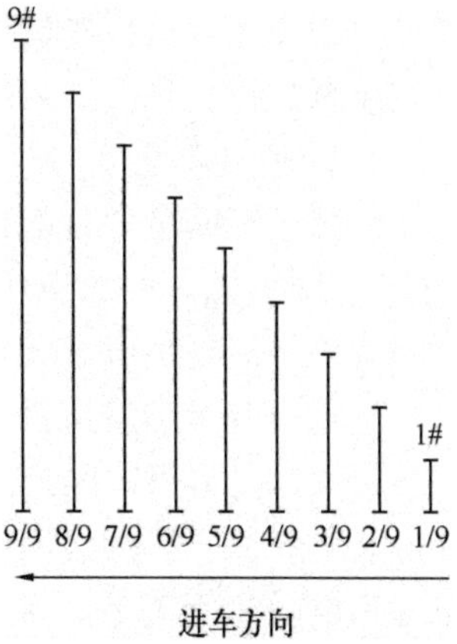

图 10-7　倒梯式闸

6．减少码坯量（稀码）

因砖坯热值过高造成窑内大火时，可以采取减码的办法。这种方法最适合于二次码烧，发现窑内大火时，可以立即改变干燥窑门口的码坯方式，减少码坯量，这样能很快解决问题。

对于一次码烧隧道窑难度较大一点，但可以采取减排的办法来达到减码的目的（窑车上下方向砖坯称“层”，顺窑车长度方向砖坯称“排”）。如 6.9m 一次码烧隧道窑（码高 90 砖 14 层），当码坯量为 6552 块时（12 排×14 层×39 块），可以抽掉一排（546 块）或两排（1092 块），将多余的砖坯码放在干燥窑门口的空地上（如果干燥窑门口的摆渡线能与回空车线相通时，可以直接将减下的砖坯码放到空窑车上），以后正常生产时可以间隔进空车码放，或采取每车多码几十块的办法将这些砖坯逐步消化掉。

二、窑内低温

窑内低温是指窑内高温带高温点低于正常烧成温度，造成低温的原因主要是由于砖坯热值低、码坯方式不当或操作不当。

低温会使隧道窑产量降低、产品欠火，严重时会出现灭火停窑的恶性事故。

处理方法：

1．加煤（或木柴）提温

当窑内出现高温点温度低于正常烧成温度时，应及时采取加煤提温的办法，这样既能保证产品质量又能减少产量损失。投煤时应注意少投、勤投、分散投的原则。

2. 减缓进车速度

减缓进车速度的目的是延长烧成时间。这种方法叫做“低温长烧”，即稍低一点的烧成温度、较长的烧成时间，也能达到烧结的效果。但延缓进车时间会降低隧道窑的产量。

3. 停止窑尾鼓风，排烟风机降频

排烟风机的目的是排出砖坯燃烧时产生的烟气，但同时也会带走大量热量。根据窑炉热平衡计算，烟气带走的热量一般占窑内总热量的25%左右。当窑内出现低温时，必须减少窑内的通风量，以减少烟气带走的热量损失；同时窑尾尽量不要鼓冷风，延长冷却带的降温时间；窑内压力尽量调整使高温带处于正压状态，这样不仅窑外冷风不容易侵入窑内，而且对减少窑车边部和两侧欠火都是有好处的。

4. 调整用闸方式，减少热量损失

从减少窑内热量损失的角度来看，正梯式闸无疑是最有效的用闸方式（排烟温度最低），其次是桥梯式闸，如图10-8、图10-9所示。

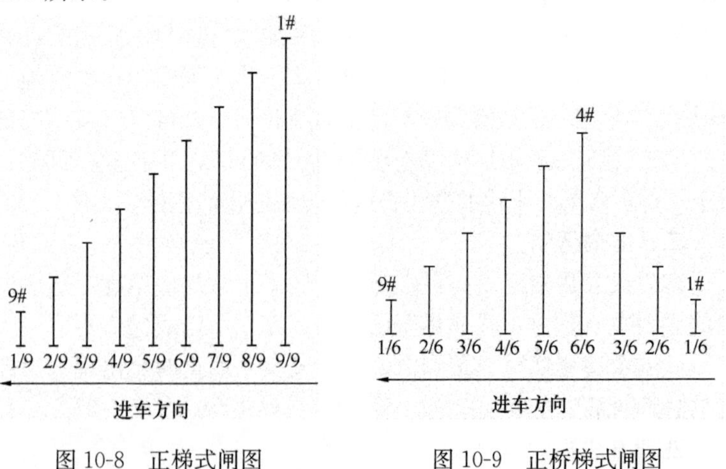

图10-8 正梯式闸图

图10-9 正桥梯式闸图

但当砖坯干燥效果不好时，慎用正梯式闸。

5. 尽量减少焙烧窑内抽热量

在保证干燥窑干燥效果或至少确保干燥窑不塌坯的情况下，可适当减少焙烧窑冷却带的抽热量。根据窑炉热平衡计算，人工干燥所需的热量占窑炉总热量的30%左右，若能采取措施将这个比例降到20%左右，则能节省大量热量，可以相应减少成品砖的欠火程度。可以采取的措施：

（1）充分利用存坯线，让码好的砖坯在存坯线上利用环境温度充分脱水。进入干燥窑的砖坯含水率每下降1%，则可以相应减少干燥窑耗热6%～8%；

（2）可以利用低温大风量的干燥原则，在送风温度稍低的情况下，采取加大风量的措施，也能达到较好的干燥效果。在换热风机进风口处多兑冷风可以达到这个目的；

（3）将排烟风机的部分高温烟气送入干燥窑也是个很好的节能措施；

（4）从窑底抽取的低温热风（一般60～80℃）利用送热风机送入干燥窑，也可以节省部分焙烧窑的热量；

（5）当采取以上措施（实际上述（3）（4）两种措施是窑炉设计时采取的节能措施，若设计时未采取该措施，现场操作时很难实施）出现干燥残余含水率超标时（我们一般要求干燥窑平均残余含水率＜2%，越小越好），可以配合预热带用闸来保证烧成质量，这虽然和措施4有点矛盾，但采用桥式闸是个比较折中的办法，既能保证残余含水率较高的砖坯的烧成质量，又不至于将大量热量浪费掉，如图10-10所示。

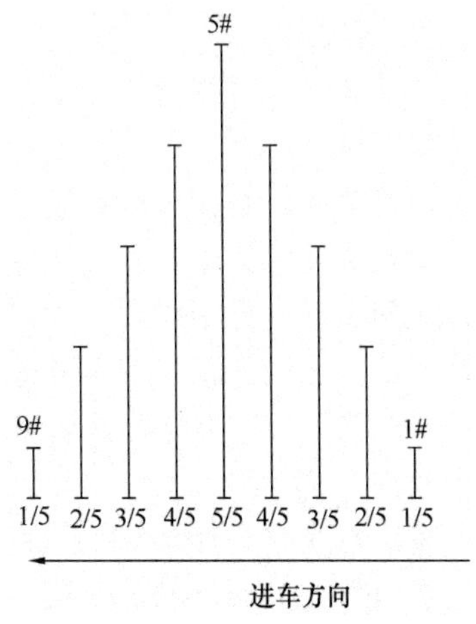

图10-10　桥式闸

三、烧成裂纹

烧成裂纹一般产生在预热带和冷却带。

1. 炸纹和发纹

焙烧窑预热带的作用是使砖坯缓慢预热升温，确保残余水分缓慢排出，如果升温过快，会使砖坯内的大量水分急剧升温而变为水蒸气，当砖坯原料颗粒之间的通道不能及时排出这些水蒸气时，水蒸气就会产生压力，较大的压力就有可能把砖坯撑裂（炸纹或爆裂）。

砖坯原料中的石英（SiO_2）在573℃和870℃时要发生晶型转变，转变的同时伴随着体积的膨胀，573℃时由β-石英转变为α-石英，体积膨胀4.64%，870℃时由α-石英转变为α-磷石英，体积膨胀13.68%，若升温过急，石英膨胀速度太快，会把砖坯“撑裂”，尤其是573～870℃时的晶型转变，因其体积膨胀率大，最容易产生裂纹。因此，石英含量较高的砖坯一定要注意预热带后半部分缓慢升温（升温速度最好控制在60～80℃/h）。

砖坯进入冷却带，上述晶型转变的过程会逆向发生，伴随着晶型的转变会产生体积收缩。若冷却过快，仍然会产生裂纹。这时候会产生一种很细很直的裂纹，俗称“发纹”，用肉眼难以辨别，但敲击时声音沉闷、不清脆，俗称“哑音”。

采取措施：适当延长预热带长度，减缓升温速度，冷却带缓慢降温。

2. 网状裂纹

预热带产生的湿空气如果流程过长，温度过低，会使湿空气产生局部饱和，饱和的水蒸气会析出“露水”，这些“露水”被砖坯表面吸收，会使表面膨胀，从而形成网状裂纹。

裂纹成因的辨别：发纹产生在冷却带；网状裂纹产生在预热带；预热带产生的裂纹断面比较粗糙，而冷却带产生的裂纹断面比较平滑，原因是预热带还没有产生液相；发纹带来的后果是哑音，但哑音不一定完全是发纹造成的，砖坯在预热带吸潮也可能产生哑音。

采取措施：采用桥式闸或桥梯式闸，使水蒸气及时排出窑外。

3. 窑车底层砖不规则裂纹

窑车出窑后虽然经过一段时间的降温，但钢构之上厚厚的耐火层却储存了大量的热量，短时间内很难降至常温，尤其在炎热的夏季，耐火层降温更困难。码放到窑车台面上的砖坯，由于急干产生不规则裂纹，严重时甚至第二层砖坯也产生裂纹。

防治措施：(1) 窑车耐火层施工时尽量选用隔热效果好的耐火材料，降低其厚度，减少蓄热量；(2) 在保证烧成质量的情况下，尽量降低原料热值，降低窑车出窑温度；(3) 延长卸车线和回空车线，尽量延长窑车的自然冷却时间；(4) 采取其他有效措施（第一层码干坯、人工强制降温等）。

四、预热带塌坯

预热带湿空气流程过长，温度降至一定程度（预热带烟气温度逐步降低），有可能产生局部饱和，饱和湿空气很容易析出“露水”，砖坯吸水软化，局部可能被压垮，被压垮的砖坯堵塞了通风孔道，饱和湿空气降温幅度更大，会析出更多的水分，吸水软化的砖坯会越来越多，这种恶性循环会造成大面积塌坯（投产初期用湿坯点火或干燥窑残余含水率过高都会发生这种情况）。

防治措施：点火试生产时采用倒梯闸或倒桥梯式闸，正常生产时采用桥式闸或桥梯式闸，使湿空气及时排出。

五、高温点漂移

隧道窑与轮窑最大的区别在于：隧道窑是“砖动火不动”，而轮窑是“火动砖不动”。因此，隧道窑操作中必须控制好各带的长度，使之相对稳定，高温点的漂移使各带长度发生变化，影响产品质量和窑炉产量。

造成高温点漂移的主要原因：砖坯原料热值不稳定，码坯方式不当，或操作不当。

1. 原料热值不稳定

砖坯原料热值过高会使高温带向前后延长，预热带、冷却带相对缩短，这种情况容易产生制品严重过火或产生炸纹，哑音等现象。

防治措施：热值控制适中，一旦发现热值超高则采取减码或调闸放热等措施。

2. 码坯方式不当，造成高温点后移

这种情况主要是由于码坯太密，坯垛通风不良造成的。由于码坯密度大，坯垛中间通风不良，致使预热带后半部分没有形成强氧化气氛，预热带升温缓慢，高温带温度不高，而进入冷却带后却高温不退（因为冷却带供氧充足，砖坯二次燃烧），甚至窑尾出现火砖，这种情况下不仅产量难以提高，还容易形成制品哑音，甚至烧坏窑门或出车端窑顶。

防治措施：码坯密度要适中，稀码的标准为220～230标块/m^3。

3. 进车速度不稳定，导致高温带前后移动

砖坯燃烧必须有足够时间，若进车太快，会打乱窑内各带的分布，高温带会后移；反之，进车间隔太长或长时间不进车都会导致高温点前移（俗称"火烧窑门"）。

防治措施：控制进车速度，提速时要逐步加快，采取低热值、稀码快烧的办法提高产量，不要盲目提速，降速时要同时采取降低排烟风机频率，减少窑尾鼓风等措施，减少供氧量来延缓其烧成时间。

4. 原料原因造成高温点不稳定

由于燃料性质的不同，同样的操作方式会使高温点位置不同，主要原因是由于燃料的性质（产热度、着火温度等）不同造成的。

防治措施：燃料质量必须保持稳定。

六、窑车两侧欠火

隧道窑的支排烟管道都是布置在窑的两侧，为了保证窑墙的安全，码坯时又人为地在窑墙和坯垛之间留设了安全缝隙（80～100mm），这样大量的风会从两侧间隙通过，砖坯产生的热量被风带走，同时又由于热空气上浮的原因，使砖垛两侧的温度永远低于坯垛中部的温度，这样窑车坯垛的两侧就容易欠火，迎风面要比背风面严重些，另外，如果窑车密封不严（密封盒和密封杠接触不严或根本未采取有效的密封措施）或砂封槽缺砂，都会造成窑底的冷风窜入窑内，导致窑车两侧欠火。

防治措施：在保证窑车安全的情况下，尽量缩小坯垛与窑墙之间的侧间隙；保证窑车接头处密封良好；确保砂封槽不缺砂。

七、窑内正压大，预热带升温慢

这种情况大多是由于排烟风机排烟量小造成的。由于排烟风机排烟量小致使窑内正压过大，预热带温度偏低，无法快出车，否则就会造成高温带靠后，甚至出“火砖”。主要原因：（1）由于预热带塌坯或其他原因倒垛造成支烟道堵塞；（2）由于主管道或机壳漏风短路；（3）风机叶轮腐蚀严重，风机效率低；（4）操作原因造成抽风阻力大（排烟支管设计数量少、断面又较小、操作时开启量又小）。（5）窑炉设计太长，配用排烟风机风量又小。

防治措施：针对以上原因采取相应措施。

八、窑车中间过火两侧欠火

这种情况是由于中间码坯太密、两侧间隙太大造成的。窑车两侧坯垛和窑墙的间隙是为了确保窑体安全不得已而留设的，这个间隙越小越好，但为了运行安全一般留设 80～100mm，若人为的随意扩大，则窑内的风量大部分都从侧间隙流走，造成窑车两侧欠火；窑车中间码坯太密，通风不良，造成局部高温，致使中间过火。

防治措施：窑车坯垛和窑墙的间隙不宜太大，码坯不宜太密，大断面窑炉坯垛中间留设火道，平衡通风量。

九、窑内温度不稳定，忽高忽低

在码坯量和操作方式不变的情况下，而窑内温度却忽高忽低。这种情况是由于原料热值忽高忽低造成的。在一些全煤矸石砖厂经常出现这样的问题，个别砖厂没有化验设备或化验设备落后、数据不准，也经常出现这样的问题。

防治措施：必须对原料热值进行化验，按比例掺配，确保原料热值的稳定。

十、车底温度超高

实际操作中，车底温度一般不能超过 80℃，否则会造成车轮轴承化油、炭化，严重时会使轴承抱死，轨道变形，窑炉因此被迫停产。

按照隧道窑操作原则，窑内压力应始终微大于窑底压力，这样确保窑底冷风不窜入窑内，窑内因传导和对流而进入车底的热量被窑底冷风及时带走（个别较短的窑炉不设窑底平衡风机，但窑头设抽窑底风支烟道，确保车底风处于流动状态），但有时由于设计或操作原因造成窑底风流动速度慢，致使车底风温不断升高。另外，窑车钢结构上层的耐火层，若材料隔热性能差或施工质量差，也会造成车底风温过高。

防治措施：车底应设平衡风机，确保窑尾车底进风量与抽风量的匹配；确保窑车耐火层的材质和施工质量。

十一、窑车耐火砖剐蹭窑墙

窑车运行一段时间后，若不及时维修，会出现窑车耐火砖剐蹭窑墙现象，轻者刮坏窑车耐火层，严重时会碰坏窑墙导致停窑事故。

原因：窑车耐火层的膨胀缝和砖缝进入砖渣（不可避免），砖渣在高温带膨胀将砖缝和膨胀缝进一步撑大，这样多次循环后窑车的外形尺寸会不断增大，如不及时整修就会剐蹭窑墙。

防治措施：砖缝和膨胀缝嵌塞耐火棉，设专人维修窑车。

十二、轨道向窑外移动或变形

隧道窑轨道施工时，接头之间都留一定的间隙，主要目的是防止轨道受热膨胀时“顶牛”，由于窑车轮运转不灵活，使车轮与轨道之间的摩擦阻力增大，车轮转不动时，轨道与轮子之间的滚动摩擦会变为滑动摩擦，摩擦阻力会成倍的增加，当其阻力大于轨道固定螺丝的阻力时，轨道就随着窑车向外伸长，这时应密切注意窑头和窑尾轨道的活动量，两头活动量相等，说明轨道整体随窑车移动，这时候是好事，若出多进少，则说明窑内轨道接头已经断开，应立即派人维修，否则窑车轮很容易就被轨道缝卡死，这种情况，只能停窑检修。

另一种情况：由于操作不当造成窑底温度超高，轨道膨胀量超出了预留安装间隙，两根轨道“顶牛”，则必然会导致变形。

一旦轨道开始向窑外移动，必须确保轨道的整体性，切不可在窑尾固定轨道，否则很容易造成中间变形。

防治措施：确保车轮运转灵活，减小摩擦阻力；控制窑底风温，确保不超过 80℃。

十三、出黑心砖

黑心砖分两种情况，一种是直观能看到的黑心，即在砖的压槎或叠码处颜色发黑；另一种黑心砖直观看不到，砖的外观很正常，但断开以后，可以看到其断面呈黑色（俗称没烧透或没烧熟，这种砖抗压抗折强度都差）。

第一种情况是由于窑内通风量不足、氧化气氛不够造成的，压槎或叠码部位因为间隙较小，氧化气氛不充分，如果供氧量不足就更难完全燃烧；另外较软的砖坯在压槎或叠码处变形或粘结（氧气难以进入），更容易形成黑心。

第二种情况是由于预热带升温太快，砖坯表面液相过早形成，堵塞了氧气进入砖坯内部的通道（这种情况实心砖比空心砖严重，空心砖孔洞率越低越容易产生），使砖坯内部氧化气氛不充分而形成的，砖坯原料热值越高越容易产生黑心。另外，隧道窑越短，烧结时间越短，产生这种现象的几率就越高。在一些长度较短的隧道窑（长度低于 100m）或烘烧一体隧道窑中，这种现象几乎不可避免。

防治措施：加大窑内通风量，确保形成强氧化气氛；控制预热带升温速度，确保燃料有充足的氧化时间；窑炉设计长度不宜太短。

十四、成品砖粉化

成品砖粉化分两种情况：一种是由于欠火，使砖没有达到烧结强度而粉化；另一种是在制砖原料中由于 $CaCO_3$ 含量超标或处理粒度不够，出窑后 CaO 遇水产生膨胀（膨胀 1.5～2.5 倍）将砖体撑裂。

利用页岩和煤矸石制砖时，这两种情况经常发生，而且经常会同时发生。实际上主要矛盾还是粒度问题。由于破碎粒度太粗，烧结过程中液相量偏少，致使达不到要求的烧结程度；有人测定过，当水和 CaO 的体积比达到 0.33 时，其膨胀力将达到 $140kg/cm^2$，CaO 颗粒越大，其破坏力越大（直径 3mm 和直径

0.5mm 颗粒的体积比是 216 倍)。

所谓烧结，用最通俗的话说：就是利用高温的手段，使原料颗粒发生多种物理、化学反应，颗粒间紧密结合，达到需要强度的目的。最简单也是最重要的物理反应就是液相，小颗粒形成液相填充大颗粒间隙，较大一点的颗粒表面发生液相与小颗粒形成的液相相互粘结，冷却时便形成一个具有一定抗压、抗折强度的整体（液相的同时也发生大量化学反应，由几种或几十种矿物形成另外几种或几十种矿物)。

颗粒越大，越不容易产生液相，砖坯也就越不容易被烧结。没有烧结的砖坯实际上就是固体颗粒之间只是通过机械外力相互挤压在一起，一旦遇水，颗粒膨胀或内部 CaO 的颗粒遇水膨胀($CaCO_3$变 CaO 的烧成温度只有 800～900℃，远低于黏土矿物的烧结温度)，颗粒之间便分散、疏解，形成了欠火砖的粉化。

防治措施：降低原料粒度，提高烧结温度，减少 $CaCO_3$ 的含量。

第七节　大断面隧道窑如何提高产量

我国自 20 世纪 70 年代就开始探索使用小断面隧道窑烧结砖，断面一般为 1.75～3.3m，通过几十年的摸索，在这方面积累了非常丰富的经验，因此小断面隧道窑的产量较高。

大中断面的隧道窑（4.6m 以上）在我国出现也就才二十多年的历史，真正大范围推广也就才十几年的时间。尤其 6.9m、9.2m、10.4m 隧道窑，推广时间更短。目前以 6.9m 隧道窑使用量最大，达 200 余条；9.2m 隧道窑国内只有几十条，算不上大范围推广；10.4m 隧道窑只有一条，还没有推广。“断面越大提产越困难”，已成为砖瓦行业的共识。甚至在一次砖瓦会议上，有位专家发言时直截了当地把大断面隧道窑判了“死刑”，说起码暂时不能上，何时能上？暂时还无法预期。他的理由是：通过调查，几乎所有使用大断面隧道窑的砖厂都严重亏损；而使用小断面隧道窑的砖厂都赢利。利用是否赢利来衡量隧道窑的选型，固然有其道理，但总体看来，未免有失偏颇。使用大断面隧道窑的砖厂确实有严重亏损的，但这有其深层次的原因：凡是这样的砖厂绝大多数是国有企业，机制不活、管理落后、当地新型墙材价格偏低，是亏损的主要原因。投资大、单位折旧成本偏高是其次要原因。但在河南、安徽等新型墙材价格较高的省份，也有很多大断面隧道窑砖厂实现了盈利，而且有的投资收益率超过了预算。

不论多大断面的隧道窑，在保证产品质量的前提下，实现高产高效是扭亏为盈的关键。作者曾把新型墙材厂能否赢利总结为三句话：市场是前提，质量是保证，达产是关键。在市场价格合理、质量稳定的前提下，要想实现赢利，必须尽快达到或超过设计产量。绝大多数砖厂制约产量的关键环节是窑炉，而决定窑炉产量的关键因素是“车行速度”（轮窑称火行速度）。出车速度快，产量自然就高；反之，产量就低。

下面以 6.9m 平吊顶隧道窑的某些参数（山东泰安某设计单位设计）和 3.06m 微拱隧道窑（山东淄博某设计单位设计）相比较（均为一次码烧）。

表 10-3　6.9m 与 3.06m 隧道窑参数比较

比较项目	6.9m 隧道窑	3.06m 隧道窑	备　注
窑内宽	6.9m	3.06m	
窑长度	153.05m	129.85m	
窑车规格	6.9×4.35m	3.06×3m	
窑内高	1.42m	1.62m	
窑断面积	9.8m^2	4.15m^2	
排烟风机	16D	12D	
排烟风机最大风量	124820 m^3/h	64587m^3/h	
设计年产量	6000 万块	2000 万块	
高宽比	0.2058	0.5216	
单位断面积	1.42m^2/m	1.16m^2/m	

以上数据对比说明（以下用大断面隧道窑代表 6.9m 窑，用小断面隧道窑代表 3.06m 窑）：

（1）大断面隧道窑高宽比小（0.2058），小断面隧道窑高宽比大（0.5216）；

（2）大断面隧道窑比小断面隧道窑长 23.2m；

（3）大断面隧道窑单位断面积大（1.42m^2/m），小断面隧道窑单位断面积小（1.16m^2/m）；

（4）大断面隧道窑单位断面积最大通风量小约 1.27万$m^3/h \cdot m^2$，小断面隧道窑单位断面积最大通风量大约 1.46 万 $m^3/h \cdot m^2$；

（5）大断面隧道窑单位断面积设计年产量高 612.37 万块/m^2，小断面隧道窑单位断面积设计年产量低 481.93 万块/m^2。

流体力学告诉我们：通风通道其断面越接近于圆形时，其通风阻力越小。大断面隧道窑因断面呈扁平状，所以同样长度和同样码坯方式时，其通风阻力要比小断面隧道窑（断面呈半圆拱形）大得多，因此，同样的操作方式，小断面隧道窑车行速度肯定要快得多。

窑越长，其通风阻力就越大，车行速度就越慢，提高产量难度就越大；反之，窑越短，其通风阻力就越小，车行速度就越快，提高产量就越容易。大断面隧道窑比小断面隧道窑长 17.9%（23.2m），所以其车行速度慢，产量难以提高。

窑炉宽度方向单位断面积大，说明其单位宽度码坯量大，单位宽度产量就高。大断面隧道窑单位断面积比小断面大 22.4%，同样车行速度和码坯密度，其产量就高。这是大断面隧道窑的优势，也是其设计产量高的真正原因。

窑炉单位断面最大通风量也是衡量车行速度的一个重要指标，通风量大，砖坯燃烧强烈，车行速度就快，反之就慢。大断面隧道窑设计最大通风量只有小断面隧道窑的 87%，总风量少 13%，因此在相同条件下其车行速度要慢得多。

窑炉单位断面设计产量高，达产难度就大，超产就更困难，反之达产就顺利，超产也容易。大断面隧道窑单位断面设计产量比小断面高 27%，所以其达产难度大，超产就更不容易；小断面隧道窑很容易就可达产，超产也是很平常的事。

综合以上说明，五项指标中，大断面隧道窑只有一项（宽度方向单位断面积）占优势，其余四项都处于劣势。说明大断面隧道窑达产和超产的难度要比小断面隧道窑大得多。

现场生产实践也很好的证明了这一点。以生产 KP_1 型多孔砖为例，对比其车行速度（现场各调查 10 家）：6.9m 隧道窑最快可以达到 75min/车，3.06m 隧道窑最快可以达到 45min/车，其车行速度分别为 3.48m/h、4m/h，后者比前者快 14.9%。

如何提高大断面隧道窑的产量呢？在排除管理方面的原因外，设计和操作是制约产量的关键因素。

要想提高大断面隧道窑的产量，应该抓好设计关和操作关。

一、抓好设计关

1. 窑内高不应低于 1.4m（自窑车台面计），即设计码 90 砖 14 层以上。

最初我国的一次码烧隧道窑设计高度都小于 1.2m（90 砖 12 层），但随着国内硬塑制砖设备性能的不断完善，一次码高 14 层已不成问题。2005 年我单位在大断面隧道窑试验码高 14 层成功后，近年先后推广了 30 多条该型窑炉，运行都非常好。单条窑炉设计年产量也从原来的 5000 万块提高到 6000 万块。但考虑到底层砖的质量和坯垛的稳定性，最高不应超过 16 层。

2. 窑炉长度适中

窑炉设计长度不宜超过 130m，一般页岩砖窑炉 100～110m 即可，煤矸石砖窑炉 110～120m 即可。窑炉长度是影响车行速度的关键因素。我们知道，轮窑一部火一般 12～15 个窑室，总长度 60～70m，我国 70 年代建成的大批小断面隧道窑长度也在 70～90m 之间，其产品质量也是达标的。在这方面我们设计单位好像都走入了误区，都认为断面大，窑就应该长。其实，窑炉断面和长度没有什么必然的联系，窑的长度应该取决于砖坯原料的性质。诚然，长一点的窑炉对提高产品质量有好处，但产品质量并不是随着窑炉的长度不断提高的。所以，窑炉的长度不宜过长，保证产品质量就可以了。太长的窑炉只能制约产量。山西某矸石砖厂 6.9m 隧道窑长达 180m，投产 4 年多都无法达产，最快出车速度为每天 13 车，这个教训是值得我们借鉴的。

3. 窑炉的顶、侧间隙不宜盲目扩大

为了窑炉的运行安全，一般顶间隙都大于 90mm，侧间隙都大于 100mm。小断面隧道窑曲封砖和窑内墙是平齐的，而大断面隧道窑曲封砖比窑内墙凸出 40mm，相当于人为地增加漏风断面 0.095m^2（按码高 14 层计算），按平均流速 6m/s 计算，每小时漏风量达 2056m^3。小断面隧道窑两侧没有多余的间隙，所以其车行速度就要快一点。大断面隧道窑曲封砖凸出 40mm 是为了保护窑内墙，但这么多年实践过程中，也没有多少家小断面隧道窑内墙因为没有曲封砖凸出来保护而被频繁碰坏的。因此，大断面隧道窑的侧间隙没有必要盲目扩大（顶间隙因为考虑到主梁跨度大，要产生一定挠度，所以其间隙不宜随意缩小）。

4. 窑炉的通风设施设计时应尽量使其运行阻力最小化

（1）主管和支管管径宜粗不宜细。管径粗一点其运行阻力小，尤其支管，一些含硫原料容易使其内表面结垢，影响通风量，稍粗一点能使这种不利影响减少到最小。

（2）排烟风机与窑体之间宜近不宜远。

（3）各种管路弯头越少越好。

（4）严禁“卡脖子”现象。管路直角拐弯和突然变细都会严重影响通风量，必须坚决杜绝。

（5）排烟闸阀最少 7 对，一般应以 9 对为宜。排烟闸阀少，窑炉调节困难，给生产操作带来诸多不便。而且，如果支管的断面积之和略大于或等于主管断面积，用闸后其有效通风面积会比主管小得多，使通风阻力增大，风机运行电流上升，增加电耗。原则上排烟支管断面积之和最少是主管断面积的 1.5 倍。

（6）风机选型时风量富裕系数应该尽量大一点。

配套干燥窑尽量长一点，确保干燥效果。干燥窑的长度不宜低于 80m。窑越长，砖坯的干燥效果就越好。干燥效果好，为焙烧窑快出车打好了基础。

二、抓好操作关

1. 码坯宜稀不宜密

操作轮窑的老前辈们总结出了提高轮窑产量的有效措施：稀码快烧。这一理论也同样适用于大断面隧道窑。但因轮窑和隧道窑存在着本质上的差别（坯与窑的相对静止和相对运动），所以其码坯密度的计算方法也存在着差别。轮窑一般稀码标准为 220～250 标块/m^3，折 KP_1 砖 129～147 块/m^3。对轮窑而言，250 标块/m^3已经属于稀码了，但对大断面隧道窑而言这一密度就属于“密码”，因其顶、侧、坯剁间隙面积已经占横断面积的比例达到 10%左右，而轮窑没有这些间隙。所以，隧道窑断面越大，其稀码的标准就应该越接近这一经验数值（220～250）的下限。6.9 米隧道窑稀码的密度为 130～140 块/m^3（KP_1）。

有的砖厂为了提高产量采取密码的办法，实际上这是非常错误的。码坯密度大，通风阻力大，预热带升温缓慢，高温带难以控制，进入冷却带温度又降不下来，想快出车又造成高温带后移，而且坯垛中间很容易过火，产品质量无法保证。俗话说：三三得九不如二五一十。每车码 3000，每班能出 3 车，就不如每车码 2000，每班出 5 车。

砖坯码完后要求坯垛前后对齐、间隙一致，整车坯隙能够通亮。这样通风就顺畅，车行速度就快，产量就容易提高。但人工码坯做到这一点很难，码坯工最少通过 3～5 年的锻炼才能达到这种熟练程度，最好采用机械码坯。

2. 热值适中，不宜过高

热值太高，产品容易过火，窑内高温带向前后延长，高温点温度超高，威胁窑顶安全；冷却带降温困难，若强制降温，则制品产生冷却裂纹，影响质量。所以高热值不能提高产量。轮窑操作理论中提出的“低热值稀码快烧”工艺可供我们借鉴，但热值从高到低要逐步降低，不要企图一蹴而就，如果热值忽高忽低，结果可能适得其反。一般新建大断面隧道窑砖坯热值 400kcal/kg 就可以了，窑炉保温效果好的 360～380kcal/kg 也可以。

3. 侧间隙和坯垛间隙应尽量小

为了让空气充分助燃，我们希望所有的空气都从坯垛中间通过。轮窑没有相对运动，可以把侧间隙和顶间隙缩小到“零”，而隧道窑因窑车和窑体的相对运动，为了窑体的安全，就必须保留顶、侧间隙。为了减少中间过火和砖坯收缩造成的拉裂，大断面隧道窑还必须在坯垛横断面中间留设 2～3 道纵向间隙。这些间隙使一部分空气“悄悄溜走”，做了无用功。尤其侧间隙危害更重，因为隧道窑的排烟支管大多设计在窑墙的两侧，这就为漏风提供了便捷的通道，所以两侧漏风最严重。

窑炉通风率 V（坯垛横断面通风总面积与窑通道断面积百分比）是衡量车行速度的一个重要指标。通风率越大，说明砖坯间隙越大，码坯密度越小，通风阻力就越小，车行速度就越快。根据我们多年的生产经验，V 每提高 1%，车行速度可以提高 2%～3%。以 6.9m 隧道窑为例，码坯量为 6300 块（KP_1 型）时，以 39 块打底，分三垛，垛间隙为 95mm，侧间隙为 100mm，顶间隙为 90mm，这时窑炉通风率 $V_1=25.92\%$；而在同样码坯条件下，将侧间隙缩小为 50mm，坯垛间隙缩小为 30mm，这时窑炉通风率 $V_2=29.05\%$，V_2 比 V_1 提高 3.13%，车行速度应最少提高 6%；若保持侧间隙 100mm、垛间隙 95mm 和顶间隙 90mm 不变，而将码坯量由 6300 块减至 5796 块（以 36 打底），则窑炉通风率 $V_3=30.73\%$，V_3 比 V_1 提高 4.81%，车行速度最少提高 9.6%，总产量也会有所提高（5796/6300/90.4%＝101.77%），产品质量会明显改善，可有效减少中间过火、裂纹等缺陷。若在此条件下，再将侧间隙缩小为 50mm，坯垛间隙缩小为 30mm，这时窑炉通风率 $V_4=34.56\%$，V_4 比 V_1 提高 8.64%，车行速度最少提高 17.3%。设码坯量 6300 块时，出车速度为 85min/车，则日产量为 106722 块；车行速度提高 17.3%时，出车速度为 70.3min/车，日产量为 118731 块，产量提高 11.25%。原设计年产 6000 万块的窑炉，其设计年产量最少应能达到 6750 万块/年。

4. 生产空心砖时孔洞率应尽量大

砖坯孔洞率越大，壁越薄，砖坯越容易着火，燃烧速度也越快，车行速度也就能提高。以 6.9m 隧道窑为例，生产 KP_1 型多孔砖时（孔洞率 25%～30%），其出车速度最快 75min/车，而生产大孔型空心砖时（孔洞率 45%～55%），出车速度可以提高至 50min/车。

5. 操作好干燥窑，确保干燥效果

干燥是焙烧的基础，要想烧好砖首先将砖坯干燥好，要想快出砖，更是要抓好干燥关。轮窑要求砖坯入窑前残余含水率低于 6%，很多人把这个标准应用在隧道窑上，实际上这是不科学的。因为轮窑可以提前装窑，依靠窑体的余热和纸挡的漏风对预热带之前的砖坯进行二次干燥，尽管这个时间不是很长，但对砖坯排除残余水分仍然起到很关键的作用。隧道窑的长度是固定不变的，进入隧道窑的砖坯就要纳入预热带，没有多余的时间对砖坯进行二次干燥；另外轮窑的火行速度一般都小于 2.5m/h，而隧道窑的车行速度一般都大于 3m/h；所以不能用同一个标准来要求残余含水率。根据作者多年的经验，进入焙烧窑前砖坯的残余含水率最大不能超过 2%，越小越好，否则很难实现快进车的目的。

6. 合理用闸

参见本章第八节，此处不再赘述。

总之，要想提高大断面隧道窑的产量，窑炉必须设计合理，操作技术必须过关。只有实现这两条，窑炉才有可能达产，如果再有科学的管理，大断面隧道窑超设计产量运行是可以实现的。

第八节　隧道窑如何用闸

我国制砖业界在长期生产实践中，总结出了一整套轮窑的操作经验，新投产的生产线利用这些经验可以很快达产，并能妥善处理一些故障。大、中断面的隧道窑在我国起步较晚，还没有形成系统的操作模式，即便一些投产多年的老厂，焙烧工也对如何用闸感触不深，在实际操作中分歧较大，不能很好地指导生产。山东淄博鲁王建材厂的毕由增在总结轮窑用闸经验的基础上，结合隧道焙烧窑的生产经验，总结出了一套较为完善的用闸方法，近年来在鲁王建材厂、华泰建材公司等多条生产线试用，取得了显著效果，鲁王建材厂两条 4.6m 隧道窑达到了年产 7600 万块的生产能力，而且产品合格率高达 98.5%。我们宏泰公司利用毕老师的这套操作方法先后对河南、山西、河北、安徽等多家新型墙材厂进行操作指导，都取得了良好的效果。在实际操作过程中，我们不断摸索、大胆实践、敢于创新，对毕老师的操作理论进一步细化，认为隧道焙烧窑内的燃烧强度、温度曲线都和用闸有关系，同时制品质量和产量也与风闸的操作有直接关系，并总结出了以下几种用闸方法，适用于不同生产条件下的操作。

一般隧道窑设 9 对闸，也有设 7 对或 11 对的。现以 9 对闸为例说明用闸方法。闸的编号自进车端开始，第一对闸为 1＃，依次类推，图 10-11～图 10-18 中分数为各闸的开启程度，以距离高温点的远近称远闸或近闸。

一、正梯式闸（图 10-11）

因闸的开启程度由近及远逐渐开大，类似拾级而上的阶梯，故名梯式闸，取名正梯式闸主要为了区别于倒梯式闸（反梯式闸）。

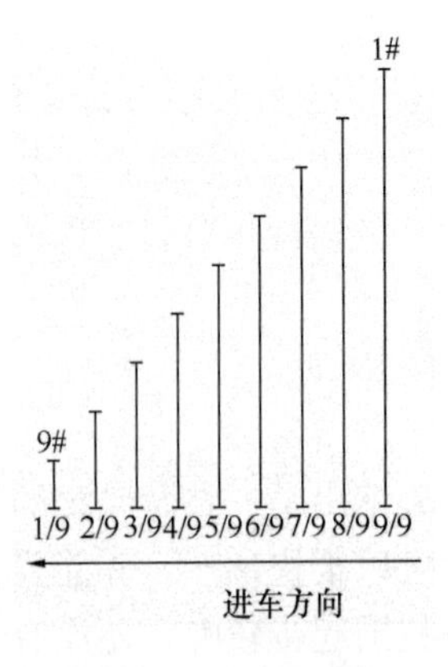

图 10-11　正梯式闸图

（1）优点：这种闸是所有操作方法中热量利用最充分的一种，因自高温带过来的高温烟气通过预热带所有砖坯的充分吸收后，从 1～3＃闸排出窑外，排烟风机的风温最低。

（2）缺点：因大量烟气自远闸排出，烟气在前进过程中水蒸气的含量会越来越高，由于温度在逐渐降低，砖坯容易吸潮而产生网状裂纹，严重时，在 1＃、2＃车位形成饱和水蒸气而使该处砖坯吸潮坍塌。

（3）使用范围：当原料热值相对较低，干燥效果较好时可使用此闸；砖坯残余含水率过高或投产初期禁用此闸。

二、桥式闸（图 10-12）

这种闸中间为全开，两边各闸开启程度依次减小，类似拱桥，因此称为桥式闸。

（1）优点：因中间闸开启程度最大，大量水蒸气被及时排除窑外，避免了砖坯吸潮，预热带升温速度快。

（2）缺点：因中间部分闸开启程度大，部分高温烟气被提前排出窑外，使排烟温度较高，部分热量被浪费。

（3）使用范围：原料热值较高，适宜快速出车，砖坯干燥效果不好时也可以使用此闸。

三、正桥梯式闸（图 10-12、图 10-13）

4＃闸全开，向高温带方向依次减小开启程度，进车端 3 对闸开启程度较小。

因这种闸结合了桥式闸和梯式闸的用闸方法，既有桥式闸的成分，也有梯式闸的成分，故称桥梯式闸。

之所以叫正桥梯式闸是为了区别于倒（反）桥梯式闸。

（1）优点：烟气中的大量热量用来加热大部分预热带砖坯后才被排出窑外，热量利用相对充分，而且潮湿水蒸气也能较为及时地排出窑外，砖坯不易吸潮。

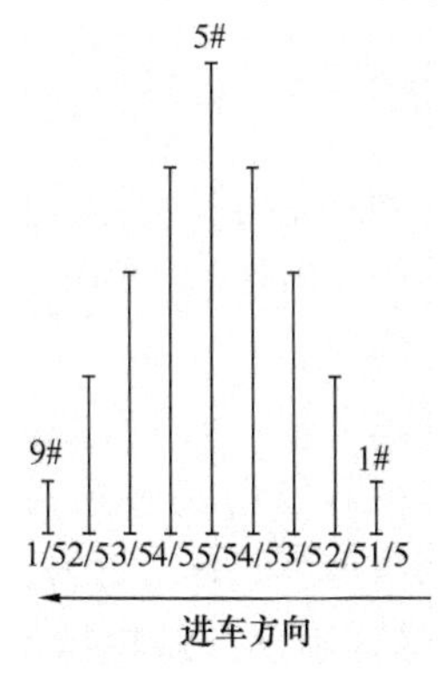

图 10-12　桥式闸

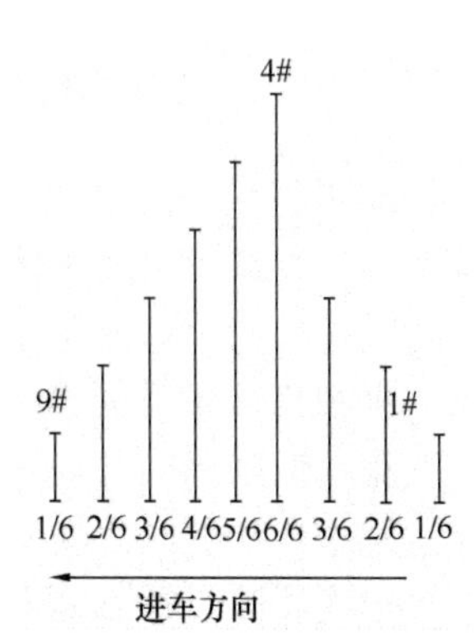

图 10-13　正桥梯式闸图

（2）缺点：相比正梯式闸而言，热量利用不够充分。

（3）使用范围：正常生产过程中尽量使用此闸，砖坯在干燥效果不佳时尽量少用此闸。

四、倒（反）桥梯式闸（图 10-14）

倒（反）桥梯式闸正好与正桥梯式闸相反，6＃闸全开，进车端前 5 对闸依次减小，靠近高温带的 3 对闸开启程度较小。

正常情况下不使用此闸，只有当入窑砖坯热值较高，高温带和预热带温度过高难以控制时，可以利用此闸放走烟气中的大量热量，以减少过火程度。使用时可以根据窑内温度的变化情况适当调节 7＃、8＃、9＃的开启量。窑炉点火投产时可采用此闸。

五、倒（反）梯式闸（图 10-15）

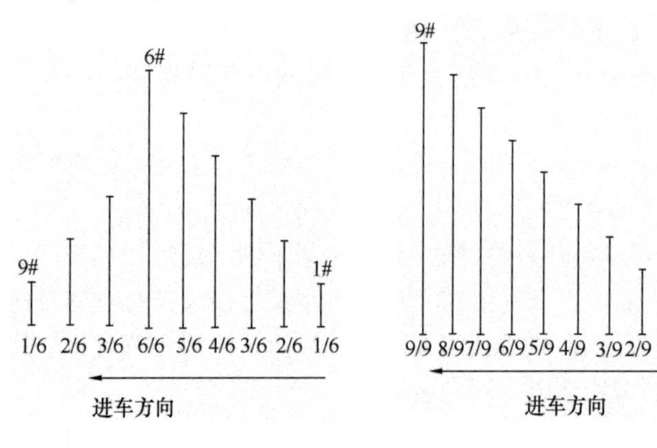

图 10-14 倒桥梯式闸　　图 10-15 倒梯式闸图

倒梯式闸与正梯式闸完全相反。这种闸主要作用是放热，若窑内温度难以控制时可使用此闸。正常生产时严禁使用此闸，点火投产时采用此闸可以避免塌坯和急干裂纹。

六、平闸与陡闸（图 10-16、图 10-17）

根据相邻两闸之间开启程度差异的大小又分为平闸和陡闸，如正梯式闸中各相邻闸之间开启程度相差很小时，可称为正梯平闸。在排烟支管设计较少或管径较细时可采用平闸以增加排烟量，反之可用陡闸。图 10-16、图 10-17 中梯平闸比梯陡闸增加通风面积 33％。

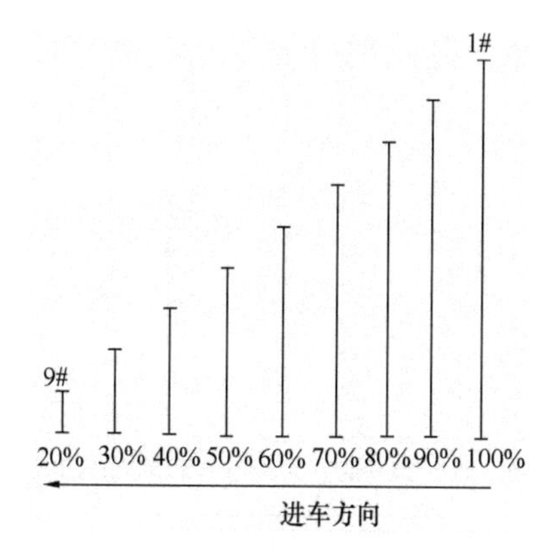

图 10-16　正梯陡闸

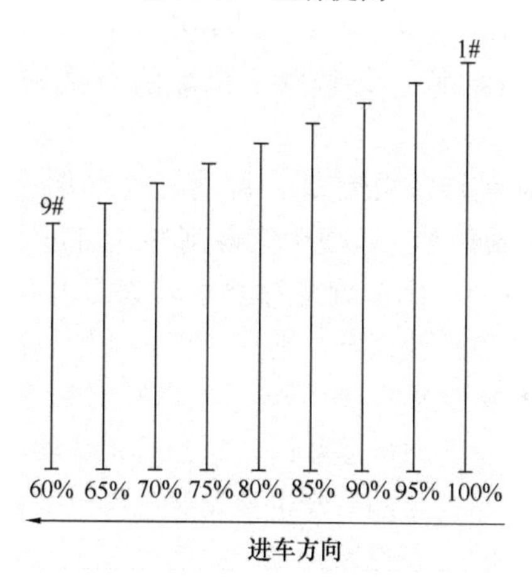

图 10-17　正梯平闸

七、半闸、大半闸、小半闸（图 10-18）

以上各用闸方法中，最大闸的开启程度都是 100％，特殊情况下可以采用最大开启量是全闸的 50％、70％、30％，其他闸以此类推，称为半闸、大半闸、小半闸。当排烟支管设计较多，排烟风机又没有风量调节装置或调节装置失灵时，可以采用这种用闸方式。如半桥式闸，各闸的开启程度如图 10-18 所示。

隧道窑的闸阀应该根据窑炉温度变化情况，经常调整，不要拘泥于任何一种用闸方式。只有真正掌握各种用闸方法的原理

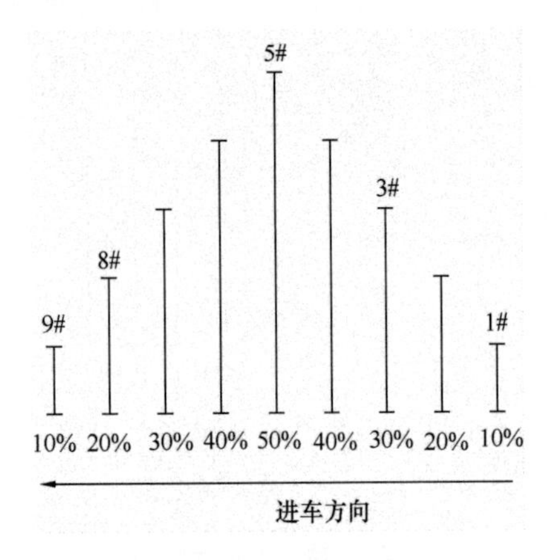

图 10-18　半桥式闸图

后，才能灵活机动地进行调整，窑炉的产量和质量才能得以保证。

另外，用闸前应首先计算，排烟支管（烟道）与排烟总管（总烟道）的通风断面，以便确定各闸的开启量。原则上支烟管通风截面之和最少应比排烟总管的通风截面大 50%，如不设窑底抽风或窑底风单独抽放时，则支烟管的通风总截面必须比总烟管的通风总截面大 100%～150%。有些生产线设计的支烟管总截面远小于总烟管的通风总截面，这是严重错误的，这种情况即便是所有支烟管闸阀全部打开也不能满足风机抽力，支烟管截面越小，影响风机的效率越大。

用闸前的计算：如一条隧道窑主排烟管直径为 1.2m，则其通风截面为 1.13m^2，设计 ϕ400mm 支烟管 9 对，每对支烟管通风截面为 0.2512m^2，则最少应开启（全开）的数为 4.5 对，即所有支烟管的开启量总和应大于 4.5 对，原则上应开启 5～6 对为宜，如果设计支烟管为 ϕ360mm，则最少应开启 5.6 对。

按以上用闸方法各支烟管的开启量为：

1. 正梯式闸（倒梯式闸）5 对支管；

2. 桥式闸 5 对支管；

3. 正桥梯式闸（倒桥梯式闸）4.5 对支管。

第十一章　隧道窑的节能降耗与废弃物综合利用

第一节　隧道窑的节能降耗

一、烧结砖隧道窑生产过程中的节能降耗

隧道窑是当今烧结砖的主导热工设备，如何节能降耗是摆在生产企业的首位。就目前烧结砖而言，隧道窑烧结砖有多种方式，纯内燃烧结砖、纯外燃烧结砖和掺内燃料加外燃烧结砖。如何提高节能降耗呢？笔者通过长时间的现场调研，发现节能降耗途径很多，下面略举几例，仅供生产者参考。

（一）选择合理的窑炉结构，是节能降耗途径之一

1．主要是在窑炉选型上下工夫

任何一个生产企业在确定自己生产产品的时候，千万不能按照别人生产的形式一成不变的套用选型。这样容易形成同病相怜。在当前的砖瓦生产企业者来看，尤其是个体私营投资者，发现此类问题较普遍。

（1）他们没有认真去研究别人投资项目的利弊关系，看表面较为普遍。

（2）不想投资生产前期调研费用，盲目上马。

（3）不分析自己选用的原料特性，不了解结合自身原料的各种技术要求，没有想到不同的工艺，有不同的生产技术要求。

（4）过余节约投资成本。在上项目时，只考虑投资量不考虑投产后的生产成本，普遍存在投资越小越好的单一想法，没有考虑实用性。

（5）选择施工安装队伍时，不选择有专业性的正规企业合作，而选择一些非专业人员施工安装。造成投产时出现一些不必要的质量故障，导致生产长时间不能正常。

（6）一些比较落后的山区私有投资者，很容易被那些非专业窑炉公司进入。他们带去的是一些工艺落后、窑型淘汰、能耗高、污染重的落后设备，生产低质量的烧结砖。要想提高节能减排的效果，必须注重选择内在结构良好的窑型。坚决淘汰国家三令五申禁止的一些落后工艺、高能耗、高污染的落后设备，特别要在提高技术含量上下工夫。

2. 注重隧道窑结构的科学性

烧结砖所使用的窑炉，它的结构是否合理，不但直接涉及燃料的消耗，而且与产品质量有密切关系。一座内部结构合理的隧道窑，如果能够实现燃烧时气流顺畅循环合理，窑内压力适当，它将大大延长窑炉生产的使用寿命。现在烧结砖所使用的隧道窑，它的结构不断在改进，显示出更加合理化的特点。它的发展方向在向宽、扁、平的结构上调整。向大断面、薄窑墙、轻型化、装配化、高隔温、低吸热的新技术方向转换。强化烟气对流的传热过程，使窑内的温度均匀上升，使制品出现快速、均匀加热，形成热交换使用，可大大地节约燃料，能取到明显的节能效果。

3. 提高窑炉的密封性

窑炉密封的好坏，它直接与能耗高低有直接的关系。例如在窑炉砌筑时，用轻质泡沫隔热砖和硅酸铝耐火纤维毡的蓄热量仅为耐火砖的10%左右。如果采用上述隔热保温材料砌筑窑墙、窑顶，窑的保温性能就好于回填土和建筑红砖或一般的耐火砖。在采用轻质隔热材料档次较高时，虽然说一次性投资工程费用较多一点，但是由于显著的节能效果在投产后，即有明显的降低生产成本的体现。

4. 窑车与窑体的曲折密封和砂封的结构

窑车接头处，窑车周边与窑体接触处，均可采用30mm厚硅酸铝耐火纤维毡粘贴，可有效组织窑内烟气升温与冷空气渗入，增强窑内的密封性能，缩小窑炉上下温差，减少热损失，缩短高火保温时间，促进燃料消耗的减低力度。

5. 选择合理的低温燃烧工艺，调整原料的配比关系根据不同的矿原地质结构，改变传统的习惯，烧结砖长期以来烧成温度在（980～1080）℃的范围。现在笔者走访了很多生产企业，发现烧结砖可在（900～950）℃之间能够生产出高质量的产品。这就说明了一个问题，烧结砖在原料可控的因素下，均可采用低温烧成，降低能源消耗，减少生产投资成本，窑炉在进行低温生产时，即可增长窑炉的使用寿命，减少维修量，也有益于减少废气的排放量。

6. 制定合理的窑炉操作规程

应根据砖坯的特性、窑炉结构、燃料的种类，制定出合理的烧成制度和操作方案。隧道窑在烧成时，应注意掌握干燥、烧结、冷却这3个阶段的不同时区变化。在夜班生产与白班生产时，要保持同样的操作方式，切不可忽略夜班的管理细节。笔者在了解很多生产厂家后，发现白班的产量、质量，均比夜班较高。这就说明了夜班操作工人，对窑炉控制方面没有尽到责任。浪费了生产时间、能源的耗量和人力。而且对窑炉生产温度上下控制都不利。窑炉在正常生产时，千万不可忽略不规律的生产。这样容易造成窑体的内部气氛紊乱，破坏窑体内脏结构。

7. 加强余热回收利用之功能

降低离窑烟气温度，减少漏气，减少离窑烟气的空气过剩系数。这是节能的一项重要措施。

（二）选择合理的烧成工艺，是节能降耗的途径所在

在窑炉生产烧结砖时，有多种烧结工艺。在选择烧结工艺时，也是体现节能降耗的有利途径之一。如在一次码烧工艺时，均采用的是内燃烧砖。在确定一次码烧工艺时，根据原料的不同，结合窑炉结构特点，在内燃的掺配上大有文章可做。比如说，选用一座现代的先进窑炉，烧制一定原料和特定产品，每千克制品需300kcal热量，就能完成烧结过程。而另一种烧结工艺则采用的其他窑型，烧成每千克制品在（400～500）kcal热量，才能完成烧结过程，那么每千克制品相差（100～200）kcal热量之间，按平均150kcal热量计，一个年产6000万块的砖厂，每年节约标准煤4500t，按每吨450元计算，每年均可节约燃料费

用 200 多万元。在内燃掺配方面，一定要做到均匀掺量，一不能多惨，二不能少掺。过多掺量易出现烧结温度过高，浪费热源。少掺窑炉温度上不来，容易生产出生砖，温度不够，产品质量低下，那么内燃掺配要精细加工，确保原料的混合均匀。这样才能达到理想效果。

（三）培训技术过硬的操作工人，是节能降耗的主要环节

很多砖瓦企业面临着一个共同的问题，就是很先进的生产工艺，自动化控制较高的窑炉，没有配上技术过硬、操作顺手的技术工人，导致一条比较先进的窑炉生产线，达不到设计的理想效果。过多能源的浪费，增加了生产成本，造成企业亏损。为了提高窑炉设备运转率和完好率，重点要选择好操作工人，要使操作工人懂得生产设备维修操作规程，窑炉设备维修操作规程。如原料处理有破碎，粉碎，转筛，给料，输送，搅拌，挤出，每一道环节都有节能降耗的因素存在。如何把握，关键在于操作工人之手。如修理工的操作配备：钳工、电焊工、电工、车刨工、管道工、烧炉工等一系列的全套工种，均应具备各自独立操作能力，掌控各项设备的技术性能和操作要点，要使设备都在良性的条件下工作。这样才能达到节能降耗之目的。再就是烧成系统，有切坯过后，运坯，干燥，输送，烧成，卸运，及其窑炉顶（渡）车机、回车卷扬机、机械窑门、风机、运转窑车、电气仪表、温控、测压等系统的操控过程，必须严格控制白班与夜班生产的不同点。很多生产厂家，白班生产可达到窑炉正常运转的产品和质量，但夜班却存在诸多问题。操作工人不按操作规程办事，尤其是下半夜，燃料的浪费，能源的损耗，温度的过烧，产量的低下，设备的保养，运行的记录，进出窑车、卸坯，都是存在不负责的态度，导致窑炉生产时不稳定因素的增加，造成不必要的一些损失。这些说明了一个什么问题？在选择培养操作工人时，必须注意几件事情，培养专业性较强的技术工人，首先培养他的责任心，其次对专业操作技术工人进行专业知识和管理知识培训，使他们在各自的岗位上，认真实施生产体系所规定的活动。

四、抓好产品生产过程中的环节，是节能降耗一项主措

窑炉产品售后服务时，有不少的生产厂家，在注重产品节能降耗方面，忽略了很多中间环节。如原料车间设备上的配置，大马拉小车，浪费能源也增加了生产成本，不同的原料应采用不同的设备，千万不能套用别人的生产工艺。尾料的回收处理，在很多生产厂家忽略了这个环节，浪费极为严重。还有烧成车间的烧成后的产品处置，不分等级，不分合格还是不合格产品混置一起，应回收处置的却堆放在垃圾堆，占用了成品砖存放场地，也污染周边环境，给生产厂家管理造成不利的局面。其实这些中间环节，也是我们节能降耗的关键所在。

总之，节能降耗对于我们烧结砖隧道窑而言，大有文章可做，而且在做的过程中很有学问。笔者对于这项工作只是略知皮毛，但这项工作却是很长远，需要同行业的诸位拿出战略的眼光，一同共处节能降耗之大计。

二、烧结砖施工技术与节能降耗

目前，我国绝大部分地区采用隧道窑生产烧结砖的生产工艺。有一次码烧，一次半码烧，二次码烧。选用中断面、大断面的隧道窑生产厂家较多。那么，就隧道窑生产烧结砖节能降耗方面，就有诸多节能的途径和降耗的控制手段，可供我们日常生产中加以掌控和调整。笔者对多条隧道窑进行了调查，就此问题从以下 3 个方面，谈一点看法，仅供生产者参考。

（一）窑炉施工方面的控制

在窑炉施工方面，主要掌控窑墙的保温措施。首先要选用节能环保的窑用专业材料。其次隧道窑的保温工程，是一项细致而又烦琐的工作。在施工安装过程中，每一道工序，每一环节，都必须达到设计施工说明和窑炉施工规范的质量要求。隧道窑的保温工程，主要包括四大方面，即窑墙砌筑、窑顶施工、管道保温的敷设和窑车制造。

隧道窑墙由 4 个部分组成：耐火重质材料、轻质保温材料、隔热耐火保温棉毡和红砖砌体（组装隧道窑外有装饰板）。这四大部分在施工过程中，必须全面控制。

1. 砌体灰缝的控制

（1）必须控制砌体工程灰缝——耐火砌体的砖缝和灰浆饱满度，在砌体过程中根据砌体灰缝设计要求进行砌筑。灰浆饱满度应达到95%以上，并且要根据窑炉气流方向的走向错缝砌筑，确保窑炉的密封性能达到窑炉在热工作状态下的要求。从内墙灰缝饱满度来讲，笔者通过多条隧道窑施工验收检查发现，水平灰浆饱满度可达95%以上，而竖缝灰浆饱满度均未达到90%，而且很多竖缝都是空缝。从表面上看有灰浆，而实际上都是借浆缝。当窑炉点火运行时，在窑内正压状况下，热气流就从砌体的空缝中向外窜出保温层，使窑外墙表面温度大大超出设计要求。外墙温度高的可达100℃，使大量的热量散失。同时，还出现窑墙膨胀缝之间热气流的窜动，使内墙倾斜，影响窑炉使用寿命。

（2）耐火材料尺寸有偏差，容易导致灰缝不均匀。在砌筑过程中，应采用选砖法砌筑，把同一尺寸耐火砖组砌在同一层，以控制灰缝的厚度均一，避免干缩后造成灰缝有空隙，保证使热气流在正压时不外窜。

2. 保温砖砌筑

有很多筑炉工对保温砖砌体没有正确的认识，认为是填充砌体，对质量灰缝要求并不严格。这是错误的认识。保温材料的砌体，是窑内保温的核心层。对窑炉是否节能保温，它起着很关键的作用。对于保温耐火砖来说，砌筑方法与同重质耐火砖相同，用耐火泥浆砌筑。但耐火泥浆配方与直接火焰面接触的耐火砖所用泥浆不同，配方不同泥浆的熔点就不同，焙烧应根据烧成温度的辐射面来确定耐火泥浆的配方，保证泥浆与保温砖烧结后成一整体，才能产生窑炉密封效果，达到隔热功能。那么，在砌筑过程中应注意，保温墙的厚度、高度及总长度，必须符合图纸设计要求的规定。灰浆饱满度要达到95%以上。在砌筑时严禁使用铁锤敲砖，以免破坏轻质保温砖的整体强度。同时，应严禁用灰刀直接砍砖，需要加工的砖应用切割机切砖，保证所需尺寸准确。为避免保温砖直接与窑内明火接触，观察孔的四周可用重质耐火砖砌筑。在保温砖与保温毡或毯及外墙的搭接砖，也同样用黏土耐火砖砌筑。

3. 保温层的敷设

内墙与外墙之间的填充的保温材料层要均匀、密实。保温材料不得进水。一般的采用普通硅酸铝纤维针刺毯。安装时，毯与毯之间必须接触紧密与压缝。在两块毯接头处，要用高温粘结剂粘连，密封严实，确保保温效果。对需要加工的保温毯，应用刀具切割整齐，确保使用尺寸规格，严禁用手直接撕拉。

窑顶保温工作程序为（以吊顶窑为例）：

（1）在耐火吊顶板与内直墙搭接部位，预先铺设好高铝型硅酸铝纤维针刺毯。

（2）在耐火吊顶板 V 形缝填塞高铝型硅酸铝针刺毯。

（3）做 20mm 厚的轻骨料耐火泥封层，后进行保温层窑顶面铺设工作，窑顶表面必须严格密封，确保窑顶热量不能外窜。具体施工方法如下。

① 在未吊板之前，耐火吊板与内墙搭接处的墙面上铺设好一层高铝型硅酸纤维针刺毯层，其厚度约大于顶板与墙面之间距离的 1/3，保证窑墙在受热膨胀后不会将耐火吊板拱起。确保内墙与顶之间的密封结构不受热量的干扰。

② 耐火吊顶板 V 形缝的填塞办法，吊板与吊板之间用高铝纤维针刺毯填塞，其厚度要依照 V 形缝下面最小尺寸处决定，使毯达到几乎不能被压缩的厚度，确保针刺毯的充实紧密。高铝针刺毯相接处，要将两毯对接长出 5cm，在对接压平时就能相互压缩紧密，无空隙。在施工过程中，要全部做到这一点，否则毯与毯之间有缝隙，热气流就会向窑顶上面窜，容易损坏窑顶。板与板之间的针刺毯，应将其在毯的中间层拨开，使两侧搭接在吊板上一段，以防填塞的针刺毯掉落。

③ 轻骨料耐火泥封层面的处理方法。在吊板上做 2cm 厚的轻骨料耐火泥层，是第一道窑顶密封层，同时也可用硅酸铝浇注料做，无论用什么材料做隔热层，必须要考虑它的耐温性能。

④ 顶面层的保温铺设。窑顶上保温层的底层，应选用耐高温的高纯型硅酸铝纤维针刺毯，表层可用普通硅酸铝纤维针刺毯或毡。铺设时要分层压缝，毯与毯相接时要采用压缩对接法施

工。如果顶上层用的是硅酸铝纤维毡时，毡与毡缝要用耐 800℃胶粘接，使毡缝密封。在铺设底层时，必须将耐热吊件的四周压实，接头处应交错搭接。铺毯要达到交错铺设、分层压实、表面平整的技术要求。若耐热吊件全部埋入保温层毯内时，应将吊件四周的毯少量取出，使耐热吊钩的顶端及普通钢吊杆暴露在空气当中，有利于自然散热，以免耐热吊钩与普通钢构在长期荷重的情况下，产生蠕变，造成吊顶板的脱落。当安装投煤管及风管时，其重力不能直接作用在耐热吊板上，可在主梁上安装适当的支撑架，使质量落在主梁上。应保证管体位置的固定，不可左右移动。针刺毯上的投煤孔管体，应用高铝硅酸铝纤维针刺毯，将包裹并绑扎结实。埋入棉内的部分，用高铝质散棉分层将管壁周围塞紧塞实，防止燃烧室的高温气流外泄，形成窜火。最后，将投煤管和风管底层及管壁四周，用高铝棉充分塞实，确保密封效果。当窑顶保温层铺设完成后，再用耐温 1000℃的涂料做外表面封层，使窑顶完全密封。这种封层面在窑炉烘窑完再做，效果更好。

4. 余热管道保温

干燥窑干燥湿坯的热量，是通过余热管道从焙烧隧道窑送来的余热。如干燥窑的热量不够，必然会影响干燥窑的热工制度，使干燥窑的干燥周期加长，所以余热的管道保温很重要，千万不要忽视。控制热量散失的办法是，按余热管道的规格，将岩棉毡切割成块，并修正均匀。敷设时，纵横搭缝应留到管道顶部。搭接长度必须超过 50cm 长。横向搭接必须紧密相连，再用镀锌铁丝将马粪纸捆扎在岩棉外。铁丝间隔为 20cm，最后用密纹玻纤布螺旋式缠绕在马粪纸外表面上。搭接长度不小于 5cm，每隔 6cm 用镀锌铁丝捆扎一道，捆扎时必须牢固。在膨胀节连接处的保温棉应留出间隙，以保证管道伸缩时的自由滑动。

5. 窑车是窑炉热量吸收及热量损耗量最大的主体

窑车车面层是隧道窑焙烧过程中最容易出现问题的部位。那么，在窑车选用材料时，应注意的问题有如下几种。

（1）窑车车面材料应当由高质量、具有低密度的耐火材料及轻质隔热材料组成。从底层到顶层的材料，要能够适应周期性的温度变化。特别是顶部材料，应尽可能地控制材料自身的密度，减少吸热量。

（2）窑车上下密封的好坏，是决定热损耗的关键部位。隧道窑的砂封槽的主要作用，是隔热焙烧道与窑车下的气流，以减少漏气，使窑内压力和温度保持平衡与稳定。砂封槽中砂子若填充程度不够，或者砂子颗粒不均匀，则不能完全隔绝空气。窑车裙板出现变形，裙板插入砂封槽的深度不够，窑车与窑车接头处不严，或者窑体外的冷空气进入等因素，都会影响窑炉热量流失。因此，必须从设计结构上解决这些问题。

（3）窑车钢结构加工要做到精益求精，不能有任何的尺寸偏差。

（4）采取双曲封、软密封、水曲封等手段措施，完善砂封并有效控制热量外渗及冷空气进入。

（二）窑炉生产过程中的控制

窑炉在正式点火投产后，节能降耗的途径很多。很多生产厂家却忽略了生产过程中的节能降耗。笔者通过多家生产过程的调研，发现砖厂存在着诸多影响节能降耗的因素。主要反映在以下几方面。

1. 工厂的生产管理混乱

很多烧结砖生产厂家，对烧结砖的认识不足，生产过程中管理混乱，浪费人力、物力、财力，增加成本开支，预期合理的投资回收期，不能按期实现。

2. 对窑炉的技术性能不够了解

烧成曲线的控制，窑炉的合理升温速度、产品烧成的进出时间、烧成压力控制、原料的物理变化、配比关系、可燃物的燃烧氧化过程、窑炉合理的保温时间、合理的冷却过程，等等，都未进行有效地能耗控制。

3. 砖坯的管理不善

砖坯成型水分过大，导致干燥时倒坯严重。干燥系统不能正常工作，成批的产品不能进入焙烧窑，造成各种能源的浪费。

4. 运转设备动力配置，尚有潜力可挖

窑炉运转设备的动力配置，如风机、顶车机、牵引机、摆渡车等动力设备的电机，都有潜力可挖掘。

以上这些问题要想得到解决，首先必须对生产产品、窑炉工作原理有正确的认识。加强烧结砖生产管理，在生产过程中，首先要建立一套完整的结合工人实际技术综合素质的流水作业流程。原料处理环节、成型生产、烧结生产、产品出厂堆放四大环节，一个都不能忽略。尤其是各环节的管理负责人，要掌握生产烧结砖的技术全过程，对出现的问题要及时处置。

（三）节能降耗的措施与方法

1. 加强能源管理

许多砖厂在原煤管理上比较混乱。原煤进厂不过磅，用煤不计量，等等。针对这些存在的问题，必须加强能源管理。要建立厂部、车间、班组三级节能管理体系，健全节能管理制度，制定原煤消耗定额，节能奖罚措施等，并组织检查和落实。同时，必须加强煤库管理，要做到购煤有计划，入库有验收，领用有计划，进出有台账。

2. 要大力提倡实行内燃烧砖

粉煤灰、矿渣、煤矸石和泥煤、秸秆，可燃垃圾等可燃物，均可作为燃料，用于烧砖。可节约原煤和提高产品产量和质量。由于燃料在坯体内部直接加入燃烧、发热效率高，与外燃烧砖比较，窑体向外部散热少，所以内燃砖，能降低单位产品的热能消耗。但需要注意的问题是：

（1）了解内燃料的种类、性质和热值；

（2）注意内燃料的处置与掺配；

（3）掌握内燃烧砖的码烧技术。

3. 降低坯体残余水分是降低煤耗的重要环节和重要措施

很多生产企业单一追求产量，而忽视砖坯成型水分，从砖机出来的砖坯水分超过20%，假若砖坯每蒸发1kg水时，需要耗热量（4598～5434）kJ，如果降低坯体含水量1%的话，那将要节约多少热量？可以节约不少资金。

4. 使用外投煤生产

对煤应破碎成（1～2）mm的煤粒，以增大煤在燃烧时的比表面积，达到充分燃烧。外投煤还要干燥，否则，直接增加了窑内水分，就等于增加了烧砖用煤。有条件的砖厂，应建立储煤棚及增加煤粉碎设备，以保证外投煤的细而干燥。

5. 注重码烧技术

码坯作业的目的是形成适合于焙烧要求的坯垛。不同的产品，有不同的码坯方法，要根据气体在窑内流动的原理和燃料性能确定码坯形式。要综合考虑码坯对窑内通风量的影响，对焙烧道横断面上气流分配的影响，对窑内燃料量分布的影响。码坯形式对能源耗量，也有直接关系。很多砖厂对码坯的方式重视程度不一样，因此，能源消耗也就自然各异了。

6. 制定合理的烧成曲线

在制定烧成曲线之间，必须掌握焙烧的原理。干燥后的砖坯进入窑内，在加热焙烧过程中，会发生一系列物理化学变化。这些变化，取决于坯体的矿物组成、化学成分、焙烧温度、烧成时间、焙烧收缩、颗粒组成等，此外窑内气氛，对焙烧结果也有影响。当坯体被加热时，首先排除原料矿物中的水分。在200℃以上，残余的自由水及大气吸附水被排除出去。在（400～600)℃时结构水在自原料中分解，使坯体变成多孔，松弛，因而水分易于排除，加热速度可以加快。此阶段坯体强度有所下降。温度在573℃时，β-石英转化成。α-石英，体积增加0.82%。此时，如升温过快，就有产生裂纹和使结构松弛的危险。600℃以后固体反应开始进行。在（650～800)℃，如有易熔物存在，开始烧结，产生收缩。在（600～900)℃，如果原料中含有较多的可燃物质，这些物质需要较长的时间完成氧化过程。在（930～970)℃，碳酸钙（$CaCO_3$）分解成为氧化钙（CaO）和二氧化碳（CO_2）。焙烧使原料细颗粒通过硅酸盐化合作用，形成不可逆的固体，变成需要的烧结砖。在了解烧成原理后，就可根据不同的原料和不同的产品，制定不同的烧成曲线。然后，再根据烧成曲线，设定窑炉结构。

7. 焙烧过程中严格按窑炉操作规程进行

进出窑车时间要稳定，不能随心所欲。根据烧成曲线，决定窑车进出时间。用闸要有规则，风闸一旦确定后，无须再动。入窑坯体水分必须控制在6%以下，否则，会影响产品质量，并且又多耗热量。窑体内设的砂封，要保持它的密封性能，及时了解砂封槽中的砂料流失情况。窑顶投煤孔不能随便打开火眼，以免向窑内灌入冷空气。不得随意开启窑头窑尾密封门，以免增加风机额外负荷。凡需外投煤烧结时，应做到勤投少投，看火投煤，确保煤的完全燃烧。

8. 合理利用窑内的余热

隧道窑在生产过程中，有余热可被利用。尤其是全煤矸石作原料的生产烧结砖时，余热利用较为普遍的用法有：

（1）干燥砖坯使用。

（2）窑顶设置水箱或当锅炉使用。

（3）北方地区抽出供暖使用。

（4）有的还设置余热发电功能。

总而言之，对于余热的利用，前景广阔，这需要我们共同挖掘，充分利用好余热。

第二节 烧结砖废弃物的综合利用

一、煤矸石烧结砖现状及技术特点

（一）煤矸石烧结砖的发展态势及现状

利用煤矸石作为原料制砖，自身发热量除满足本身烧成需要外，还能利用余热干燥砖坯等。煤矸石代替黏土制砖，不仅节约大量原料，还节约了黏土和堆放煤矸石占用的场地及减少对环境的破坏。

“九五”期间，煤矸石的综合利用走出长期徘徊的局面，总利用量已达到2.25亿吨。除了燃烧发电，铺路垫基外，在煤矸石生产建材方面，同样是综合利用的一个重要途径。特别是对生产原料中掺量不少于30%的煤矸石、粉煤灰、炉渣和其他废渣的建材产品免征增值税，5 年免征所得税优惠政策的实施，以及全国范围限制黏土砖生产法规的出台和执行，煤矸石烧结砖呈现了高速发展的喜人态势。目前，单是国有重点煤矿已有矸石砖厂 120 家，生产能力达到 20 亿块标砖，替代黏土节约土地 4000 亩[①]。另外，还有为数不少的建材企业，大量利用煤矸石生产新型墙材，无论是品种还是数量都取得较好成绩。同时调整了煤炭生产企业的产业结构，积极寻求延续发展煤炭的后续产业。在目前煤炭生产行业限产、不景气和国家主要能源向纯净型转化的大气候下，具有深远意义。同时，为煤炭生产企业可持续发展，调整人员，保证煤炭企业减员增效，合理安排后续产业的需求，提供了一条煤炭深加工和资源综合利用并符合自身资源优势的发展途径。“十五”期间，随着 170 个城市限时禁止粘土砖及墙改工作的深入，煤矸石将成为新型墙材的主要原料之一，在建材领域里的开发和应用空间越来越大。

虽然煤矸石烧结砖在生产上呈现出了喜人态势，但现状并不容乐观。主要原因是，生产成本较高，产品质量、合格等级普遍较低，产品档次不高，反映出了行业整体技术水平不高、装备能力不足等缺点，具体表现在以下多个方面。

（1）生产企业对煤矸石原料认识不清。对原材料的配料、处理把关不严格，对不同时期煤矸石各种原料组成发热量大小没有充分和足够的认识。

（2）生产设备简陋，技术保障不足，造成原料在粉碎陈化、干燥、烧成、上下坯等不同环节受到硬件制约。

（3）部分生产企业质量意识淡薄，产品粗制滥造，应付墙改工作要求。

（4）企业技术工人素质较差，主要原因是煤矸石砖厂职工，部分为企业分流转产人员，上岗前没有进行职业培训。在生产工艺操作中，不能有效控制原料生产的各个环节。

（5）部分企业对煤矸石烧结砖认识不足，特别是煤矸石烧结

---

① 亩为非法定计量单位　1 亩 = 667m²

砖的烧成机理及特点，没有充分认识，照搬原有黏土砖生产经验，对质量缺陷，没有逐一分析，没有对症下药。要想改变这种状态，在煤矸石烧结砖的生产过程中，应做好充分的理论准备和实践准备。在高速发展的态势下，狠抓质量，加强技术培训，提高技术设备，保障煤矸石烧结砖的发展稳步健康发展。

（二）煤矸石烧结砖的生产特点

1. 矸石的适用

煤矸石的种类较多，常见有泥质页岩煤矸石、炭质页岩煤矸石、砂质页岩煤矸石、砂岩煤矸石、石灰岩煤矸石。这 5 种主要煤矸石，只有前 3 种页岩型煤矸石用作制砖原料，而其他 2 种因本身不属于黏土岩范围，成型较差，不宜作制砖原料。即使作内燃砖使用，也会降低制品的性能。而石灰岩煤矸石加工后的颗粒大于 3mm，制品有可能产生“石灰爆裂”。

2. 煤矸石原料的加工处理

（1）颗粒加工配料

煤矸石的块度大，砖质一般在莫氏 2～3 度，必须经过粗碎、细碎、筛分等工序进行加工处理。常用煤矸石破碎工艺有以下几种：颚破—锤破—筛分；颚破—棒破；颚破—锤破反击破—球磨工艺。不论选用何种破碎工艺，都应以煤矸石种类特性为设备选型，以工艺特点选择根本点，保证原料细度和颗粒级配合（见表 11-1）。

表 11-1 原料细度和颗粒级配合参照表

粒质/mm	2～1	1～0.5	0.5～0.25	0.25～0.1	<0.1
百分比	10	25	15	20	30

表中最佳颗粒并非绝对值，仅是实验最佳级配，在实际生产中，应根据现有矸石原料，有的放矢地进行实验级配和实际级配，保证煤矸石制砖的生产需要。

（2）煤矸石热值的调整

煤矸石的化学成分，可塑性和发热量，由于产地不同，掘出地层不同，存放时间不同，甚至同座山也有不同，如此种种因素，造成一定的差异。因此，取料时应根据燃料的塑性指数和发热量2个重要指标结合实验室数据进行调整，掺兑低热值或高热值的煤矸石，或添加其他高热值的原料，配料后的发热量应控制在1250～1700kcal/kg，保证窑炉焙烧和干燥所需热量。

（三）煤矸石烧结砖的窑炉特点

煤矸石烧结砖正是由于自身发热量等多种原因，造成热值不统一，形成窑炉在设计过程中，要设计具有针对性的窑体结构。主要特性如下：

由于煤矸石自身热量不统一，以及配料的不均匀，使煤矸石不能达到完全统一，造成原料的成分偏差较大，不能像传统隧道窑一样。预、烧、冷三带长度有一个明显划分，如制品中含有大量的可燃成分，热值大大超出焙烧制品所需要的热量。如工作系统及人为控制不好，可燃成分在较低温度下就开始燃烧，使焙烧带大幅度前移，造成预热带全面起火，预热带超出受热允许范围，导致预热带窑体及工作系统受损。同时，由于制品内可燃成分不足或因氧气不足而燃烧继续进行，使本应在焙烧带完成的工序，未能充分完成，使焙烧带温度制度向后移动，后果严重的造成制品过烧，冷却不充分等制品质量缺陷。在窑炉冷却带设计中，设计人员应充分考虑这一点。一方面增加焙烧带长度，另一方面增加窑内温度、热量控制、气氛控制做到硬件有保障。

（四）超热焙烧工作系统

超热燃烧是由于煤矸石自身发热量过大，已超出制品焙烧所需热量的前提下，进行制品焙烧过程。超热焙烧是煤矸石烧结砖在烧结中一个显著特点和技术难点。除在窑体设计中增加烧成带长度，另一个是工作系统中增加抽热系统，合理有效地抽取窑内超热量，限制窑炉焙烧带向前向后偏移，保证并控制焙烧，保障制品质量和窑体寿命，经有关研究和设计单位长期跟踪，窑内超热量抽取最佳方法是在焙烧带的后部打入冷风，而在焙烧带最前端抽出高温热风，并有效地利用余热，有条件的建设单位可设置换热器进行供水供热，或进行制品干燥，特点是：一方面限制了高温大大向预热带的偏移，使预热带的气氛不受超热量的任何影响；另一方面急冷由冷却带前部越过保温带移至焙烧带后部，保证温度，冷却带气氛不受超热量的任何影响，也提高制品烧成时的控制手段和操作方法。

二、煤矸石隧道窑常见问题及防治

本文根据山东华丰矿王宏伟先生提供的华泰建材有限公司6.9m断面宽煤矸石烧结砖隧道窑生产线总结出来的生产经验而叙。为了行业的共同进步，提供业内人士参考。

（一）大火

窑内大火即窑内高温点温度超高、高温带明显延长。主要原因是热值过高、码坯方式不当造成的。

当高温点温度超过正常温度30℃以上时，产品就容易过火，超出正常温度越高，产品过火越严重。

正确的操作方法可以减少或者避免过火造成的损失。当发现窑内高温点温度超过正常温度30℃以上，或高温点温度虽无较大变化，但高温段长度比正常情况明显延长时，必须立即采取措施，以减少过火损失。

1. 快进车

快进车可以缩短砖的烧结时间，可有效避免过火。这种方法叫做“高温快烧”。

2. 加大通风量

砖坯热值高，燃烧所需要的氧气量就要大，窑内的通风量就要相应增加，否则，成品砖除过火外，还有可能产生黑心。另外，大风量可以带走更多的热量，可以相对减少过火程度。

3. 负压烧成

调整窑内压力，确保高温带处于负压状态。当高温点温度超过正常温度50℃甚至更高时，不仅会使成品砖严重过火，操作不当还会造成烧塌窑顶、烧坏窑车的恶性事故发生。因此，窑内高温带必须处于负压状态。正压时，大火直烧窑顶，而负压可以减少高温对窑顶的损坏，同时窑内负压可以使窑外冷风通过投煤孔间隙和窑体密封薄弱的部位进入窑内，起到保护窑体的作用。

4. 打开投煤孔盖，让冷风进入窑内

在确保投煤孔处于负压状态时，可以打开投煤孔盖。这样，冷风顺着投煤孔进入窑内，不但可以减少高温对窑顶的威胁，对减少成品砖过火也有很大的好处。

当投煤孔处于正压状态下，打开孔盖放出部分热空气。这对降低窑内温度、减少成品砖过火也是有益的。轮窑大火时经常采取这个办法，效果不如投煤孔处于负压状态下效果明显，而且如果窑炉处于密闭窑棚内时会造成热污染和空气污染。

冷却带若设有急冷风机，可以开启风机向窑内送入冷风，这样效果较好。

5. 改变用闸方式，及时放走部分热量

预热带排烟闸一般设计 7～9 对，也有设计 11 对的。排烟越闸多，闸的位置距离高温带越近，对调整窑内大火越有好处。

正常生产一般采用桥梯式闸或桥式闸。当窑内出现大火时，可以采取改变用闸方式的办法放走部分热量，用闸方式可调整为倒桥梯式闸、倒梯式闸。

倒梯式闸的放热量大于倒桥梯式闸，放热时必须实时监控排烟风机进风口的温度，防止烧坏风机叶轮（一般叶轮的耐热温度为 250℃）。

6. 减少码坯量（稀码）

因砖坯热值过高造成窑内大火时，可以采取减码的办法。这种方法最适合于二次码烧，发现窑内大火时，可以立即改变干燥窑门口的码坯方式，减少码坯量。这样能很快解决问题。

这个方法对于一次码烧隧道窑来说，操作难度较大一点，但可以采取减排的办法来达到减码的目的（窑车上下方向砖坯称“层”，顺窑车长度方向砖坏称“排”）。如 6.9m 断面宽一次码烧隧道窑（码高 90 砖 14 层），当码坯量为 6552 块时（12 排×14 层×39 块），可以抽掉一排（546 块）或两排（1092 块），将多余的砖坯码放在干燥窑门口的空地上（如果干燥窑门口的摆渡线能与回空车线相通时，可以直接将减下的砖坯码放到空窑车上），以后正常生产时可以间隔进空车码放，或采取每车多码几十块的办法，将这些砖坯逐步消化掉。

（二）窑内低温

窑内低温是指窑内高温带高温点低于正常烧成温度。造成低温的原因，主要是砖坯热值低、码坯方式不当或操作不当。

低温会使隧道窑产量降低，产品欠火。严重时，会出现灭火停窑的恶性事故。其处理方法如下。

1. 加煤（或木柴）升温

当窑内出现高温点温度低于正常烧成温度时，应及时采取加煤提温的办法。这样，既能保证产品质量，又能减少产量损失。投煤时应遵照少投、勤投、分散投的原则。

2. 减缓进车速度

减缓进车速度的目的是延长烧成时间。这种方法叫做“低温长烧”，即稍低一点的烧成温度、较长的烧成时间，也能达到烧结的效果。但延缓进车时间，会降低隧道窑的产量。

3. 停止窑尾鼓风，排烟风机降频

排烟风机的目的是排除砖坯燃烧时产生的烟气，但同时也会带走大量热量。根据窑炉热平衡计算，烟气带走的热量一般占窑内总热量的 25％左右。当窑内出现低温时，必须减少窑内的通风量，以减少烟气带走的热量损失。同时，窑尾尽量不要鼓冷风，延长冷却带的降温时间。窑内压力尽量调整到使高温带处于正压状态。这样，不仅窑外冷风不易侵入窑内，并且对减少窑车边部和两侧出现欠火砖，都是有好处的。

4. 调整用闸方式，减少热量损失

从减少窑内热量损失的角度来看，正梯式闸无疑是最有效的用闸方式（排烟温度最低），其次是桥梯式闸。但当砖坯干燥效果不好时，慎用正梯式闸。

5. 尽量减少焙烧窑内抽热量

在保证干燥窑干燥效果，或至少确保干燥窑不塌坯的情况下，可适当减少焙烧窑冷却带的抽热量。根据窑炉热平衡计算，人工干燥所需的热量占窑炉总热量的 30％左右，若能采取措施将这个比例降到 20％左右，则能节省大量热量，可以相应减少成品砖的欠火程度。

可采取如下措施：

（1）充分利用存坯线，让码好的砖坯在存坯线上利用环境温度充分脱水。进入干燥窑的砖坯含水率每下降1%，则可以相应减少干燥窑耗热6%～8%。

（2）可以利用低温大风量的干燥原则，在送风温度稍低的情况下，采取加大风量的措施，也能达到较好的干燥效果。在换热风机进风口处多兑冷风，可以达到这个目的。

（3）将排烟风机的部分高温烟气送热入干燥窑，也是个很好的节能措施。

（4）从窑底抽取的低温热风［一般是（60～80)℃］，利用热风机送入干燥窑，也可以节省部分焙烧窑的热量。

（5）当采取以上措施（实际上述3、4两项措施，是窑炉设计时采取的节能措施，若设计时未采取该措施，现场操作时很难实施）出现砖坯干燥残余含水率超标时（一般要求干燥砖坯平均残余含水率小于2%，越小越好），可以配合与热带用闸来保证烧成质量。这虽然和措施4有点矛盾，但采用桥式闸是个比较折中的办法，既能保证残余含水率较高的砖坯的烧成质量，又不至于将大量热量浪费掉。

（三）烧成裂纹

砖的烧成裂纹，一般产生在焙烧窑炉预热带和冷却带。

1. 炸纹和发纹

焙烧窑预热带的作用，是使砖坯缓慢预热升温。确保残余水分缓慢排出，如果升温过快，会使砖坯内的大量水分急剧升温而变为水蒸气。当砖坯原料颗粒之间的通道，不能及时排出这些水蒸气时，水蒸气就会产生压力。较大的压力就有可能把砖坯撑裂（炸纹或爆裂）。

砖坯原料中的石英（SiO_2），在573℃和870℃时要发生晶型转变。转变的同时伴随着体积的膨胀，573℃时由β-石英转变为α-石英，体积膨胀4.64%，870℃时由α-石英转变为α-磷石英，体积膨胀13.68%。若升温过急，石英膨胀速度太快，会把砖坯撑裂。尤其是（573～870)℃时的晶型转变，因体积膨胀率大，最容易产生裂纹。因此，石英含量较高的砖坯，一定要注意预热带后半部分缓慢升温［升温速度最好控制在（60～80)℃/h］。

砖坯进入冷却带，上述晶型转变的过程会逆向发生，伴随着晶型的转变会产生体积收缩。若冷却过快，仍然会产生裂纹。这时候会产生一种很细很直的裂纹，俗称“发纹”。用肉眼难以辨别，但敲击时声音沉闷、不清脆、俗称“哑音”。

采取措施：适当延长预热带长度，减缓升温速度，冷却带缓慢降温。

2. 网状裂纹

预热带产生的湿空气，如果流程过长，温度过低，会使湿空气产生局部饱和。饱和的水蒸气，会析出“露水”。这些“露水”被砖坯表面吸收，会使表面膨胀，从而形成网状裂纹。

裂纹成因的辨别：发纹产生在冷却带，裂纹产生在预热带。预热带产生的裂纹断面比较粗糙，而冷却带产生的裂纹断面比较平滑。原因是预热带还没有产生液相。发纹带来的后果是哑音，但哑音不一定完全是发纹造成的。砖坯在预热带吸潮也可能产生哑音。

采取措施：采用桥式闸或桥梯式闸，使水蒸气及时排出窑外。

3. 窑车底层砖不规则裂纹

窑车出窑后虽然经过一段时间的降温，但钢结构之上厚厚的耐火层，却储存了大量的热量。短时间内很难降至常温，尤其在炎热的夏季，耐火层降温更困难。码放到窑车台面上的砖坯，由于急冷产生不规则裂纹，严重时甚至到第二层砖坯也产生裂纹。

防治措施：

(1) 窑车耐火层施工时，尽量选用隔热效果好的耐火材料，降低厚度，减少蓄热量。

(2) 在保证烧成质量的情况下，尽量降低原料值，降低窑车出窑温度。

(3) 延长卸车线和回空车线，尽量延长窑车的自然冷却时间。

（4）采取其他有效措施（第一层码干坯、人工强制降温等）。

四、预热带塌坯

预热带湿空气流程过长，温度降至一定程度（预热带烟气温度逐步降低），有可能能产生局部饱和。饱和湿空气很容易析出“露水”。砖坯吸水软化，局部可能被压垮。被压垮的砖坯，堵塞了通风孔道，饱和湿空气降温幅度更大，会析出更多的水分，吸水软化的砖坯会越来越多。这种恶性循环会造成大面积塌坯（投产初期用湿坯点火或干燥砖坯残余含水率过高，都会发生这种情况）。

采取措施：点火试生产时，采用倒梯闸或倒桥梯式闸。正常生产时，采用桥式闸或桥梯式闸，使湿空气及时排出。

（五）高温点漂移

隧道窑与轮窑最大的区别在于：隧道窑是砖动火不动，而轮窑是火动砖不动。因此，隧道窑操作中必须控制好各带的长度，使之相对稳定，高温点的漂移使各带长度发生变化，影响产品质量和窑炉产量。

造成高温点漂移的主要原因是砖坯原料热值不稳定，码坯方式不当，或操作不当。

1. 砖坯原料热值过高

砖坯原料热值过高，会使高温带向前后延长，预热带、冷却带相对缩短。这种情况容易产生制品严重过火，或产生炸纹、哑音等现象。

防治措施：热值控制适中，一旦发现热值超高则采取减码或调闸放热等措施。

2. 码坯方式不当，造成高温点后移

这种情况主要是由于码坯太密、坯垛通风不良造成的。

由于码坯密度大，坯垛中间通风不良，致使预热带后半部分没有形成强氧化气氛，预热带升温缓慢，高温带温度不高，而进入冷却带后却高温不退（因为冷却带供氧充足，砖坯二次燃烧），甚至窑尾出现过火砖。这种情况下，不仅产量难以提高，还容易形成制品哑音，甚至烧坏窑门或出车端窑顶。

防治措施：码坯密度要适中，稀码的标准为220标块/m^3～230标块/m^3。

3. 进车速度不稳定，导致高温带前后移动

砖坯燃烧必须有足够时间，若进车太快，会打乱窑内各带的分布，高温带会后移。反之，进车间隔太长，或长时间不进车，都会导致高温点前移（俗称“火烧窑门”）。

采取措施：控制进车速度，提速时要逐步加快，采取低热值、稀码快烧的办法提高产量，不要盲目提速，降速时要同时采取降低排烟风机频率，减少窑尾鼓风等措施，减少供氧量来延缓烧成时间。

4. 原料原因造成高温点不稳定

由于燃料性质的不同，同样的操作方式会使高温点位置不同，主要原因是由于燃料的性质（产热度、着火温度等）不同造成的。

采取措施：燃料质量必须保持稳定。

（六）窑车两侧砖欠火

隧道窑的支排烟管道都是布置在窑的两侧。为了保证窑墙的安全，码坯时又人为地在窑墙和坯垛之间，留设了安全缝隙（80mm～100mm）。这样，大量的风会从两侧间隙通过，砖坯产生的热量被风带走。同时，又由于热空气上浮的原因，使砖垛两侧的温度，永远低于坯垛中部的温度。这样，窑车坯垛的两侧就容易欠火，迎风面要比背风面严重些。另外，如果窑车密封不严（密封盒和密封杠接触不严，或根本未采取有效的密封措施），或砂封槽缺砂，都会造成窑底的冷风窜入窑内，导致窑车两侧欠火。

防治措施：在保证窑车安全的情况下，尽量缩小坯垛与窑墙之间的侧间隙。保证窑车接头处密封良好。确保砂封槽不缺砂。

（七）窑内正压大，预热带升温慢

这种情况大多是由于排烟风机排烟量小造成的。由于排烟风机排烟量小，致使窑内正压过大，预热带温度偏低，无法快出车，否则就会造成高温带靠后，甚至出“火砖”。其主要原因有：

（1）由于预热带塌坯，或其他原因倒垛，造成支烟道堵塞；

（2）由于主管道或机壳漏风短路；

（3）风机叶轮腐蚀严重，风机效率低；

（4）操作原因造成抽风阻力大（排烟支管设计数量少、断面又较小、操作时开启量又小）；

（5）窑炉设计太长，配用排烟风机量又小。

防治措施：针对以上原因，采取相应措施。

（八）窑车中间过火，两侧欠火

这种情况是由于中间码坯太密、两侧间隙太大造成的。窑车两侧坯垛和窑墙的间隙，是为了确保窑体安全不得已而留设的。这个间隙越小越好，但为了运行安全，一般留设（80～100）mm。若人为地随意扩大，则窑内的风量大部分都从侧间隙流走，造成窑车两侧欠火。窑车中间码坯太密，通风不良，造成局部高温，致使中间过火。

防治措施：窑车坯垛和窑墙的间隙不宜太大。码坯不宜太密。大断面窑炉坯垛中间留设火道，平衡风量。

（九）窑内温度不稳定，忽高忽低

在码坯量和操作方式不变的情况下，而窑内温度却忽高忽低。这种情况是由于原料热值忽高忽低造成的。一些全煤矸石砖厂，经常出现这样的问题。个别砖厂没有原料、燃料化验设备或化验设备落后、数据不准，也经常出现这样的问题。

防治措施：必须对原料热值进行化验，按比例掺配，确保原料热值的稳定。

（十）车底温度超高

实际操作中，车底温度一般不能超过 80℃，否则会造成车轮轴承化油、炭化，严重时会使轴承抱死，轨道变形，窑炉因此被迫停产。

按照隧道窑操作原则，窑内压力应始终大于窑底压力。这样，确保窑底冷风不窜入窑内。窑内因传导和对流而进入车底的热量被窑底冷风机及时带走（个别较短的窑炉，不设窑底平衡风机，但窑头设抽窑底风支烟道，确保车底风处于流动状态），但有时由于设计或操作原因，造成窑底风流动速度慢，致使车底风温不断升高。另外，窑车钢结构上层的耐火层，若材料隔热性能差，或施工质量差，也会造成车底风温过高。

防治措施：车底应设平衡风机，确保窑尾车底进风量与抽风量的匹配，确保窑车耐火层的材质和施工质量。

（十一）窑车耐火砖剐蹭窑墙

窑车运行一段时间后，若不及时维修，会出现窑车耐火砖剐蹭窑墙现象，轻者剐坏窑车耐火层，严重时会碰坏窑墙，导致停窑事故发生。

原因：窑车耐火层的膨胀和砖缝进入砖渣（不可避免），砖渣在高温带膨胀将砖缝和膨胀缝进一步撑大。这样多次循环后，窑车的外形尺寸会不断增大。如不及时整修，就会剐蹭窑墙。

防治措施：砖缝和膨胀缝嵌塞耐火棉，设专人维修窑车。

（十二）轨道向窑外移动或变形

隧道窑轨道施工时，接头之间都留一定的间隙。其主要目的是防治轨道受热膨胀时“顶牛”。由于窑车轮运转不灵活，使车轮与轨道之间的摩擦阻力增大，车轮转不动时，轨道与轮子之间的滚动摩擦，会变为滑动摩擦。摩擦阻力会成倍的增加。当阻力大于轨道固定螺丝的阻力时，轨道就随着窑车向外伸长。这时应密切注意窑头和窑尾轨道的活动量。当两头活动量相等，说明轨道整体随窑车转移，这是好事。若出多进少，则说明窑内轨道接头已经断开，应立即派人维修。否则，窑车车轮很容易被轨道缝卡死。这种情况，只能停窑检修。

另一种情况：由于操作不当，造成窑底温度超高。轨道膨胀量超出了预留安装间隙。两根轨道“顶牛”，则必然会导致变形。

一旦轨道开始向窑外移动，必须确保轨道的整体性。切不可在窑尾固定轨道，否则很容易造成中间变形。

采取措施：确保车轮运转灵活，减小摩擦阻力。控制窑底风温，确保不超过 80℃。

（十三）出黑心砖

黑心砖分两种情况。一种是能直观看到的黑心，即在砖的压楼或叠码处颜色发黑。另一种黑心砖表面看不到，砖的外观很正常，但断开以后，可以看到断面呈黑色（俗称没烧透或没烧熟，这种砖抗压抗折强度都差）。

第一种情况是由于窑内通风量不足、氧化气氛不够造成的。压楼或叠码部位因为间隙较小，氧化气氛不充分，如果供氧量不足就更难完全燃烧。另外，较软的砖坯，在压楼或叠码处变形或粘结（氧气难以进入），更容易形成黑心。

第二种情况是由于预热带升温太快，砖坯表面液相过早形成，堵塞了氧气进入砖坯内部的通道（这种情况实心砖比空心砖严重，空心砖孔洞率越低越容易产生），使砖坯内部氧化气氛不充分而形成的。砖坯原料热值越高，越容易产生黑心。另外，隧道窑越短，烧结时间越短，产生这种现象的概率就越高。在一些长度较短的隧道窑（长度低于100m）或烘烧一体隧道窑中，这种现象几乎不可避免。

防治措施：加大窑内通风量，确保形成强氧化气氛。控制预热带升温速度，确保燃料有充足的氧化时间。窑炉设计长度不宜太短。

（十四）成品砖粉化

成品砖粉化分两种情况。一种是由于欠火，使砖没有达到烧结强度而粉化。另一种是在制砖原料中，由于 $CaCO_3$ 含量超标，或原料处理细度不够，出窑后 CaO 遇水产生膨胀（膨胀1.5～2.5倍），将砖体撑裂。

利用页岩和煤矸石制砖时，这两种情况经常发生，而且经常会同时发生。实际上，主要矛盾还是原料粒度问题。由于破碎粒度太粗，烧结过程中液相量偏少，致使达不到要求的烧结程度。有人测定过，当水和 CaO 的体积达到 0.33 时，其膨胀力将达到 140kgf/cm^2，CaO 颗粒越大，破坏力越大（直径 3mm 和直径 0.5mm 颗粒的体积比是 216 倍）。

所谓烧结，用最通俗的话说：就是利用高温的手段，使原料颗粒发生多种物理、化学反应，颗粒间紧密结合，达到需要强度的目的。这是最简单也是最重要的物理反应，就是生成液相，小颗粒形成液相填充大颗粒间隙，较大一点颗粒表面发生液相与小颗粒形成的液相相互粘结，冷却时便形成一个具有一定抗压、抗折强度的整体（生成液相的同时，也发生大量化学反应，由几种或几十种矿物形成另外几种或几十种矿物结构）。

原料颗粒越大，越不容易产生液相，砖坯也就不容易被烧结。没有烧结的砖坯，实际上就是固体颗粒之间，只是通过机械外力相互挤压在一起。一旦遇水，颗粒膨胀或内部 CaO 的颗粒遇水膨胀（$CaCO_3$ 分解成 CaO 的烧成温度，只有 800℃～900℃，远低于黏土矿物的烧结温度），颗粒之间便分散、疏解，形成了欠火砖的粉化。

防治措施：降低原料粒度，提高烧结温度，减少 $CaCO_3$ 的含量。

三、煤矸石隧道窑维护及保养

笔者根据多年来的实践经验和专访了很多生产厂家所掌握的一手资料，根据煤矸石烧结砖隧道窑生产的情况分析，结合有关行业专家发表的技术论文资料，就如何解决隧道窑通常所见的一些疑难杂症，提出一些解决办法，供行业人士参考。

目前煤矸石烧结砖生产线，采用大断面平吊顶隧道窑的比较普遍。平吊顶是大断面隧道窑的重要组成部分，也是隧道窑的薄弱环节。在许多设计、建设和操作时，都将它作为重点予以考虑。但是，许多隧道窑投入生产后，窑顶脱皮、掉块现象仍然普遍。有的隧道窑使用不到两年，吊顶板就出现脱落现象。究其原因，既有结构不合理、吊顶板质量差的因素，又有使用单位缺乏对煤矸石原料性能、窑炉操作工艺的深刻认识，导致焙烧操作出现偏差从而对吊顶板产生危害。有些危害在短时间内没有表象，但随着时间的推移，危害积累达到一定程度时，就会对隧道窑密封和操作产生较大损害，严重时导致停产维修，给企业造成严重的经济损失。现就煤矸石烧结砖厂隧道窑吊顶板掉皮、脱落现象的原因进行分析。

（一）煤矸石中有害杂质对吊顶板耐火材料的危害

隧道窑吊顶板为耐火混凝土吊顶板。它是由硅酸铝水泥与不同粒度的耐火骨料预制而成，烧结抗温耐火度为1300℃，而煤矸石隧道窑产品最高烧结温度为1050℃，所以在正常焙烧使用中，吊顶板是绝对安全的。

在焙烧过程中，对吊顶板影响最大的是煤矸石中的硫、钾和钠的化合物。高温下这些有害杂质随烟气侵蚀吊顶板，与吊顶板中的耐火材料发生热学化学反应，生成新的低熔矿物，而新生矿物在体积上会出现不同程度的膨胀，致使吊顶板剥落及开裂，并且随着这种化学反应在不断重复，剥落现象也越来越严重。另外，有些新生低熔矿物可使耐火材料结构变得疏松，这样耐火材料就失去它原有的特性，强度、热传导及弹性系数等物理性能发生一系列变化，致使耐火材料的使用寿命变短。

在隧道窑中，预热带高温段和焙烧带部位的吊顶板是受影响最严重的。随着温度升高，这些有害元素的化合物在烟气中的浓度会增大，对耐火材料的侵蚀也就更为强烈。在预热带和冷却带的低温段，有害杂质对耐火材料损害较小，所以，出窑时，窑车面上虽然可以经常看到掉落的吊顶板碎块，但在隧道窑两头很难观察到吊顶板被损害的现象。

（二）煤矸石原料中有害杂质对吊顶板金属吊钩的危害

煤矸石中的有害杂质，不但损害吊顶板的耐火材料，也严重损害吊顶板的金属构件。特别是含硫烟气，透过膨胀缝、耐火衬料的裂缝与金属吊钩发生反应，对它侵蚀，使吊钩一层层锈蚀剥落，最后失去作用，导致吊顶板整体脱落。近几年，为防止金属吊钩锈蚀，有的吊钩改用耐高温不锈钢材质，以防止吊钩的腐蚀。但是，从脱落的顶板来看，耐热不锈钢吊钩埋入吊顶板部分腐蚀依然严重，特别是吊钩弯钩部分，锈蚀深度可达1mm，吊钩上部，暴露在空气中的部位锈蚀较轻。锈蚀部位周边为黑色氧化皮，强度很低，与周边耐火材料分离，失去锚固拉结作用，导致吊顶板脱落。究其原因，除有害烟气对吊顶板的耐火材料侵蚀导致金属吊钩与含硫烟气密集接触产生锈蚀外，也有耐热不锈钢材质本身的原因。

（1）耐热钢在制造过程中，不可避免地带有硫元素。

(2) 在耐热钢制造、冷却的过程中，钢铁中出现铬移动，部分取代硫化锰中锰的位置，进而造成该处铬的含量变低，而当铬的含量低于13%时，耐热不锈钢就会生锈。

(3) 耐热钢吊钩加工时弯钩部位受热、冷却，破坏了原有的化学结构。

(4) 耐热不锈钢是靠表面形成的一层极薄而坚固细密的稳定的富铬氧化物防护膜，防止有害杂质渗入而获得抗锈蚀的能力。但是，如受到外力作用，薄膜遭到了不断地破坏，尤其在含有大量硫化物烟气中，则可引起化学腐蚀。除上述原因外，隧道窑的温度对耐热不锈钢吊钩影响也极大，温度升高，腐蚀速度会显著增加。

(三) 不当操作对隧道窑吊顶板的危害

根据煤矸石有害杂质在隧道窑各段不同时期的反应情况来看，危害主要部位集中在预热带后段和焙烧带之间。这是由于煤矸石砖坯在此带燃烧，窑温不断升高，释放的有害物质浓度较高，发生化学反应活跃所致。有害杂质是伴随着隧道窑烟气对吊顶板进行侵害的，烟气是主要载体，如能有效、合理地控制烟气对吊顶板的侵入，也就减少了有害杂质对吊顶板侵害的概率。如果隧道窑采用正压操作，含有大量的烟气会透过吊顶板缝、耐火衬料的缝隙外溢，在耐火材料和金属构件周围形成有害气体密集区，这就给有害杂质的损害作用创造了条件。

隧道窑烧成制度紊乱，也会影响吊顶板的使用寿命。由于煤矸石原料热值不稳定，使进入隧道窑的砖坯热值变化也很，进车时间不正常，造成隧道窑温度不稳定。特别是在烧结，由于隧道窑吊顶板强度在1000℃左右时强度很低，而窑内温度不稳定会造成吊顶板周而复始的膨胀收缩，使其强度遭严重破坏。

(四) 减少隧道窑吊顶板危害的建议

在隧道窑设计特别是吊顶板的耐火材料选择上，针对煤矸石原料中的有害杂质，吊顶板的高温性能、抗腐蚀和抗氧化还原作用选择优质耐火材料。

对吊钩材料、加工、吊钩防腐以及吊钩葫芦的装配方法及装配质量予以改进和控制，以减少有害杂质的侵蚀。

在隧道窑操作时，采用微正压烧成，将零压点控制在焙烧带后段，使预热带到焙烧带大部分成负压，烟气在排烟机作用下从隧道窑和管道抽出，有害杂质只接触到耐火材料表面，对吊顶板内部结构和埋设在耐火材料中的金属构件侵害减少，从而延长隧道窑吊顶板的使用寿命。

理顺原料破碎、成型工序，确保原料热值和进车时间稳定，严格执行隧道窑热工操作制度，对焙烧曲线合理调控，以减少温度制度紊乱对吊顶板的损害。隧道窑操作时，不但要考虑制品的烧成因素和条件，更要考虑砖厂的最大热工设备——隧道窑的适应因素。把对设备的损害降到最低，才能从根本上保证产品的质和量。

煤矸石中的有害杂质成分比较复杂，在隧道窑焙烧过程中挥发并伴随烟气对隧道窑产生侵害，其中，对吊顶板耐火材料和金属吊钩造成直接损坏的是钾、钠和硫等元素，给损害创造条件的是不合理的焙烧操作。因此，改进吊顶板材料，特别是金属吊钩设计、加工方案，提高施工质量，运用正确的焙烧操作，可以减少有害杂质对隧道窑吊顶板损害。

（五）窑体与窑顶的维护及保养

煤矸石烧结砖隧道窑一般生产厂家，均采用断面较大的窑型。大断面隧道窑的窑顶，均采用轻质耐火混凝土板吊顶结构。耐火混凝土吊顶板是用硅酸铝水泥做胶结剂，与多孔高铝耐火骨料和细粉按一定的配合比，经加水、成型和养护后预制而成。它的特点是体积密度小、质量轻；导热率低，隔热性能好；烧后变化小，稳定性能好，它的使用温度为（1300～1350)℃。

轻质耐火混凝土吊顶板极易损坏。尤其是在投产点火烘窑阶段，如果烘窑温度和升温速度控制不当，则吊顶板易产生裂纹、表面剥落和强度急剧下降。因此，烘窑是轻质耐火混凝土顶板使用中的关键环节。烘窑的主要作用是排除窑体与吊顶板中的游离水、化学结合水，并获得高温使用性能。

轻质耐火混凝土吊顶板的使用中，应特别注意以下问题。

（1）轻质耐火混凝土吊顶板中硅酸铝水泥的含量越高，烘窑越容易出现裂纹、表面剥落和强度降低等问题。因此，烘窑的温度与升温速度，应依据轻质耐火混凝土吊顶板的热工性能而定。

（2）轻质耐火混凝土吊顶板在大于1300℃时才能被烧结，而煤矸石砖的最高烧成温度为1050℃，吊顶板达不到所需的烧结温度，强度必然较低。

因此，在窑炉运行中，要保持窑内温度稳定。操作人员要注意观察，若发现出窑的窑车上面有掉落物，则应查找原因，并采取相应措施。

窑体易损坏的部位是窑墙和曲封砖，损坏的主要原因是窑车的碰撞与摩擦等机械损伤。特别是当窑车塌车时，塌落的制品在冷却带冷却强度提高后，极易把窑墙与曲封砖挤破。因此，在码坯、干燥、焙烧等环节上，要注意操作，严防倒垛事故发生。一旦在隧道焙烧窑内出现塌车倒垛事故，则要在冷却带的抽热风管口，把塌落在靠近窑墙的制品掏出来。为此，抽冷风管应设带盲板的三通管，需要掏砖时，打开三通管的盲板，即可方便操作。最好在冷却带与焙烧带之间加一个高600mm、宽400mm的事故处理孔，需要时，只要把堵塞的耐火砖拆出来即可使用。

（六）排烟机及其排烟管道的维护及保养

排烟机的维护保养是煤矸石隧道窑运行中的一大难题。含硫烟气对风机的腐蚀特别快，一般风机的叶轮只能使用6～9个月，不仅设备维修费用高，而且检修时还会影响窑内温度的稳定。延长排烟机使用寿命的办法如下：

（1）在风机与烟气的接触面喷涂耐腐蚀材料，如铝、铝金属层或耐高温耐酸油漆等。

（2）风机叶轮的叶片采用单板结构，不使用空腹叶片，单板叶片比空腹叶片的钢板厚，耐腐蚀时间长。

（3）尽量降低入窑坯体含水率，尽量提高排烟温度，并对风机壳体做好保温，尽量避免机壳内出现凝露的现象，这也是减少烟气腐蚀、延长风机使用寿命的最好措施。

排烟管道要经常进行检查清扫，特别是窑墙排烟口管道转弯部位易腐蚀堵塞。此弯管可采用带盲板的三通铸铁管。铸铁管比钢管耐热耐腐蚀，当需要清扫时，只要打开盲板即可进行清扫。

目前排烟机的防腐问题尚处于试验研究阶段。防腐方式很多，在采用时，应将使用寿命与防腐投资加以综合考虑，原则是要既经济又耐用。

（七）排潮风机的维护及保养

排潮风机常年在潮湿的环境中工作，易损坏是必然的。延长使用寿命的办法如下：

（1）涂抹防腐材料，这里的温度较低，一般为（40～50)℃，采用防腐油漆即可。

（2）尽量不使用烟气干燥介质，避免含硫烟气腐蚀。

（八）窑车的维护及保养

在隧道窑生产运行中，窑车的数量大、周转快，在动态运行中极易损坏。其损坏部位主要是台面、金属车架、车轮与轴承。

窑车台面铺设的耐火砖和隔热材料，因运转中温度的交替变化和机械碰撞，损坏比较严重，需要经常检修。检修台面砖时，应注意在砖缝填塞硅酸铝纤维棉，砖底面则用粘土质耐火泥填实，砌平台面，检修后的窑车台面尺寸，一定要按原设计要求砌筑，台面平面尺寸的误差为＋0mm、－5mm。要检测窑车台面的平整度与对角线、台面高度，防止台面砖碰撞窑墙和曲封砖。窑车台面的耐火砖在使用中会向四周扩张，使窑车台面的平面尺寸越来越大，导致台面两侧碰撞窑墙和前后两车耐火砖台面相碰。解决这个问题，要从设计和砌筑施工抓起，正确的设计与施工要求是台面砖之间的砖缝尺寸为15mm，砖缝间填充硅酸铝纤维棉，并使纤维棉保持松软状态，不得填充耐火泥，台面砖底面用耐火泥砌筑，找平台面。

窑车金属车架的损坏，多数是因窑内压力过大，向车下漏热风，烧坏金属车架。尤其是窑车的接头处，极易损坏。预防的方法是：把两窑车的接头处的曲封砖和耐火纤维密封毡条维护好，最好是在两车接头处的砖封上加垫耐火纤维毡条。

窑车车轮的损坏主要是轮面磨损、轮缘变形，其主要原因是车轮的材质问题。车轮的材质应为 ZG310-570，并进行热处理，最好使用 ZG340-640，并进行热处理。

窑车车轴承的损坏，也是由于窑车密封不严密、大量高温热风侵入窑车底部使轴承化油造成的。维护保养的方法如下：

（1）搞好窑车密封与砂封。

（2）调节窑内压力与车下压力平衡，防止窑车热风漏入下。

（3）窑底鼓风要使车下有一个适当的风速，冷却风既能保证压力平衡的需要，又有把由窑车传入窑底的热量及时带出窑外，使车下风温不超过 80℃。窑车车轮轴承处于高温环境，轴承的润滑脂必须使用 1 号氮化硼高温润滑脂或二硫化钼高温润滑脂等耐高温的润滑剂。不允许以任何理由使用润滑脂添加机油的混合油来润滑窑车承轴。

（九）水管式换热器的维护及保养

水管式换热器是敷设在抽热风管道上的热交换装置。转换出的热水可供洗澡、采暖和作搅拌泥料用水。水管式换热器的维护保养，首先应从设计环节上抓好，因为现在设计运行的水管式换热器，一般都与抽热风管道直接串联着长年运行，采暖用的换热器，在非采暖期就采用循环水冷却方式。这种设计与运行方式，费水费电，极不经济，也不便于维护保养。为此，在设计安装时，应将水管式换热器敷设在抽热风管道的旁通管道上。而且，应将洗澡、生产用水与采暖用水分开，即洗澡和生产用水的换热器设在温度较低的抽热风管道上，采暖用水的换热器设在温度较高的抽热风管道上。某一台换热器是否使用，可用管道上的闸阀控制。例如，采暖用的换热器只是在采暖季节才打开闸阀使用，其他时间则关闭闸阀停用。这样，可减少大量的水电和维修费用。

水管式换热器中换热用的水管很多，极易被水垢堵塞，要从用水和水温方面设法解决。采暖用水是封闭循环，水温要求高达 90℃。因此，要使用软化水。而洗澡与生产用水的换热器应严格控制水温不得超过 50℃，较低温度的热水不易结垢。如发现有结垢现象，则使用一段时间就要进行清洗。

综上所述，煤矸石烧结砖隧道窑常见问题的原因很多，而且也很复杂，不同地域出现不同的问题，应持具体问题，具体分析，具体对待的态度，采用不同的方式进行处理。

四、粉煤灰烧结砖生产三要素

在我国早在 70 年代初，粉煤灰就被人们综合利用烧制墙体材料。随着时间的不断推移，技术的不断更新，高掺量的粉煤灰烧结砖，已成为人们在目前最关注的交点。对此，笔者根据多年在窑炉行业的经历，并结合有关粉煤灰烧结砖生产厂家的经验与体会，对粉煤灰烧结砖生产中的三要素，特作重点阐述。

（一）选择合理的原料，生产高掺量的粉煤灰烧结砖

1. 粉煤灰的质量要求

从煤炉及烟气中收集的灰粉，称之为粉煤灰。粉煤灰颗粒小（一般以 80μm 方孔筛余量小于 8%），利用它掺合制砖可以减少破碎工序，节省劳力。粉煤灰根据不同的排出方式，一般分为湿排与干排两种。湿排的粉煤灰，必须进行脱水处理，将水分降低到 25%以下。另外，由于各地粉煤灰的发热量不一致，故须根据不同煤矿的煤质反应，一般应在 1000kcal/kg 以下，较差的只在（200～300）kcal/kg。

粉煤灰的颗粒可分为粗、中、细三类。粗灰经 4900 孔筛，筛余量在 40%以上。中粗灰经 4900 孔筛，筛余量在 20%～40%；细灰经 4900 孔筛，筛余量在 20%以下。粉煤灰的颗粒，越细越可多掺配使用量。如混合料，能允许掺配套 50%的细灰时，则改为中粗灰掺量配 45%即可，而要改为粗灰掺量配 40%即可。

粉煤灰属无塑性原料。一般都与有塑物掺合后作为制砖原料。有塑物从目前应用较广的均为黏土、页岩、陶土、高岭土、膨润土等，经掺配后的粉煤灰混合料，为了使粉煤灰有较大的掺量，必须要求混合料的可塑性要高，粉碎后的颗粒度尽可能细。下面针对可塑性颗粒度及发热量有高的要求外（见表 11-2），其余均应符合制砖的各项指标。

表 11-2 颗粒度、发热量、塑性指数参考值

基本性能			要求程度	要求范围	
				普通砖	空心承重砖
颗粒度（%）	粉煤灰	3mm	适宜	<5	<5
		<3mm	适宜	>90	>90
	粘结剂	3mm	适宜	<3	<3
		<0.5mm	适宜	>60	>60
	发热量 kcal/kg		适宜	400	400
	抽余热时		允许	1000	1000
塑性指数	混合剂		适宜	>7	>7
	粘结剂		适宜	>13	>13

2. 检测粉煤灰的化学性能

粉煤灰的化学成分，基本上接近于制砖黏土有关指标，氧化铝与氧化铁的含量略高，具体成分根据各原煤种类有异而变化较大。根据有关资料核实，它的化学成分均在该数据之内。SiO_2（二氧化硅）40%～70%，Fe_2O_3（三氧化二铁）2%～9%，MgO（氧化镁）0.4%～2%，Al_2O_3（三氧化二铝）16%～40%，CaO（氧化钙）0.5%～3%，TiO_2（二氧化钛）0.5%～3%，SO_2（二氧化硫）0.1%～2.5%，烧失量1.5%～33%。

根据粉煤灰物理性能与化学分析，如果想要生产高掺量的粉煤灰烧结砖，对于选料是至关重要的一环。由于各煤种的煤灰含量不同，所以生产出来的烧结砖也有所不同。笔者考察了几个生产厂家，根据考察的情况，认为最关键一点是要掌握好粉煤灰与粘结料的共性，调节好配比，烧结砖原料基本性能最佳数，应要求在以下范围之内（见表11-3）。

表 11-3 粉煤灰化学成分参考表

化学成分	SiO_2	Fe_2O_3	Al_2O_3	CaO	MgO	SO_3（硫酐）	烧失量	石灰质的含量	
								0.5mm	0.5～2mm
适用范围（%）	55～65	2～10	10～20	0～15	0～5	0～3	3～15	0～25	0～2

颗粒要求：<5μ 粘粒（15～30）%，（5～50）μ 尘粒（45～

60)%，2>50μ 砂粒（5～25)%。

可塑性：塑性指数为 9～13。

收缩率：干燥 3%～8%和烧成 2%～5%。

敏感性系数：<1。

烧结温度：(950～1050)℃，烧结范围应当有 50℃调整，确定掺配比例，当胶结材料塑性指数在 10～13 之间时，制砖原料中粉煤灰比例控制在 30%～50%；当塑性指数高于 13 时，制砖原料中粉煤灰所占比例适当提高，如有的胶结材料塑性指数达到了 15 以上，但在实际生产过程中不一定能掺过多的粉煤灰。这里就要认真分析一下其他原料成分的含量在起变化作用。

（二）原料处理是烧结砖的中间环节

高掺量粉煤灰烧结砖原料处理的关键，是要强化多种原料的混合、均化，提高混合料单位体积的密实度。因为粉煤灰无塑性，主要依靠胶结料，将它胶结后才能成型。要保证产品质量，就必须对高掺量粉煤灰烧结砖原料，力求达到一系列制备性能。

1. 要达到原料处理的合理性

（1）必须明确进行原料处理的必要性。进行原料处理，主要是提高混合料的成型性能，提高混合料的均匀性，提高混合料的焙烧性能。

（2）必须掌握原料的一般特性。处理粉煤灰与胶结料或增塑添加剂之间的掺比，分清各种物理化学性能的含量。

（3）原料的混合处理，要进行强制混料，原料搅拌均匀，强加提炼，高速轮碾，促使原料产生内和。

（4）必须掌握原料的陈化与困存的作用。根据不同原料，掌握困存不同的时间，利用不同困存的方式，解决陈化中应注意的质量问题。

2. 选购设备的重要性

设备选购直接关系到制砖中间环接的质量因素。根据粉煤灰烧结砖生产过程中原料混合、成型、焙烧这三大主要工艺的要求，应当选择合理的配套设备。

（1）破碎混合设备

第一次混合采用齿轮辊破碎机、笼式粉碎机、对辊破碎机、锤破机、双轴搅拌机等。主要解决原料中较大颗粒的块状破碎，以达到胶结料与粉煤灰的混合。

(2) 陈化设备

原料陈化是在陈化库中进行的，所用主要设备为陈化仓逆式移动式布料器，取料用多斗挖掘机、装载机、箱式给料机等。陈化的作用有4点。

① 通过加水，使混合料在堆积过程中，借助毛细管和蒸气压的作用，使水更加均匀分布。

② 使胶结料的颗粒充分水化和进行离子转换。一些硅酸盐矿物长期与水接触，发生水解转变为胶结物质，从而提高塑性。

③ 增加腐殖酸类物质的含量，改善混料成型性能。

④ 发生一些氧化与还原反应，并可能导致微生物繁殖，使混料松软而均匀。目的是增加塑性，提高原料的流动性和粘结性，使成型的坯体表面光滑平整。

(3) 二次混合设备

第二次混合是进一步加强胶结料与粉煤灰的混合。虽然进行第一次混合和第一次湿混合及陈化后，解决了胶结料与粉煤灰表面及内部的性能均匀问题，但胶结料与粉煤灰的混合程度，仍未达到理想状态，但必须在二次混合中加以解决。二次混合采用搅拌挤出机、圆盘筛式给料机、练泥机等设备。上述设备对原料的处理，各有各自的特点。生产用户可根据原料种类的不同及产量的大小，选择不同的规格型号的设备。

(4) 成型设备

成型选用半硬塑双级真空挤出机。砖机可根据产量不同而选购大小不同的型号砖机。采用半硬塑挤出机，主要是为了保证坯体的强度和内在质量。

(三) 烧成选择

选择烧成，关键一点就是怎样确定工艺路线。工艺路线的确定，必须建立在原料试验的基础上和合理的工艺流程上。

(1) 选择一次码烧工艺，关键是要根据掺灰量比例大小、塑性指数大小、敏感性系数大小三大要素来决定。当粉煤灰在混合料中所占比例在30%～40%之间，混合料的塑性指数在8～11之间，干燥敏感系数小于0.8时，可选择一次码烧工艺；高掺粉煤灰在混合料中所占30%比例时，塑性指数大于6；干燥收缩率低于5%，干燥敏感系数小于0.8时，可按混合料中的主要原料的性能选择工艺。

(2) 选择二次码烧工艺，主要优势在高掺量粉煤灰的比例上，二次码烧优于一次码烧。主要是通过人工干燥后，窑内码坯高度增加，产量增大，不受原料的制约，人机调整可变，灵活因素较多。

(3) 一次与二次码烧各有其优，亦各有其短，一次码烧简化了生产工艺，减少了劳动人员，改善劳动者工人的环境条件，提高了劳动生产率，易于机械化作业，综合成本略低于二次码烧，但在粉煤灰烧结砖中掺灰量的比例受到限量。二次码烧一般烧结砖均可选择，投资成本高于一次码烧，占用面积略高于一次码烧用地。

合理的窑炉选择，是投资者的决定方向，如一次性投资较低，产量较小2000万块粉煤灰掺量较高均可选择隧道窑，一次码烧或二次码烧。现在隧道窑的发展方向，趋向于节能性的定型发展，多通道并主，均可单通道独立生产，窑炉的操作实现自动控制，烧成时实现微机监控，窑车运转、顶车、出车、码车均可实现自动化。

第十二章　砖厂常用生产证件与资源综合利用政策

第一节　砖厂需要办理的生产证件

砖厂生产与产品销售应按国家规定办理有关证件，现将有关证件的办理事项摘要如下（以煤矸石砖厂为例）：

一、科学技术成果鉴定

煤矸石烧结砖工程建设项目投产后，经过一段试生产研制，产品质量达到了国家标准，要向上级主管科技部门申请产品技术鉴定。

煤矸石烧结砖技术鉴定需提供如下材料：

（一）技术鉴定应具备的条件

技术成果在组织鉴定前，应根据项目的性质，提出完整的技术文件。主要内容如下：

1. 鉴定大纲；

2. 计划任务书或设计任务书；

3. 研制工作报告；

4. 研制技术总结；

5. 性能测试报告、可靠性与耐久性试验报告、大面积考核验收报告、例行试验告等；

6. 技术标准或制造与验收技术条件；

7. 用户试用情况报告；

8. 技术经济分析报告；

9. 产品图样、照片及有关技术文件；

10. 产品使用说明书；

11. 必要时，还应提供原始试验记录、三废治理报告和质量保证体系分析报告等材料。

（二）鉴定大纲编写要点

鉴定大纲是对小批量生产的产品进行技术鉴定活动的具体规定，适用于鉴定会议。它由鉴定准备单位，根据有关规定起草草案，经过鉴定委员会讨论、修改通过后，作为指导鉴定活动的技术文件。其编写的主要内容包括：

1. 鉴定任务和目的

（1）说明本次鉴定会议的性质，即属于小试鉴定，还是投产鉴定。

（2）通过鉴定和评审，根据鉴定结果，确定可否转入正式生产或推广应用等。

2. 鉴定依据

（1）本次鉴定所依据的上级文件，如计划任务书、设计任务书（写明文件号及名称）。

（2）执行的技术标准（列出执行产品标准代号或引用有关标准代号等）。

3. 鉴定会议程序和方法

（1）程序

① 成立鉴定委员会。下设技术文件与资料审查组、产品性能测试或考核组、企业生产条件考核组（可不设）三个专业审查组和鉴定文件起草组。

② 讨论通过鉴定大纲。

③ 研制单位作研制工作和技术总结报告。

④ 使用、应用单位作应用报告。

⑤ 分组进行单项审查。

⑥ 讨论通过鉴定意见、代表签字。

（2）鉴定内容和方法

① 产品性能测试（考核）。

抽取产品作性能测试或考核，并附测试项目记录表（记录表包括：测试项目、测试指标、实测数据）。

对于特殊试验项目和不易在现场进行的，可按有关部门提供的测试报告作为审查依据。

② 技术文件审查

审查产品设计文件、工艺文件、鉴定报告文件，按完整、正确、统一、清晰要求进行审查。

③ 生产条件考核

考核生产制造设备和工艺条件、检测手段和职工操作熟练及劳动组织情况、是否具备生产条件。

（三）研制工作报告编写提要

研制工作报告，是研制单位在项目研制工作完成后进行的工作总结。其主要内容：

1. 国内外情报调研分析，包括项目研制目的和意义、市场需求情况、技术水平现状等。

2. 方案的提出和论证。

3. 设计说明和工艺、设备的确定。设计说明包括设计依据和计算数据。工艺、设备的确定是指工艺和生产设备确定的依据、主要设备、工艺流程等。

4. 研制过程中解决的主要技术关键，可与国内外现有技术水平进行比较。

5. 达到的技术性能。根据测试数据，要与国内外同类产品进行比较。

6. 经济和社会效益分析。主要是本项目应用、推广后可取得的经济和社会效益情况。

7. 技术上存在的问题和改进意见。

8. 小结。对本项目做出综合评价。

二、建筑材料放射卫生许可证

砖厂建设的可行性研究阶段，应对煤矸石、页岩、粉煤灰等原料，进行放射水平检测。如果放射水平超标，则该原料不能用于制砖。

煤矸石烧结砖产品要进行放射水平检验，经检验合格方可准予生产、销售和使用。

建筑材料放射水平检验标准：《建筑材料放射性核素限量》（GB 6566—2001）。

检验资质单位：市级卫生站。

三、资源综合利用认定

资源综合利用认定是落实国家经贸委、税务总局《资源综合利用管理办法》，搞好资源综合利用企业（项目）的认定工作。

凡符合国家资源综合利用规定和取得资源综合利用的产品，可享受国家规定的优惠政策。例如，享受固定资产投资方向调节税优惠政策；享受政策性贷款；享受减免产品增值税、企业所得税税收等优惠政策。资源综合利用认定工作，通过市（县）经贸委报省经贸委审批后，发给《资源综合认定证书》。

四、新型墙材建筑节能技术产品

应用认定产品证书

为了促进新型墙体材料、建筑节能技术产品的开发应用，确保建筑工程质量，各省（市）都根据国家有关规定，制定了“新型墙体材料、建筑节能技术产品应用认定管理办法”。

新型墙体材料、建筑节能技术产品应用认定申请，由生产企业向所在市（地）墙改办提出推荐意见后报省墙改办，省墙改办组织认定后，审批签发认定证书。

1. 申报条件

申请认定新型墙体材料、建筑节能技术产品应具备下列条件：

（1）企业具有独立法人资格；

（2）有健全的产品质量保证体系；

（3）产品符合国家标准或行业有关标准；

（4）产品批量生产、质量稳定，生产工艺和设备先进，有推广应用价值。

2. 申报文件资料

申报认定新型墙材、建筑节能技术产品必须提供下列文件：

（1）认定申请表；

（2）企业营业执照及法人代表证明材料；

（3）经技术监督部门认定的检测单位出具的抽检产品检测

报告；

(4) 产品生产执行的标准；

(5) 产品技术说明书；

(6) 其他有关文件。

认定证书有效期两年。有效期满后仍继续生产的，企业应在有效期满前三个月向原审批部门提出延期申请，办理延期手续。

在认定证书有效期间，省墙改办每年进行重点抽检，对抽检的产品质量达不到原要求标准时，则责令企业限期整改，逾期仍达不到有关规定者，取消该产品的认定资格，向社会公布，并按照产品质量规定进行处理。

第二节　资源综合利用政策法规文件摘要

一、煤矸石综合利用管理办法

【颁布单位】国家经济贸易委员会，煤炭工业部，财政部，电力工业部，建设部，国家税务总局，国家土地管理局，国家建筑材料工业局；

【颁布日期】19980212；

【实施日期】19980212；

第一章　总　　则

第一条　为促进煤矸石综合利用，节约能源，保护土地资源，减少环境污染，改善生态环境，制定本办法。

第二条　本办法适用于排放、储运和综合利用煤矸石的生产、科研、设计、施工等单位。

第三条　本办法所称煤矸石是指煤矿在建井、开拓掘进、采煤和煤炭洗选过程中排出的含炭岩石及岩石，是煤矿建设、生产过程中的废弃物。

煤矸石的综合利用包括：利用煤矸石发电、生产建筑材料、回收有益矿产品、制取化工产品、改良土壤、生产肥料、回填

(包括建筑回填、填低洼地和荒地、充填矿井采空区、煤矿塌陷区复垦)、筑路等。

第四条　国家经济贸易委员会会同煤炭行业主管部门负责全国煤矸石综合利用的组织协调、监督检查工作。国务院有关部门在各自的职责范围内协助做好煤矸石的综合利用工作。各地经贸委（经委、计经委）或人民政府指定的行政主管部门负责本办法在本地区的贯彻实施和组织协调工作。

第五条　煤矸石综合利用要坚持“因地制宜，积极利用”的指导思想，实行“谁排放、谁治理”、“谁利用、谁受益”的原则，实行减少排放和扩大利用相结合、综合利用与煤矿发展相结合、综合利用和环境治理相结合，实现经济效益与社会效益、环境效益相统一，不断扩大利用面，增加利用量，提高利用率。

第六条　煤矸石综合利用应当打破地区、部门的界限，鼓励跨地区、跨行业、跨所有制的联合与合作，共同促进煤矸石综合利用。

第七条　加强煤矸石综合利用技术的开发和推广应用，重点发展煤矸石发电、煤矸石生产建筑材料及制品、复垦塌陷区等大宗用量和高科技含量、高附加值的实用技术。

第二章　管　　理

第八条　完善煤矸石综合利用基本情况报告制度。煤炭企业应定期向煤炭管理部门逐级报送煤矸石排放和综合利用基本情况。

第九条　煤矸石山是煤矿生产设施之一，其他单位和个人不得以任何借口侵占和破坏。煤矿企业要加强对煤矸石山的管理，为取矸提供方便。排矸单位对用矸单位从指定地点自行装运煤矸石时，不得收费和变相收费，用户取矸不得影响矿井正常生产。

经过加工达到一定质量指标或利用者要求的煤矸石可收取适当的费用，其收费标准由供需双方根据利用者利益大于供应者利益的原则商定。

违反本规定收费或变相收费的，由省（自治区、直辖市及计划单列市）经贸委（经委、计经委）会同有关部门给予通报批评并限期整改。

第十条　煤矿建设项目的项目建议书应包括煤矸石综合利用和治理的内容，其可行性研究报告和初步设计应包括煤矸石综合利用和治理方案。不符合上述规定的项目，有关主管部门不予审批。

第十一条　大力推广以煤矸石为原料的建筑材料，限制黏土砖生产，严禁占用耕地建设黏土砖厂；已建的黏土砖厂及其他建材企业生产建材产品，以及有关单位在从事筑路、筑坝、回填等工程中，有条件的，应当掺用一定比例的煤矸石。

第十二条　煤矸石建材生产单位必须严格按照有关规定和标准生产、煤矸石产品必须符合国家或行业的有关质量标准，接受有关部门的监督检查。

第十三条　建筑设计单位在工程设计时，在保证工程质量的前提下，对可以使用煤矸石及其制品的，应优先设计选用，建设、施工单位应确保使用。

第十四条　国家鼓励发展煤矸石电厂，并在有条件的地区发展热电联供。发展煤矸石电厂遵循自发自用、多余电量上网的原则。煤矸石电厂必须以燃用煤矸石为主，其燃料的应用基低位发热量应不大于 12550kJ/kg，新建煤矸石电厂应采用循环流化床锅炉。

若煤矸石电厂燃料的应用基低位发热量大于 12550 kJ/kg，经省（自治区、直辖市及计划单列市）经贸委会同电力、煤炭管理部门调查核实，取消其享受的优惠和鼓励政策。

第十五条　燃用高硫煤矸石的电厂，必须采取脱硫措施，防治大气污染。造成二氧化硫超标排放的，由有关部门按照国家法律法规给予处罚，并限期整改。

第十六条　对符合燃料热值规定及上网条件的煤矸石电厂(新建煤矸石电厂还应符合规定炉型)，电力部门应允许并网，签订并网协议，并免交上网配套费。

第十七条　煤矸石电厂对其排出的粉煤灰，应按照《粉煤灰综合利用管理办法》的规定妥善处理和综合利用。

第十八条 综合利用煤矸石的单位和个人在贮运、利用煤矸石时，必须采取措施，防止二次污染。

第十九条 煤炭企业对含硫较高的煤矸石，应设立选硫设施，综合回收硫资源，减少煤矸石自燃对大气的污染；对自燃矸石山要采取措施，逐步控制和消灭自燃现象。

第二十条 煤炭企业应当采取措施，多方筹资，加大对煤矸石综合利用技术开发和项目的投入。

第二十一条 各级人民政府经贸委（经委、计经委）会同有关部门，对煤矸石综合利用企业实行认定制度，确保国家优惠政策的落实。

第三章 优 惠 政 策

第二十二条 有关部门应对煤矸石综合利用项目从投资政策、建设资金上按照国家法律、法规的规定给予支持。

第二十三条 煤矸石综合利用企业（项目、产品）按国家有关规定享受减免税优惠政策。

第二十四条 煤矸石电厂的鼓励政策，按《国务院批转国家经贸委等部门关于进一步开展资源综合利用意见的通知》（国发[1996] 36号）执行，有关部门要大力支持。

第二十五条 鼓励煤矿企业利用煤矸石回填复垦塌陷区。

煤矿企业复垦已征用的土地，应按照国家规定的复垦标准进行，复垦后经土地管理等有关部门验收合格后，煤矿企业有使用权；在符合土地利用规划的前提下，征得当地集体经济组织的同意，经当地政府批准，也可以用复垦后的土地换取生产用地，并依法办理用地手续。

第二十六条 国家和地方各级人民政府煤矸石综合利用主管部门，对从事煤矸石综合利用做出突出贡献的生产、设计、科研单位及个人给予表彰和奖励。

第四章　附　　则

第二十七条　各省、自治区、直辖市及计划单列市经贸委（经委、计经委）会同有关部门可根据本办法，结合本地实际情况，制定实施细则（意见），报国家经济贸易委员会备案。

第二十八条　本办法由国家经济贸易委员会负责解释。

第二十九条　本办法自发布之日起施行。

二、增值税优惠政策

财政部　国家税务总局关于资源综合利用及其他产品增值税政策的通知（摘要）

财税［2008］156号

各省、自治区、直辖市、计划单列市财政厅（局）、国家税务局，财政部驻各省、自治区、直辖市、计划单列市财政监察专员办事处，新疆生产建设兵团财务局：

为了进一步推动资源综合利用工作，促进节能减排，经国务院批准，决定调整和完善部分资源综合利用产品的增值税政策。同时，为了规范对资源综合利用产品的认定管理，需对现行相关政策进行整合。现将有关资源综合利用及其他产品增值税政策统一明确如下：

一、对销售下列自产货物实行免征增值税政策：

（四）生产原料中掺兑废渣比例不低于30%的特定建材产品。

特定建材产品，是指砖（不含烧结普通砖）、砌块、陶粒、墙板、管材、混凝土、砂浆、道路井盖、道路护栏、防火材料、耐火材料、保温材料、矿（岩）棉。

七、申请享受本通知第一条、第三条、第四条第一项至第四项、第五条规定的资源综合利用产品增值税优惠政策的纳税人，应当按照《国家发展改革委 财政部 国家税务总局关于印发〈国家鼓励的资源综合利用认定管理办法〉的通知》（发改环资［2006］1864号）的有关规定，申请并取得《资源综合利用认定证书》，否则不得申请享受增值税优惠政策。

八、本通知规定的增值税免税和即征即退政策由税务机关，增值税先征后退政策由财政部驻各地财政监察专员办事处及相关财政机关分别按照现行有关规定办理。

九、本通知所称废渣，是指采矿选矿废渣、冶炼废渣、化工废渣和其他废渣。废渣的具体范围，按附件2《享受增值税优惠政策的废渣目录》执行。

本通知所称废渣掺兑比例和利用原材料占生产原料的比重，一律以质量比例计算，不得以体积计算。

十、本通知第一条、第二条规定的政策自2009年1月1日起执行，第三条至第五条规定的政策自2008年7月1日起执行，

附件：1. 享受增值税优惠政策的新型墙体材料目录

2. 享受增值税优惠政策的废渣目录

财政部　国家税务总局

二〇〇八年十二月九日

附件1

享受增值税优惠政策的新型墙体材料目录

一、砖类

（一）非黏土烧结多孔砖（符合GB 13544—2000技术要求）和非黏土烧结空心砖（符合GB 13545—2003技术要求）。

（四）烧结多孔砖（仅限西部地区，符合GB 13544—2000技术要求）和烧结空心砖（仅限西部地区，符合GB 13545—2003技术要求）。

二、砌块类

（三）烧结空心砌块（以煤矸石、江河湖淤泥、建筑垃圾、页岩为原料，符合GB 13545—2003技术要求）。

四、符合国家标准、行业标准和地方标准的混凝土砖、烧结

保温砖（砌块）、中空钢网内模隔墙、复合保温砖（砌块）、预制复合墙板（体），聚氨酯硬泡复合板及以专用聚氨酯为材料的建筑墙体。

附件 2

享受增值税优惠政策的废渣目录

本通知所述废渣，是指采矿选矿废渣、冶炼废渣、化工废渣和其他废渣。

最新的资源综合利用增值税税收优惠政策一览表

优惠类型	资源综合利用产品	执行范围	执行时间
免税	再生水	再生水指对污水处理厂出水、工业排水（矿井水）、生活污水、垃圾处理厂渗透（滤）液等水源进行回收，经适当处理后达到一定水质标准，并在一定范围内重复利用的水资源。再生水应当符合水利部《再生水水质标准》（SL 368—2006）的有关规定。	自 2009 年1月1日起执行
	以废旧轮胎为全部生产原料生产的胶粉	胶粉应当符合 GB/T 19208—2008 规定的性能指标	
	翻新轮胎	翻新轮胎应当符合 GB 7037—2007、GB 14646—2007 或者 HG/T 3979—2007 规定的性能指标，并且翻新轮胎的胎体 100%来自废旧轮胎。	
	生产原料中掺兑废渣比例不低于 30% 的特定建材产品。	特定建材产品，是指砖（不含烧结普通砖）、砌块、陶粒、墙板、管材、混凝土、砂浆、道路井盖、道路护栏、防火材料、耐火材料、保温材料、矿（岩）棉。	
	污水处理劳务	污水处理是指将污水加工处理后符合 GB 18918—2002 有关规定的水质标准的业务。	

续表

优惠类型	资源综合利用产品	执行范围	执行时间
即征即退	以工业废气为原料生产的高纯度二氧化碳产品	高纯度二氧化碳产品，应当符合 GB 10621—2006 的有关规定。	自 2008 年7月1日起执行
	以垃圾为燃料生产的电力或者热力	垃圾用量占发电燃料的比重不低于 80%，并且生产排放达到 GB 13223—2003 第1时段标准或者 GB 18485—2001 的有关规定。 所称垃圾，是指城市生活垃圾、农作物秸秆、树皮废渣、污泥、医疗垃圾。	
	页岩油	以煤炭开采过程中伴生的舍弃物油母页岩为原料生产的页岩油	
	再生沥青混凝土	以废旧沥青混凝土为原料生产的再生沥青混凝土。废旧沥青混凝土用量占生产原料的比重不低于 30%。	
	掺兑废渣比例不低于 30%的水泥	采用旋窑法工艺生产并且生产原料中掺兑废渣比例不低于 30%的水泥（包括水泥熟料）	
即征即退50%	以退役军用发射药为原料生产的涂料硝化棉粉	退役军用发射药在生产原料中的比重不低于 90%。	自 2008 年7月1日起执行
	脱硫生产的副产品	对燃煤发电厂及各类工业企业产生的烟气、高硫天然气进行脱硫生产的副产品。副产品，是指石膏（其二水硫酸钙含量不低于85%）、硫酸（其浓度不低于 15%）、硫酸铵（其总氮含量不低于 18%）和硫黄。	
	以废弃酒糟和酿酒底锅水为原料生产的蒸汽、活性炭、白炭黑、乳酸、乳酸钙、沼气。	废弃酒糟和酿酒底锅水在生产原料中所占的比重不低于 80%。	

续表

优惠类型	资源综合利用产品	执行范围	执行时间
即征即退50%	以煤矸石、煤泥、石煤、油母页岩为燃料生产的电力和热力	煤矸石、煤泥、石煤、油母页岩用量占发电燃料的比重不低于60%。	自2008年7月1日起执行
	利用风力生产的电力		
	部分新型墙体材料产品	享受增值税优惠政策的新型墙体材料目录内的砖类、砌块类和板材类等	
先征后退	自产的综合利用生物柴油	综合利用生物柴油，是指以废弃的动物油和植物油为原料生产的柴油。废弃的动物油和植物油用量占生产原料的比重不低于70%。	

三、所得税优惠政策

财政部　国家税务总局关于执行资源综合利用企业所得税优惠目录有关问题的通知

财税［2008］47号

各省、自治区、直辖市、计划单列市财政厅（局），国家税务局、地方税务局，新疆生产建设兵团财务局：

根据《中华人民共和国企业所得税法》和《中华人民共和国企业所得税法实施条例》（国务院令第512号，以下简称实施条例）有关规定，经国务院批准，财政部、税务总局、发展改革委公布了《资源综合利用企业所得税优惠目录》（以下简称《目录》）。现将执行《目录》的有关问题通知如下：

一、企业自2008年1月1日起以《目录》中所列资源为主要原材料，生产《目录》内符合国家或行业相关标准的产品取得的收入，在计算应纳税所得额时，减按90%计入当年收入总额。享受上述税收优惠时，《目录》内所列资源占产品原料的比例应符合《目录》规定的技术标准。

二、企业同时从事其他项目而取得的非资源综合利用收入，应与资源综合利用收入分开核算，没有分开核算的，不得享受优惠政策。

三、企业从事不符合实施条例和《目录》规定范围、条件和技术标准的项目，不得享受资源综合利用企业所得税优惠政策。

四、根据经济社会发展需要及企业所得税优惠政策实施情况，国务院财政、税务主管部门会同国家发展改革委员会等有关部门适时对《目录》内的项目进行调整和修订，并在报国务院批准后对《目录》进行更新。

财政部 国家税务总局

二〇〇八年九月二十七日

附件：

资源综合利用企业所得税优惠目录（2008年版）

类别	序号	综合利用的资源	生产的产品	技术标准
一、共生、伴生矿产资源	1	煤系共生、伴生矿产资源、瓦斯	高岭岩、铝矾土、膨润土，电力、热力及燃气	1. 产品原料100%来自所列资源 2. 煤炭开发中的废弃物 3. 产品符合国家和行业标准
二、废水（液）、废气、废渣	2	煤矸石、石煤、粉煤灰、采矿和选矿废渣、冶炼废渣、工业炉渣、脱硫石膏、磷石膏、江河（渠）道的清淤（淤泥）、风积沙、建筑垃圾、生活垃圾焚烧余渣、化工废渣、工业废渣	砖（瓦）、砌块、墙板类产品、石膏类制品以及商品粉煤灰	产品原料70%以上来自所列资源

续表

类别	序号	综合利用的资源	生产的产品	技术标准
二、废水（液）、废气、废渣	3	转炉渣、电炉渣、铁合金炉渣、氧化铝赤泥、化工废渣、工业废渣	铁、铁合金料、精矿粉、稀土	产品原料100%来自所列资源
	4	化工、纺织、造纸工业废液及废渣	银、盐、锌、纤维、碱、羊毛脂、聚乙烯醇、硫化钠、亚硫酸钠、硫氰酸钠、硝酸、铁盐、铬盐、木素磺酸盐、乙酸、乙二酸、乙酸钠、盐酸、粘合剂、酒精、香兰素、饲料酵母、肥料、甘油、乙氰	产品原料70%以上来自所列资源
	5	制盐液（苦卤）及硼酸废液	氯化钾、硝酸钾、溴素、氯化镁、氢氧化镁、无水硝、石膏、硫酸镁、硫酸钾、肥料	产品原料70%以上来自所列资源
	6	工矿废水、城市污水	再生水	1. 产品原料100%来自所列资源 2. 达到国家有关标准
	7	废生物质油，废弃润滑油	生物柴油及工业油料	产品原料100%来自所列资源
	8	焦炉煤气，化工、石油（炼油）化工废气、发酵废气、火炬气、炭黑尾气	硫黄、硫酸、磷铵、硫铵、脱硫石膏，可燃气、轻烃、氢气，硫酸亚铁、有色金属，二氧化碳、干冰、甲醇、合成氨	
	9	转炉煤气、高炉煤气、火炬气以及除焦炉煤气以外的工业炉气，工业过程中的余热、余压	电力、热力	

续表

类别	序号	综合利用的资源	生产的产品	技术标准
三、再生资源	10	废旧电池、电子电器产品	金属（包括稀贵金属）、非金属	产品原料100%来自所列资源
	11	废感光材料、废灯泡（管）	有色（稀贵）金属及其产品	产品原料100%来自所列资源
	12	锯末、树皮、枝丫材	人造板及其制品	1. 符合产品标准 2. 产品原料100%来自所列资源
	13	废塑料	塑料制品	产品原料100%来自所列资源
	14	废、旧轮胎	翻新轮胎，胶粉	1. 产品符合GB 9037和GB 14646标准 2. 产品原料100%来自所列资源； 3. 符合GB/T 19208等标准规定的性能指标。
	15	废弃天然纤维；化学纤维及其制品	造纸原料、纤维纱及织物、无纺布、毡、粘合剂、再生聚酯	产品原料100%来自所列资源
	16	农作物秸秆及壳皮（包括粮食作物秸秆、农业经济作物秸秆、粮食壳皮、玉米芯）	代木产品，电力、热力及燃气	产品原料70%以上来自所列资源

四、新型墙体材料专项基金征收使用管理办法

财政部　国家发展改革委关于印发《新型墙体材料专项基金征收使用管理办法》的通知

财综［2007］77号

各省、自治区、直辖市财政厅（局）、发展改革委、经委（经贸委）：

为加强和改进新型墙体材料专项基金征收使用管理，加快推广新型墙体材料，根据国务院有关规定，财政部、国家发展改革委重新修订了《新型墙体材料专项基金征收使用管理办法》，现予以发布，请遵照执行。

附件：1. 新型墙体材料专项基金征收使用管理办法
　　　2. 新型墙体材料目录

二〇〇七年十二月十七日

附件1

新型墙体材料专项基金征收使用管理办法

第一章　总　　则

第一条　为加强新型墙体材料专项基金征收使用管理，加快推广新型墙体材料，促进节约能源和保护耕地，根据《国务院办公厅关于进一步推进墙体材料革新和推广节能建筑的通知》（国办发［2005］33号）和有关政府性基金管理规定，制定本办法。

第二条　新型墙体材料专项基金属于政府性基金，全额纳入地方财政预算管理，实行专款专用，年终结余结转下年安排使用。

第三条 新型墙体材料专项基金征收使用管理政策由财政部会同国家发展改革委统一制定，由地方各级财政部门和新型墙体材料行政主管部门负责组织实施，由地方各级墙体材料革新办公室具体负责征收和使用管理。

第四条 新型墙体材料专项基金征收、使用和管理应当接受财政、审计和新型墙体材料行政主管部门的监督检查。

第二章 征 收

第五条 凡新建、扩建、改建建筑工程未使用《新型墙体材料目录》规定的新型墙体材料的建设单位（以下简称建设单位），应按照本办法规定缴纳新型墙体材料专项基金。《新型墙体材料目录》详见附件2。

第六条 未使用新型墙体材料的建筑工程，由建设单位在工程开工前，按照规划审批确定的建筑面积以及每平方米最高不超过10元的标准，预缴新型墙体材料专项基金。在主体工程竣工后30日内，凭招投标预算书确定的新型墙体材料用量以及购进新型墙体材料原始凭证等资料，经原预收新型墙体材料专项基金的墙体材料革新办公室和地方财政部门核实无误后，办理新型墙体材料专项基金清算手续，实行多退少补。新型墙体材料专项基金不得向施工单位重复收取，也不得在墙体材料销售环节征收，严禁在新型墙体材料专项基金外加收任何名目的保证金或押金。

新型墙体材料专项基金的具体征收标准，由各省、自治区、直辖市财政部门会同同级新型墙体材料行政主管部门依照本条规定并结合本地实际情况制定，报经同级人民政府批准执行。

第七条 财政部、国家发展改革委将根据技术进步和经济社会发展情况，适时调整《新型墙体材料目录》。

第八条 除国务院、财政部规定外，任何地方、部门和单位不得擅自改变新型墙体材料专项基金征收对象、扩大征收范围、提高征收标准或减、免、缓征新型墙体材料专项基金。

第九条 征收新型墙体材料专项基金，应使用省、自治区、直辖市财政部门统一印制的财政票据。

第十条 建设单位缴纳新型墙体材料专项基金，计入建安工程成本。

第十一条 新型墙体材料专项基金由地方墙体材料革新办公室负责征收，也可由地方墙体材料革新办公室委托其他单位代征。

第十二条 地方墙体材料革新办公室及其委托单位征收的新型墙体材料专项基金，应当按照省、自治区、直辖市财政部门的规定，全额缴入地方国库，纳入地方财政预算管理。地方各级财政部门负责监督同级新型墙体材料专项基金收缴和入库。

第十三条 新型墙体材料专项基金收入在“政府收支分类科目”列第103类“非税收入”01款“政府性基金收入”19项“新型墙体材料专项基金收入”。

第十四条 新型墙体材料专项基金代征手续费按实际代征额的2‰比例，由地方同级财政部门通过新型墙体材料专项基金支出预算安排和拨付。

第三章 使 用

第十五条 新型墙体材料专项基金必须专款专用，使用范围包括：

（一）新型墙体材料生产技术改造和设备更新的贴息和补助；

（二）新型墙体材料新产品、新工艺及应用技术的研发和推广；

（三）新型墙体材料示范项目和农村新型墙体材料示范房建设及试点工程的补贴；

（四）发展新型墙体材料的宣传、培训；

（五）代征手续费；

（六）经地方同级财政部门批准与发展新型墙体材料有关的其他开支。

第十六条 地方各级墙体材料革新办公室履行职能所必需的经费，由地方同级财政部门通过部门预算予以核拨，不得从新型墙体材料专项基金中列支。

第十七条　新型墙体材料专项基金收支预算编制、预决算管理和资金财务管理，按照同级财政部门的规定执行。

第十八条　新型墙体材料专项基金用于新型墙体材料基本建设工程或技术改造项目的，按照下列程序办理：

（一）由使用单位提出书面申请及项目可行性报告；

（二）由墙体材料革新办公室组织专家对项目可行性报告进行审查；

（三）基本建设、技术改造和科研开发项目，应按国家规定的审批程序和管理权限办理；

（四）经墙体材料革新办公室审核后，报同级财政部门审批，纳入新型墙体材料专项基金年度预算；

（五）财政部门根据新型墙体材料专项基金年度预算拨付项目资金。

第十九条　新型墙体材料专项基金支出在“政府收支分类科目”列第215类“工业商业金融等事务”03款“建筑业”04项“新型墙体材料专项基金支出”。

第二十条　地方各级墙体材料革新办公室应将新型墙体材料专项基金年度收支情况报同级新型墙体材料行政主管部门和上级墙体材料革新办公室。

各省、自治区、直辖市新型墙体材料行政主管部门应于每年第一季度结束前，将本地区上一年度新型墙体材料专项基金收支情况报财政部、国家发展改革委。

第四章　法　律　责　任

第二十一条　建设单位不及时足额缴纳新型墙体材料专项基金的，由地方墙体材料革新办公室及其委托单位督促补缴应缴的新型墙体材料专项基金，并自滞纳之日起，按日加收应缴未缴新型墙体材料专项基金万分之五的滞纳金。

第二十二条　建设单位虚报建筑面积以及新型墙体材料购进数量的，由地方墙体材料革新办公室及其委托单位责令改正，并限期补缴应缴的新型墙体材料专项基金。

第二十三条 墙体材料革新办公室及其委托单位不按本办法规定征收新型墙体材料专项基金，不按规定使用省、自治区、直辖市财政部门统一印制的财政票据，或者截留、挤占、挪用新型墙体材料专项基金的，由地方同级财政部门责令改正，并按照《财政违法行为处罚处分条例》（国务院令第427号）等有关法律、法规的规定进行处罚。对直接负责的主管人员和其他直接责任人员依照《违反行政事业性收费和罚没收入收支两条线管理规定行政处分暂行规定》（国务院令第281号）以及国家其他有关法律法规的规定，给予行政处分或处罚；构成犯罪的，依法追究其刑事责任。

第五章　附　　则

第二十四条 各省、自治区、直辖市财政部门会同同级新型墙体材料行政主管部门根据本办法制定实施细则，经同级人民政府批准后报财政部、国家发展改革委备案。

第二十五条 本办法由财政部会同国家发展改革委负责解释。

第二十六条 本办法自2008年1月1日起执行，《财政部国家经贸委关于发布〈新型墙体材料专项基金征收和使用管理办法〉的通知》（财综【2002】55号）同时废止。其他有关规定与本办法不一致，以本办法规定为准。

附件2

新型墙体材料目录

一、砖类

（一）非黏土烧结多孔砖（符合GB 13544—2000技术要求）和非黏土烧结空心砖（符合GB 13545—2003技术要求）。

（二）混凝土多孔砖（符合JC 943—2004技术要求）。

（三）蒸压粉煤灰砖（符合JC 239—2001技术要求）和蒸压灰砂空心砖（符合JC/T 637—1996技术要求）。

（四）烧结多孔砖（仅限西部地区，符合 GB 13544—2000 技术要求）和烧结空心砖（仅限西部地区，符合 GB 13545—2003 技术要求）。

二、砌块类

（一）普通混凝土小型空心砌块（符合 GB 8239—1997 技术要求）。

（二）轻集料混凝土小型空心砌块（符合 GB 15229—2002 技术要求）。

（三）烧结空心砌块（以煤矸石、江河湖淤泥、建筑垃圾、页岩为原料，符合 GB 13545—2003 技术要求）。

（四）蒸压加气混凝土砌块（符合 GB/T 11968—2006 技术要求）。

（五）石膏砌块（符合 JC/T 698—1998 技术要求）。

（六）粉煤灰小型空心砌块（符合 JC 862—2000 技术要求）。

三、板材类

（一）蒸压加气混凝土板（符合 GB 15762—1995 技术要求）。

（二）建筑隔墙用轻质条板（符合 JG/T 169—2005 技术要求）。

（三）钢丝网架聚苯乙烯夹芯板（符合 JC 623—1996 技术要求）。

（四）石膏空心条板（符合 JC/T 829—1998 技术要求）。

（五）玻璃纤维增强水泥轻质多孔隔墙条板（简称 GRC 板，符合 GB/T 19631—2005 技术要求）。

（六）金属面夹芯板。其中：金属面聚苯乙烯夹芯板（符合 JC 689—1998 技术要求）；金属面硬质聚氨酯夹芯板（符合 JC/T 868—2000 技术要求）；金属面岩棉、矿渣棉夹芯板（符合 JC/T 869—2000 技术要求）。

（七）建筑平板。其中：纸面石膏板（符合 GB/T 9775—1999 技术要求）；纤维增强硅酸钙板（符合 JC/T 564—2000 技术要求）；纤维增强低碱度水泥建筑平板（符合 JC/T 626—1996

技术要求)；维纶纤维增强水泥平板（符合 JC/T 671—1997 技术要求)；建筑用石棉水泥平板（符合 JC/T 1996 技术要求)。

四、原料中掺有不少于 30％的工业废渣、农作物秸秆、建筑垃圾、江河（湖、海）淤泥的墙体材料产品（烧结实心砖除外)。

五、符合国家标准、行业标准和地方标准的混凝土砖、烧结保温砖（砌块)、中空钢网内模隔墙、复合保温砖（砌块)、预制复合墙板（体)，聚氨酯硬泡复合板及以专用聚氨酯为材料的建筑墙体等。

五、资源综合利用认定管理办法

发改环资〔2006〕1864 号

关于印发《国家鼓励的资源综合利用认定管理办法》的通知

各省、自治区、直辖市及计划单列市、副省级省会城市、新疆生产建设兵团发展改革委、经委（经贸委)、财政厅（局)、国家税务局、地方税务局，国务院有关部门：

根据《国务院办公厅关于保留部分非行政许可审批项目的通知》(国办发〔2004〕62 号）精神，按照精简效能的原则，将保留的资源综合利用企业认定与资源综合利用电厂认定工作合并。根据《行政许可法》有关精神，结合资源综合利用工作的实际，我们对原国家经贸委等部门发布的《资源综合利用认定管理办法》(国经贸资源〔1998〕716 号）和《资源综合利用电厂（机组）认定管理办法》(国经贸资源〔2000〕660 号）进行了修订。在此基础上，特制定《国家鼓励的资源综合利用认定管理办法》，现印发你们，请认真贯彻执行。原国家经贸委等部门发布的《资源综合利用认定管理办法》和《资源综合利用电厂（机组）认定管理办法》同时废止。

资源综合利用是我国经济和社会发展中一项长远的战略方针，也是一项重大的技术经济政策，对提高资源利用效率，发展循环经济，建设节约型社会具有十分重要的意义。各地要加强对资源综合利用认定工作的管理，落实好国家对资源综合利用的鼓励和扶持政策，促进资源综合利用事业健康发展。在执行中有何意见和建议，请及时报告我们。

附件：国家鼓励的资源综合利用认定管理办法

国家发展改革委

财政部

税务总局

二〇〇六年九月七日

附件

国家鼓励的资源综合利用认定管理办法

第一章　总　　则

第一条　为贯彻落实国家资源综合利用的鼓励和扶持政策，加强资源综合利用管理，鼓励企业开展资源综合利用，促进经济社会可持续发展，根据《国务院办公厅关于保留部分非行政许可审批项目的通知》（国办发〔2004〕62号）和国家有关政策法规精神，制定本办法。

第二条　本办法所指国家鼓励的资源综合利用认定，是指对符合国家资源综合利用鼓励和扶持政策的资源综合利用工艺、技术或产品进行认定（以下简称资源综合利用认定）。

第三条　国家发展改革委负责资源综合利用认定的组织协调和监督管理。

各省、自治区、直辖市及计划单列市资源综合利用行政主管部门（以下简称省级资源综合利用主管部门）负责本辖区内的资源综合利用认定与监督管理工作；财政行政主管机关要加强对认定企业财政方面的监督管理；税务行政主管机关要加强税收监督管理，认真落实国家资源综合利用税收优惠政策。

第四条 经认定的生产资源综合利用产品或采用资源综合利用工艺和技术的企业，按国家有关规定申请享受税收、运行等优惠政策。

第二章 申报条件和认定内容

第五条 申报资源综合利用认定的企业，必须具备以下条件：

（一）生产工艺、技术或产品符合国家产业政策和相关标准；

（二）资源综合利用产品能独立计算盈亏；

（三）所用原（燃）料来源稳定、可靠，数量及品质满足相关要求，以及水、电等配套条件的落实；

（四）符合环保要求，不产生二次污染。

第六条 申报资源综合利用认定的综合利用发电单位，还应具备以下条件：

（一）按照国家审批或核准权限规定，经政府主管部门核准（审批）建设的电站。

（二）利用煤矸石（石煤、油母页岩）、煤泥发电的，必须以燃用煤矸石（石煤、油母页岩）、煤泥为主，其使用量不低于入炉燃料的60%（质量比）；利用煤矸石（石煤、油母页岩）发电的入炉燃料应用基低位发热量不大于12550千焦/千克；必须配备原煤、煤矸石、煤泥自动给料显示、记录装置。

（三）城市生活垃圾（含污泥）发电应当符合以下条件：垃圾焚烧炉建设及其运行符合国家或行业有关标准或规范；使用的垃圾数量及品质需有地（市）级环卫主管部门出具的证明材料；每月垃圾的实际使用量不低于设计额定值的90%；垃圾焚烧发电采用流化床锅炉掺烧原煤的，垃圾使用量应不低于入炉燃料的80%（质量比），必须配备垃圾与原煤自动给料显示、记录装置。

（四）以工业生产过程中产生的可利用的热能及压差发电的企业（分厂、车间），应根据产生余热、余压的品质和余热量或生产工艺耗气量和可利用的工质参数确定工业余热、余压电厂的装机容量。

（五）回收利用煤层气（煤矿瓦斯）、沼气（城市生活垃圾填埋气）、转炉煤气、高炉煤气和生物质能等作为燃料发电的，必须有充足、稳定的资源，并依据资源量合理配置装机容量。

第七条　认定内容

（一）审定申报综合利用认定的企业或单位是否执行政府审批或核准程序，项目建设是否符合审批或核准要求，资源综合利用产品、工艺是否符合国家产业政策、技术规范和认定申报条件；

（二）审定申报资源综合利用产品是否在《资源综合利用目录》范围之内，以及综合利用资源来源和可靠性；

（三）审定是否符合国家资源综合利用优惠政策所规定的条件。

第三章　申报及认定程序

第八条　资源综合利用认定实行由企业申报，所在地市（地）级人民政府资源综合利用管理部门（以下简称市级资源综合利用主管部门）初审，省级资源综合利用主管部门会同有关部门集中审定的制度。省级资源综合利用主管部门应提前一个月向社会公布每年年度资源综合利用认定的具体时间安排。

第九条　凡申请享受资源综合利用优惠政策的企业，应向市级资源综合利用主管部门提出书面申请，并提供规定的相关材料。市级资源综合利用主管部门在征求同级财政等有关部门意见后，自规定受理之日起在30日内完成初审，提出初审意见报省级资源综合利用主管部门。

第十条　市级资源综合利用主管部门对申请单位提出的资源综合利用认定申请，应当根据下列情况分别做出处理：

（一）属于资源综合利用认定范围、申请材料齐全，应当受理并提出初审意见。

（二）不属于资源综合利用认定范围的，应当即时将不予受理的意见告知申请单位，并说明理由。

（三）申请材料不齐全或者不符合规定要求的，应当场或者在五日内一次告知申请单位需要补充的全部内容。

第十一条 省级资源综合利用主管部门会同同级财政等相关管理部门及行业专家，组成资源综合利用认定委员会（以下简称综合利用认定委员会），按照第二章规定的认定条件和内容，在45日内完成认定审查。

第十二条 属于以下情况之一的，由省级资源综合利用主管部门提出初审意见，报国家发展改革委审核。

（一）单机容量在25MW以上的资源综合利用发电机组工艺；

（二）煤矸石（煤泥、石煤、油母页岩）综合利用发电工艺；

（三）垃圾（含污泥）发电工艺。

以上情况的审核，每年受理一次，受理时间为每年7月底前，审核工作在受理截止之日起60日内完成。

第十三条 省级资源综合利用主管部门根据综合利用认定委员会的认定结论或国家发展改革委的审核意见，对审定合格的资源综合利用企业予以公告，自发布公告之日起10日内无异议的，由省级资源综合利用主管部门颁发《资源综合利用认定证书》，报国家发展改革委备案，同时将相关信息通报同级财政、税务部门。未通过认定的企业，由省级资源综合利用主管部门书面通知，并说明理由。

第十四条 企业对综合利用认定委员会的认定结论有异议的，可向原作出认定结论的综合利用认定委员会提出重新审议，综合利用认定委员会应予受理。企业对重新审议结论仍有异议的，可直接向上一级资源综合利用主管部门提出申诉；上一级资源综合利用主管部门根据调查核实的情况，会同有关部门组织提出论证意见，并有权变更下一级的认定结论。

第十五条 《资源综合利用认定证书》由国家发展改革委统一制定样式，各省级资源综合利用主管部门印制。认定证书有效期为两年。

第十六条 获得《资源综合利用认定证书》的单位，因故变更企业名称或者产品、工艺等内容的，应向市级资源综合利用主管部门提出申请，并提供相关证明材料。市级资源综合利用主管部门提出意见，报省级资源综合利用主管部门认定审查后，将相关信息及时通报同级财政、税务部门。

第四章　监　督　管　理

第十七条　国家发展改革委、财政部、国家税务总局要加强对资源综合利用认定管理工作和优惠政策实施情况的监督检查，并根据资源综合利用发展状况、国家产业政策调整、技术进步水平等，适时修改资源综合利用认定条件。

第十八条　各级资源综合利用主管部门应采取切实措施加强对认定企业的监督管理，尤其要加强大宗综合利用资源来源的动态监管，对综合利用资源无法稳定供应的，要及时清理。在不妨碍企业正常生产经营活动的情况下，每年应对认定企业和关联单位进行监督检查和了解。

各级财政、税务行政主管部门要加强与同级资源综合利用主管部门的信息沟通，尤其对在监督检查过程中发现的问题要及时交换意见，协调解决。

第十九条　省级资源综合利用主管部门应于每年5月底前将上一年度的资源综合利用认定的基本情况报告国家发展改革委、财政部和国家税务总局。主要包括：

（一）认定工作情况（包括资源综合利用企业（电厂）认定数量、认定发电机组的装机容量等情况）。

（二）获认定企业综合利用大宗资源情况及来源情况（包括资源品种、综合利用量、供应等情况）。

（三）资源综合利用认定企业的监管情况（包括年检、抽查及处罚情况等）。

（四）资源综合利用优惠政策落实情况。

第二十条　获得资源综合利用产品或工艺认定的企业（电厂），应当严格按照资源综合利用认定条件的要求，组织生产，健全管理制度，完善统计报表，按期上报统计资料和经审计的财务报表。

第二十一条 获得资源综合利用产品或工艺认定的企业，因综合利用资源原料来源等原因，不能达到认定所要求的资源综合利用条件的，应主动向市级资源综合利用主管部门报告，由省级认定、审批部门终止其认定证书，并予以公告。

第二十二条 《资源综合利用认定证书》是各级主管税务机关审批资源综合利用减免税的必要条件，凡未取得认定证书的企业，一律不得办理税收减免手续。

第二十三条 参与认定的工作人员要严守资源综合利用认定企业的商业和技术秘密。

第二十四条 任何单位和个人，有权检举揭发通过弄虚作假等手段骗取资源综合利用认定资格和优惠政策的行为。

第五章 罚 则

第二十五条 对弄虚作假，骗取资源综合利用优惠政策的企业，或违反本办法第二十一条未及时申报终止认定证书的，一经发现，取消享受优惠政策的资格，省级资源综合利用主管部门收回认定证书，三年内不得再申报认定，对已享受税收优惠政策的企业，主管税务机关应当依照《中华人民共和国税收征收管理法》及有关规定追缴税款并给予处罚。

第二十六条 有下列情形之一的，由省级资源综合利用主管部门撤销资源综合利用认定资格并抄报同级财政和税务部门：

（一）行政机关工作人员滥用职权、玩忽职守做出不合条件的资源综合利用认定的；

（二）超越法定职权或者违反法定程序做出资源综合利用认定的；

（三）对不具备申请资格或者不符合法定条件的申请企业予以资源综合利用认定的；

（四）隐瞒有关情况、提供虚假材料或者拒绝提供反映其活动情况真实材料的；以欺骗、贿赂等不正当手段取得资源综合利用认定的；

（五）年检、抽查达不到资源综合利用认定条件，在规定期限不整改或者整改后仍达不到认定条件的。

第二十七条 行政机关工作人员在办理资源综合利用认定、实施监督检查过程中有滥用职权、玩忽职守、弄虚作假行为的，由其所在部门给予行政处分；构成犯罪的，依法追究刑事责任。

第二十八条 对伪造资源综合利用认定证书者，依据国家有关法律法规追究其责任。

第六章 附 则

第二十九条 本办法所称资源综合利用优惠政策是指：经认定具备资源综合利用产品或工艺、技术的企业按规定可享受的国家资源综合利用优惠政策。

第三十条 申请享受资源综合利用税收优惠政策的企业（单位）须持认定证书向主管税务机关提出减免税申请。主管税务机关根据有关税收政策规定，办理减免税手续。

申请享受其他优惠政策的企业，须持认定证书到有关部门办理相关优惠政策手续。

第三十一条 本办法涉及的有关规定及资源综合利用优惠政策如有修订，按修订后的执行。

第三十二条 各地可根据本办法，结合地方具体情况制定实施细则，并报国家发展和改革委员会、财政部和国家税务总局备案。

第三十三条 本办法由国家发展和改革委员会会同财政部、国家税务总局负责解释。

第三十四条 本办法自 2006 年 10 月 1 日起施行。原国家经贸委、国家税务总局发布的《资源综合利用认定管理办法》（国经贸资源〔1998〕716 号）和《资源综合利用电厂（机组）认定管理办法》（国经贸资源〔2000〕660 号）同时废止。

参 考 文 献

1. 湛轩业．矿物学与烧结砖瓦生产[M]. 北京：中国砖瓦工艺协会

2. 张凌燕．矿物保温隔热材料及应用[M]. 北京：化学工业出版社

3. GB 50701—2011. 烧结砖瓦工厂设计规范[S]. 北京：中国计划出版社

4.《砖瓦》杂志

5. 湛轩业，傅善忠，梁嘉琪．中华砖瓦史话[M]. 北京：中国建材工业出版社

6. 曹世璞．烧结空心砖和空心砖生产技术[J]. 全国墙材科技信息网，砖瓦